编审委员会

“十二五”国家重点图书出版规划项目
中国科学技术大学精品教材

沈显生／编著

A Course of Biological & Ecological Field Teaching:
The Case Teaching of Biodiversity in the Dabie Mountains

生物学与生态学野外实习教程

以大别山生物多样性为教学案例

中国科学技术大学出版社

内 容 简 介

本书根据作者30年的野外工作经验和长期收集的教学素材，以大别山生物多样性为教学案例，对如何开展生物学与生态学研究型野外实习教学的内容、方法、过程管理和注意事项等进行了系统介绍，具有较强的可操作性和实用性。全书分为大别山概况、生物学与生态学野外实习教学的基本知识、生物学与生态学野外实习教学的手段与方法、生物学与生态学野外实习教学的内容、植物分类检索表和高等植物的鉴别要点，以及研究型野外实习论文撰写规范共7章。书末附有大别山维管束植物名录和常见脊椎动物名录，并附有大量的野外常见草本植物的营养体照片，可作为野外鉴定植物和样方调查时现场快速识别植物提供参考。

本书可作为华东、华中及华北地区各高校生物学和生态学野外实习教学的教材或参考书，也可作为大专院校教师以及农林和自然保护等领域的相关专业工作者的参考资料。

图书在版编目(CIP)数据

生物学与生态学野外实习教程：以大别山生物多样性为教学案例/沈显生编著. —合肥：中国科学技术大学出版社，2013.8

(中国科学技术大学精品教材)

“十二五”国家重点图书出版规划项目

ISBN 978-7-312-03296-7

Ⅰ.生… Ⅱ.沈… Ⅲ.① 大别山—生物多样性—高等学校—教材 ② 生态学—野外试验—高等学校—教材 Ⅳ.① Q16 ② Q14-33

中国版本图书馆CIP数据核字(2013)第176462号

中国科学技术大学出版社出版发行

安徽省合肥市金寨路96号，230026

http://press.ustc.edu.cn

合肥市宏基印刷有限公司印刷

全国新华书店经销

开本：787mm×1092mm 1/16 印张：14 插页：36 字数：371千

2013年8月第1版 2013年8月第1次印刷

定价：49.00元

总　　序

2008年，为庆祝中国科学技术大学建校五十周年，反映建校以来的办学理念和特色，集中展示教材建设的成果，学校决定组织编写出版代表中国科学技术大学教学水平的精品教材系列。在各方的共同努力下，共组织选题281种，经过多轮、严格的评审，最后确定50种入选精品教材系列。

五十周年校庆精品教材系列于2008年9月纪念建校五十周年之际陆续出版，共出书50种，在学生、教师、校友以及高校同行中引起了很好的反响，并整体进入国家新闻出版总署的“十一五”国家重点图书出版规划。为继续鼓励教师积极开展教学研究与教学建设，结合自己的教学与科研积累编写高水平的教材，学校决定，将精品教材出版作为常规工作，以《中国科学技术大学精品教材》系列的形式长期出版，并设立专项基金给予支持。国家新闻出版总署也将该精品教材系列继续列入“十二五”国家重点图书出版规划。

1958年学校成立之时，教员大部分来自中国科学院的各个研究所。作为各个研究所的科研人员，他们到学校后保持了教学的同时又作研究的传统。同时，根据“全院办校，所系结合”的原则，科学院各个研究所在科研第一线工作的杰出科学家也参与学校的教学，为本科生授课，将最新的科研成果融入到教学中。虽然现在外界环境和内在条件都发生了很大变化，但学校以教学为主、教学与科研相结合的方针没有变。正因为坚持了科学与技术相结合、理论与实践相结合、教学与科研相结合的方针，并形成了优良的传统，才培养出了一批又一批高质量的人才。

学校非常重视基础课和专业基础课教学的传统，也是她特别成功的原因之一。当今社会，科技发展突飞猛进、科技成果日新月异，没有扎实的基础知识，很难在科学技术研究中作出重大贡献。建校之初，华罗庚、吴有训、严济慈等老一辈科学家、教育家就身体力行，亲自为本科生讲授基础课。他们以渊博的学识、精湛的讲课艺术、高尚的师德，带出一批又一批杰出的年轻教员，培养了一届又一届优秀学生。入选精品教材系列的绝大部分是基础课或专业基础课的教材，其作者大多直接或间接受到过这些老一辈科学家、教育家的教诲和影响，因此在教材中也贯穿着这些先辈的教育教学理念与科学探索精神。

改革开放之初，学校最先选派青年骨干教师赴西方国家交流、学习，他们在带回先进科学技术的同时，也把西方先进的教育理念、教学方法、教学内容等带回到中国科学技术大学，并以极大的热情进行教学实践，使“科学与技术相结合、理论与实践相结合、教学与科研相结合”的方针得到进一步深化，取得了非常好的效果，培养的学生得到全社会的认可。这些教学改革影响深远，直到今天仍然受到学生的欢迎，并辐射到其他高校。在入选的精品教材中，这种理念与尝试也都有充分的体现。

中国科学技术大学自建校以来就形成的又一传统是根据学生的特点，用创新的精神编写教材。进入我校学习的都是基础扎实、学业优秀、求知欲强、勇于探索和追求的学生，针对他们的具体情况编写教材，才能更加有利于培养他们的创新精神。教师们坚持教学与科研的结合，根据自己的科研体会，借鉴目前国外相关专业有关课程的经验，注意理论与实际应用的结合，基础知识与最新发展的结合，课堂教学与课外实践的结合，精心组织材料、认真编写教材，使学生在掌握扎实的理论基础的同时，了解最新的研究方法，掌握实际应用的技术。

入选的这些精品教材，既是教学一线教师长期教学积累的成果，也是学校教学传统的体现，反映了中国科学技术大学的教学理念、教学特色和教学改革成果。希望该精品教材系列的出版，能对我们继续探索科教紧密结合培养拔尖创新人才，进一步提高教育教学质量有所帮助，为高等教育事业作出我们的贡献。

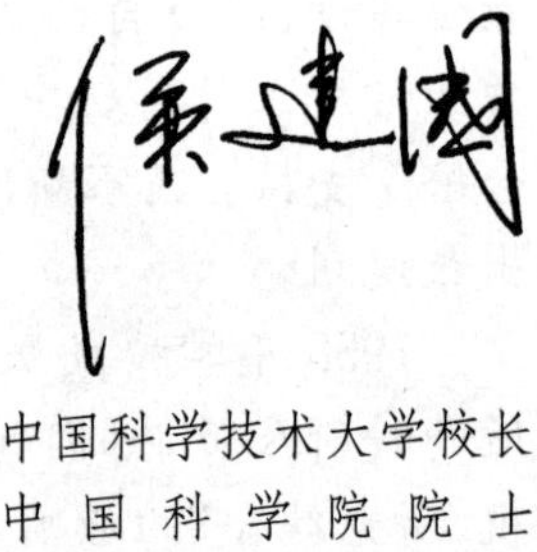

中国科学技术大学校长
中国科学院院士
第三世界科学院院士

前　言

在生物学和生态学的专业基础课教学中，野外实习具有十分重要的地位。“十一五”期间，国家基金委在东北、华北、西北、西南、华中和华东等地以“国家基础科学人才培养基金项目”分别资助了一批野外实习基地。笔者曾考察过秦岭、神农架、黄山、天目山、武夷山等植被和植物多样性，特别是对大别山植物区系有专门的研究。大别山的地质历史悠久，动物和植物区系起源古老，资源丰富，植被垂直分布明显，自然景观多样。而且其地理位置优越，东连华东，西接华中，北邻华北，动植物区系成分联系广泛。安徽省、河南省和湖北省的一大批高校都在大别山开展生物学和生态学野外实习活动。所以本书以大别山为例，对生物学与生态学的野外实习进行介绍。

野外实习常分为验证型实习和研究型实习。验证型实习是通过现场观察，采集、制作和鉴别标本，将书本理论知识在野外得到进一步检验，以达到增强感性认识和巩固知识的目的。研究型实习是将理论与实践相结合，通过具体的小型研究课题进行实践探索的教学活动，目的是培养学生提出问题、解决问题的能力，提高其动手能力。验证型野外实习适合于低年级学生，而研究型野外实习则适合于高年级学生。尤其是学习了普通生物学或动物学、植物学，以及生态学以后的高年级学生，更加适宜开展研究型野外实习教学活动。

野外实习教学是一个复杂而系统的教学过程，需要我们教师科学地选择实习地点，制定详细的实习计划，精心组织和实施。各高校的教师在长期指导野外实习的过程中，积累了很多经验，并形成了一些行之有效的实习方法，但是一直没有统一的实习教材。其原因主要有三个。首先，各高校的培养目标不同，对生物学和生态学的实习目的与要求也不同，采取的实习的方式方法和手段也不尽相同，这使许多担任野外实习的青年教师无法参照。其次，野外实习条件有限，许多大部头的专业书籍携带很不方便，野外鉴定物种比较困难。再者，近年来各高校实习学时有所压缩，采取了动植物合并进行综合实习，更增添了实习教学的难度。目前，还没有为适应这种新的实习要求，集介绍实习的组织管理、手段与方法并兼顾动植物鉴别和实习论文撰写规范为一体的教材。

笔者长期从事植物学和生态学教学工作，已带领学生进行了近百次的野外考察和实习，曾为野外实习编写出版了《中国东部高等植物分科检索与图谱》《植物学野外实习指导》《植物学实验实习》等教材，为实习提供了很多方便，但仍觉得不够理想。为了让大家对野外实习内容、实习的教学设计、实习论文的撰写有清晰的思路，在组织和实施实习过程中，能很方便地利用手中的资料解决实习中的常见问题，并对动植物进行初步鉴定，笔者特以大别山的天堂寨和鹞落坪两个国家级自然保护区为主要教学案例，结合多年积累的大量教学经验和珍贵的原始资料，撰写了这本实用性、操作性很强的野外实习教程。中国科学技术大学多年来一直在大别山开展低年级本科生的生态学研究型野外实习教学，书中所提到的教学案例和资料真实可靠。

虽然本书内容是以大别山的动植物为主要描述对象，但由于大别山的动植物区系与华东地区、华中地区和华北地区诸多山区的生物多样性有极大的相似性。因此，本书可作为华东、华中和华北地区高校的生物学和生态学野外实习的教材。希望本书能给予教生物学和生态学的青年教师提供一定教学参考和教学案例，也希望对生物学和生态学感兴趣的学生在自学中提供有益的帮助。

由于个人水平有限，本书所述的野外实习方式与方法是在长期教学实践中的个人之见，管中窥豹，不能根据其他高校实习的要求与目的而面面俱到，所以在书中难免有错误和不妥之处，请读者指正。

最后，感谢中国科学技术大学对实习教学的重视和支持并将此书列为校级精品教材，感谢安徽大学韩德民教授、张保卫副教授和云南大学陈自明副教授对附录2动物学名的审查，感谢安徽师范大学张小平教授对书稿的审查，感谢鹞落坪国家级自然保护区汪文革副主任提供的无私帮助，感谢同事黄丽华副教授协助拍摄植物照片，感谢许多为此书提供照片的朋友。

中国科学技术大学　沈显生教授

2013年8月

目　次

第一章　大别山概况

大别山山脉是昆仑—秦岭纬向构造带向东延伸的部分，呈东南、西北走向，西接桐柏山，东为张八岭，三者合称淮阳山，为长江和淮河的分水岭。在自然地理上，大别山位于鄂豫皖三省交界，地理位置在北纬 30°25′～31°45′，东经 114°～117°10′，总面积为381 万 hm^2，境内山峰林立，沟谷纵横，最高峰为安徽省霍山县的白马尖，海拔 1 774 m，第二主峰是位于安徽省金寨县、湖北省英山县及罗田县交界的天堂寨，海拔 1 729 m。在行政区划上，大别山地跨安徽、湖北、河南 3 省，包括六安、安庆、信阳和黄冈 4 个地区的 24 个县，总人口约 2 200 万。

第一节　大别山自然环境概况

大别山山脉在大地构造上为大别山台背斜。在约 18 亿年前的元古代和太古代期间的大别山运动中，大别山褶皱隆起，从吕梁运动以后一直是上升的。在中生代的燕山运动中，大别山仍然比较活跃，伴有岩浆活动。在第三纪至第四纪的喜马拉雅运动及以后的新构造运动中，大别山仍然是一个上升比较强烈的地区，从而形成现在的高峻山地。海拔在 1 000 m以上的山峰较多，有 50 多座，如湖北省的仙人台(1 301 m)、篓子石(1 258 m)、大旗山(1 026 m)、龟峰山(1 215 m)，河南省与安徽省交界的金刚台(1 584 m)、曹家寨(1 026 m)、女人寨(1 220 m)、九峰尖(1 353 m)，安徽省的天柱山(1 485 m)、司空山(1 227 m)、荷叶塘(1 108 m)、黑山(1 015 m)、干草山(1 423 m)、钟鼓楼(1 141 m)、老鸹岩(1 110 m)、佛顶寨(1 632 m)、多枝尖(1 721 m)等。

大别山的山体主要由花岗岩组成，并夹有少量花岗片麻岩。主要土壤是山地黄棕壤和山地棕壤，在山顶发育有局部的山地草甸土，南坡的基带土壤常为黄红壤。在大别山的沟谷和盆地中，有大量的冲积土形成。

该区属于华东亚热带季风湿润气候区，年平均气温为 13～15 ℃，气温年较差

21.8 ℃,年降水量为 1 300～1 500 mm,无霜期为 212～257 天,≥10 ℃积温为 4 500～5 500 ℃,年平均日照时数为 1 400～1 600 h,太阳平均辐射量约为 460.2 kJ/cm^2。

大别山的主要山峰呈西北向东南分布,大体上从鄂豫交界到棋盘石(1 315 m,三省交界处),再沿鄂皖交界,经安徽省的陀尖(1 755 m)、同安寨(1 342 m)、猪头尖(1 539 m)到大徽山(1 057 m)一线,从而形成了大别山的南坡和北坡。南坡主要是由湖北省的黄冈地区和安徽省的安庆地区的山地组成,其水系最终汇入长江。北坡由安徽省的六安地区和河南省的信阳地区的山地组成,其水系注入淮河,并且北坡也是淮河上游的主要水源涵养林区。

大别山的基带植被比较复杂,加上原始次生林破坏严重,给大别山植被带的划分带来了一定的困难。在大别山南坡,基带植被发育为亚热带常绿阔叶林,典型的代表植物有樟树(*Cinnamomum camphora*)、天竺桂(*C. japonicum*)、甜槠(*Castanopsis eyrei*)、苦槠(*C. sclerophylla*)、厚皮香(*Ternstroemia gymnanthera*)、棕榈(*Trachycarpus fortunei*)和光叶石楠(*Photinia glabra*)等,另外,还有许多耐寒性的常绿阔叶树种,如石栎(*Lithocarpus glaber*)、青冈(*Cyclobalanopsis glauca*)、小叶青冈(*C. myrsinaefolia*)、大叶冬青(*Ilex atifolia*)、湘楠(*Phoebe hunanensis*)和豹皮樟(*Litsea coreana* var. *sinensis*)等。北坡的基带植被,一般认为是常绿、落叶阔叶混交林,可是根据历史上出现的群落分析,在河边和沟谷处,是耐寒性常绿阔叶林,主要是以青冈和小叶青冈,伴有石栎和湘楠等。在基带植被以上,分布有常绿、落叶阔叶混交林、落叶阔叶林、针叶、阔叶混交林、针叶林、山地矮林和草甸等植被类型。局部地段上发育有面积不大的沼泽植被。关于大别山植被的详细情况,可参考《安徽植被》(1981),或参见笔者 1989 年在《武汉植物学研究》发表的论文。

大别山蕴藏着较为丰富的动植物资源,其中种子植物有 175 科、约 736 属,约 2 200 种。蕨类植物有 32 科、56 属,约 110 种。关于大别山植物区系情况可参见笔者 1986 年在《植物学报》发表的论文。至于苔藓植物和地衣植物,目前尚未研究清楚。大别山的动物资源,因近年来在大别山开展了封山育林,物种明显有所增加,其中陆栖脊椎动物约有 300 种。在20 世纪 50～70 年代,为了支援国家经济建设,人们在大别山建立了许多林场,且进行过大规模采伐,森林植被遭到严重破坏。到了 20 世纪 80 年代,人们才意识到保护大别山珍贵的动物和植物资源的重要性,相继在大别山建立了许多自然保护区。例如,安徽省的天堂寨国家级自然保护区、马鬃岭国家级自然保护区、鹞落坪国家级自然保护区、天柱山国家森林公园、板仓自然保护区、万佛山自然保护区、白马尖(多云尖)自然保护区,河南省的鸡公山国家级自然保护区、董寨自然保护区、连康山自然保护区、金刚台国家地质公园,其分布见图 1.1。

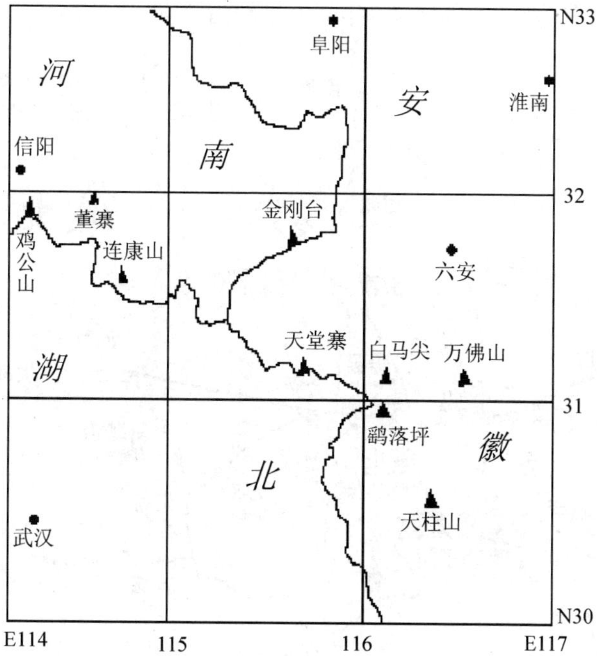

图 1.1　大别山各主要自然保护区位置示意图(沈显生绘)

第二节　天堂寨国家级自然保护区概况

天堂寨位于皖西金寨县的西南角,北纬 31°10′～31°15′,东经 115°38′～115°47′,主峰海拔为 1 729 m,主峰耸立在安徽省金寨县和湖北省的英山及罗田 3 县交界处,总面积约为 40 km^2。该区境内山峰林立,云雾缭绕,既有龙潭飞瀑,又有奇松怪石。整个地势南高北低,其中的大海淌、小海淌、鸡心石、烂泥坳、风坡斗、雷公洞和马拉坪等处海拔均在 1 300～1 600 m之间。北坡的山涧河流汇入金寨县响洪甸水库,东南坡的水系为湖北英山县张家嘴水库的发源地,而西南坡的水是湖北罗田县九资河水库的源头,见图 1.2。

金寨县天堂寨国家级自然保护区的前身是白马寨林场,1990 年被批准为安徽省省级自然保护区,面积为 12 000 hm^2。在 1998 年,天堂寨自然保护区与马鬃岭自然保护区联合申报为国家级自然保护区,更名为天马国家级自然保护区。现在,天堂寨自然保护区已被列为国家级天堂寨森林公园和天堂寨风景名胜区,即一个单位兼有 3 个名称。2012 年,金寨县天堂寨风景区晋升为国家 AAAAA 级风景区。

天堂寨山区的气候,属于华东亚热带湿润季风气候区。从长江和洞庭湖水面上吹来大量的水蒸气,使得山顶云雾较多,气温较低,湿度较大。据金寨县气象站资料统计,该区年平均气温为 14.6 ℃,最冷月(1 月)平均气温为 2.7 ℃,极端最低温为 −19.5 ℃(1979 年 1 月 30 日),最热月(7 月)平均气温为 27.9 ℃,极端最高气温为 40.1 ℃(1958 年 8 月 23 日),年活动积温为4 660～4 920 ℃，无霜期为220天左右，年降水量较为丰富，达1 280～1 300 mm。

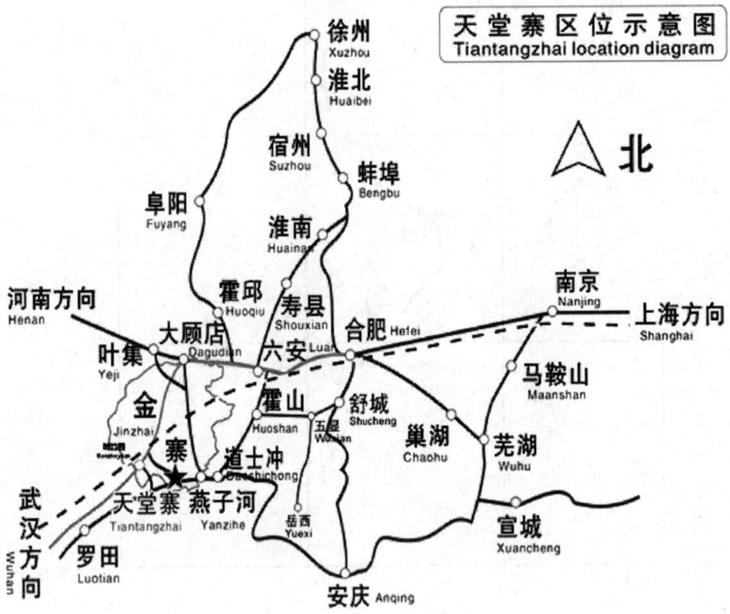

图1.2　天堂寨自然保护区位置示意图(图片来自百度网)

1986年在白马寨林场设立的气象观测站所记录的数据，见表1.1。

表1.1　大别山天堂寨气象资料(1986年数据，观测点海拔为620 m)

月份	月平均降水/mm	月平均温度/℃	月平均最高温度/℃	月平均最低温度/℃	月平均绝对湿度/%	月日照总时数/h	月蒸发量/mm
1	25.3	1.4	7.4	−3.7	70.8	88.7	43.5
2	10.1	1.4	7.9	−3.5	65.0	117.5	47.2
3	121.2	6.8	12.8	0.4	73.4	117.3	70.6
4	162.0	13.1	18.1	8.8	78.3	94.5	90.1
5	66.4	18.6	25.3	12.5	73.0	201.8	167.8
6	570.4	21.4	26.4	17.0	82.0	130.0	119.8
7	366.9	23.8	27.7	19.8	83.4	113.9	156.2
8	115.5	23.2	30.0	17.6	82.3	203.6	174.5
9	103.5	18.5	25.3	13.2	79.7	134.0	120.2
10	71.7	12.0	19.3	6.5	79.3	141.1	91.1
11	63.3	7.1	11.8	2.4	79.4	63.5	47.2
12	27.8	0.3	6.8	−4.4	74.4	86.7	36.8
合计	1 704.1	147.6	218.8	86.6	921.0	1 492.6	1 165.0
年平均	—	12.3	18.2	7.2	76.8	—	—

注：① 1986年，最高温为32.8 ℃，出现在8月14日，最低温为−12.5 ℃，出现在12月11日；最大一次降水为141.3 mm，出现在6月29日；年初霜期在10月29日，终霜期在次年3月3日，霜期共170天。

② 本资料由金寨县天堂寨风景管理处喻家宏同志观测记录。

该区在海拔 1 000 m 以下，土壤主要为黄棕壤；在海拔 1 000 m 以上则以山地棕壤为主。此外，部分地区发育有草甸土和沼泽土，土壤一般呈中性或微酸性。2001 年中国科学技术大学生命学院本科生实习课题小组对天堂寨山顶处的土壤进行了分析，其结果见表 1.2。

表 1.2　大别山天堂寨山地土壤样品中主要成分含量(2001 年)

土壤样品号	有机质/%	全氮/%	全磷/%	全钾/%	pH 值*
1	17.920	0.760	0.367	1.890	5.150
2	18.570	0.767	0.245	1.600	4.400
3	18.800	0.824	2.408	1.350	4.930
4	18.310	0.764	0.235	1.420	4.250
5	14.880	0.683	0.429	1.720	5.830
6	10.360	0.460	0.378	1.750	5.350
7	14.270	0.609	0.347	1.680	5.510
8	19.060	0.782	0.300	1.610	5.040

注:① 土壤样品取自天堂寨海拔 1 700 m。

② 此表数据资料来源于中国科学技术大学生命学院 2000 级本科生柴人杰等(样品由南京土壤研究所分析)。

* pH 值在土壤与水质量之比为 1∶25 时测定。

天堂寨山区物种丰富，天然植被保护较好，生态系统多样。天堂寨山区有维管束植物 155 科、580 属，1 700 余种。其中蕨类植物有 25 科、45 属，80 种；裸子植物有 6 科、7 属，11 种；被子植物有 125 科、520 属，1 520 种；苔藓植物有 30 科、50 属，100 余种；地衣有 15～20 科、20～30属，30～50 种。另外，还有许多担子菌和子囊菌。在天堂寨山区，被国家列为珍稀濒危植物的就有 20 多种。

天堂寨的动物资源十分丰富，脊椎动物有 40 科、70 属，200 余种。无脊椎动物也十分丰富，目前尚无精确的调查统计，估计仅昆虫纲就有上千种。

天堂寨山区的陆地生态系统，组成完善，服务功能健康。在保护区内部，尤其是核心区，生态系统发育相当成熟，生产者、消费者和还原者处于动态平衡之中。物质循环和能量流动在保护区内处于相对的封闭状态。在实验区和缓冲区，人的活动频繁，对生态系统造成了一定干扰，但这种干扰都能控制在生态系统的阈值范围内。在天堂寨山脚下，有河谷生态系统，地处农田生态系统与山地生态系统的过渡带上，其物种组成成分复杂。

天堂寨山区的生物资源相当丰富，其中中药材近 500 种，芳香油植物 40 余种，淀粉植物 30 余种，纤维植物 50 余种，栲胶植物 15 种，野生花卉 300 余种，野菜 80 余种，野果 50 多种，树脂 10 种，饲料 20 多种。另外，还有许多重要的经济植物，目前已经开始进行人工栽培，成为当地的经济支柱产业。

天堂寨的植被类型主要有：常绿、落叶阔叶混交林(300～1 000 m)、落叶阔叶林(1 000～1 500 m)、山地矮林(1 500～1 729 m)、针叶林(300～1 700 m)、高山草甸和沼泽植被(1 000 m 以上)。在山脚下局部地段发育有小面积的小叶青冈常绿阔叶林。总之，天堂寨的植被垂直分布非常明显。但天有不测风云,2012 年 8 月的台风“海葵”带来的强降雨,使得保护区的核心区之一的东边洼出现了宽为 50 m、长约 1 000 m 的山体滑坡,巨大树木被连根拔起,随泥石流冲撞在河两岸。“海葵”造成的损失惨重,实在令人惋惜,深感自然灾害的恐怖。

在天堂寨山区,除了有云海、奇松、怪石、深潭和瀑布外,还有许多天然的自然景观。东边洼和西边洼是自然保护区的两个核心区。这里树木参天,遮天蔽日,2～3 人才能合围的大树比比皆是,是一个发育成熟的落叶阔叶林。在马拉坪,海拔 1 200 m 以上是草甸群落,有稀少的黄山松,有点像“稀树草原”。值得一提的是烂泥坳,它是位于两个山峰之间的一片开阔地,终年积水,成为沼泽,草丛十分茂盛,这里的夏季仿佛是一派“天苍苍,野茫茫,风吹草低见牛羊”的自然景观。在鸡心石,悬崖千丈,云雾缭绕,各种地衣和苔藓植物发育良好。在天堂寨山脚下的前畈村,宽阔的河流蜿蜒于农田与山丘之间,各种水鸟叽叽喳喳,鱼儿在清澈见底的水中自由自在地游着,一块块大石块下的淡水无脊椎动物们独具一片小天地。因此,天堂寨山区完好的植被类型、丰富的动植物区系、美丽的自然景观,很适合生物学专业学生在这里进行综合实习。

在天堂寨山区开展生物学专业综合实习,除了因其具备丰富的生物资源条件外,其他条件也比较优越。首先,有关生物多样性和植被的资料比较齐全。1983 年,笔者在这里做过长达7 个月的野外考察。先后还有不少学者考察过天堂寨山区的生物多样性。安徽农业大学等单位编写了《天堂寨植物志》,安徽大学的研究生在这里也曾做过动物方面的研究论文。近年来,中国科学技术大学、皖西学院和安徽师范大学等学校的学生也来过这里实习,积累了一定的资料。安徽省林业厅大自然保护处的工作人员对其也做过多次考察,编写了“脊椎动物名录”。因此,天堂寨山区的动植物名录基本齐备,这为野外实习教学奠定了一定的基础。

其次,这里交通和生活条件比较方便。2009 年 4 月 1 日,从合肥至武汉的动车已开通,在金寨县的马店设有车站,由马店乘汽车到达天堂寨约 100 km,4 小时可以到达。合肥至武汉的高速公路于 2009 年底已经通车,在金寨县的古碑或斑竹园下高速,距天堂寨 30～50 公里。为了发展山区旅游,天堂寨已经建了许多旅馆,食宿十分便利。建议安徽省、江苏省、山东省、河南省高校的相关专业,可以就近到天堂寨山区进行生物学或生态学野外实习。

最后,在天堂寨山区进行野外实习比较安全。目前,大别山尚未发现有狼、虎和豹等猛兽。但是,由于在夏季的夜间常有蝰蛇活动,加上天堂寨山高路陡,地形复杂,蚂蟥较多,因此仍须时刻注意安全。总之,从各方面条件来看,天堂寨山区是开展生物学综合野外实习的理想场所之一。

第三节 大别山其他自然保护区概况

一、鹞落坪国家级自然保护区

1994 年,鹞落坪自然保护区晋升为国家级自然保护区,其位于安徽省西部,北与安徽省霍山县接壤，西与湖北省英山县毗邻，地理位置为北纬 30°57′～31°06′，东经 116°02′～116°11′，属大别山江淮分水岭主段，主峰多枝尖(1 721 m)。该区总面积为 123 km^2，覆盖安徽省岳西县包家乡全境，其中核心区为 21.2 km^2，缓冲区为 28.4 km^2，实验区为 73.4 km^2。主要保护对象为大别山区典型的代表性的森林生态系统，以及国家级珍稀濒危野生动植物，并作为淮河流域磨子潭和佛子岭水库的重要水源涵养林保护区，森林植被覆盖率已达 90%以上。该区地跨我国北亚热带和暖温带的过渡地带，降雨量丰富，年降水为 1 400～2 000 mm，处于“南北过渡，襟带东西”的地理位置，凭借古老的地质历史和复杂的生态环境，形成了独特、多样的生物资源及自然景观。

鹞落坪保护区森林植被属于北亚热带落叶-常绿阔叶混交林带的组成部分。保护区的植物区系属于泛北极植物区、中国-日本森林植物亚区的华东区，是华中、西南、华北、东北及华南植物与华东植物区系的渗透、过渡和交汇地带，植物区系复杂，植物种类繁多。据初步调查，这里有维管束植物 2 200 余种(含栽培种)，占安徽省总种数的 2/3；有野生种子植物约 134 科、590 属，1 430 种。

保护区有国家首批公布重点保护的珍稀濒危野生植物 23 种，如大别山五针松(*Pinus fenzeliana* var. *dabieshanensis*)、金钱松(*Pseudolarix kaemperi*)、银杏(*Ginkgo biloba*)、榧树(*Torreya grandis*)、巴山榧树(*T. fargesii*)、领春木(*Euptelea pleiospermum*)、天女花(*Magnolia sieboldii*)、黄山木兰(*M. cylindrica*)、厚朴(*M. offcinalis*)、凹叶厚朴(*M. offcinalis* subsp. *biloba*)、连香树(*Cercidiphyllum japonium*)、杜仲(*Eucommia ulmoides*)、青檀(*Pteroceltis tatarinowii*)、天竺桂(*Cinnamomum japonicum*)、天目木姜子(*Litsea auriculata*)、黄山花楸(*Sorbus amabilis*)、小叶白辛树(*Pterostyrax corymbosus*)、香果树(*Emmenopterys henryi*)、紫茎(*Stewartia sinensis*)、短萼黄连(*Coptis chinensis* var. *brevisepala*)、八角莲(*Dysosma versipellis*)、野大豆(*Glycine soja*)、天麻(*Gastrodia elata*)等。保护区内还有国内少见且大面积集中分布的小叶黄杨(*Buxus sinica* var. *parvifolia*)林、多枝杜鹃(*Rhododendron shanii*)林，还有呈块分布的香果树、领春木群落。

这里也是植物进化史上一些植物繁衍分化的场所，形成了一批地方特有植物，如大别山五针松、长梗胡秃子(*Elaeagnus longipedunculata*)、大别山冬青(*Ilex dabieshanensis*)、多枝杜鹃、美丽鼠尾草(*Salvia dabieshanensis*)、鹞落坪半夏(*Pinellia yaoluopingensis*)等，数十种植物的模式标本均采自该区。这里还分布一些中国特有和安徽特有的植物，如金钱松、杜仲、青檀、独花兰(*Changnienia amoena*)、安徽槭(*Acer anhweiensis*)、安徽碎米荠(*Cardamine anhuiensis*)、安徽贝母(*Fritillaria anhuiensis*)等。因此，鹞落坪保护区的确是我国为数不多的植物物种基因库。

鹞落坪自然保护区动物区具有南北过渡的特点，在动物地理区划上属于东洋界，既是一些古北界种类分布的南限，同时又是不少东洋界种类分布的北限，野生动物多样性相当丰富。初步查明区内有两栖动物 2 目、8 科，16 种；有爬行动物 3 目、7 科，24 种；有鸟类 11 目、30 科，108 种；有兽类 7 目、18 科，43 种。其中细痣疣螈、秦岭雨蛙、黑点树蛙为安徽省两栖类动物新纪录。属于国家重点保护的野生动物有 18 种，即大鲵、细痣疣螈、勺鸡、白冠长尾雉、领角鸮、红角鸮、斑头鸺鹠、草鸮、鸢、赤腹鹰、雀鹰、红隼、蓝翅八色鸫、金钱豹、豺、水獭、原麝、小灵猫等。

鹞落坪国家级自然保护区已经建立生物多样性宣传教育展览馆。近年来，安徽省的部分高校相继在这里建立了生物学野外实习教学基地，中国科学技术大学生命学院于2011年7月在此正式挂牌建立实习基地，并同保护区联合组建了生物学野外实习实验室。

二、天柱山国家森林公园

天柱山国家森林公园，又称为天柱山风景名胜旅游区，位于安徽省潜山县境内，地理位置是北纬30°40′～30°46′，东经116°22′～116°29′，东抵龙潭，南接野人寨，西至白水，北与割肚比邻，面积为2 066 hm^2。境内群峰耸立，悬崖峭壁，幽谷深壑，景色壮丽，主峰天柱峰海拔为1 485 m。该区位于大别山南坡，是中亚热带北缘。在天柱山山区，基带植被破坏较为严重，山体上部植被保护较好。由于山体主要是花岗岩，这里土壤层较薄，植物生长非常缓慢，大树数量稀少。自20世纪90年代以来，湖北省和安徽省的少数高校曾先后在这里进行过动物学和植物学野外实习教学。

三、马鬃岭国家级自然保护区

马鬃岭国家级自然保护区位于安徽金寨县境内，地理位置是北纬31°10′～31°21′，东经115°31′～115°50′，东至张畈、千坪，南接后畈，西邻包畈，北与大湾、化石比邻，面积为3 500 hm^2，森林覆盖率为90%，1998年被安徽省批准建立省级自然保护区。境内群山环抱，沟谷纵横，1 500 m以上的山峰有石门岭、锯儿齿，最高峰月亮坳海拔为1 671 m。这里有较大面积的原始次生林，在虎抓岭有野生的山核桃（*Carya cathayensis*），在千坪有珍稀植物领春木群落。目前，马鬃岭自然保护区与天堂寨自然保护区联合申报并晋升为国家级天马自然保护区。其实，两地之间还有一定距离，乘车要经过燕子河和青山再到大湾，约70 km。所以，如果在安徽省金寨县内选择实习地点，天堂寨和马鬃岭两者只能选择一处。天堂寨的交通和住宿条件比马鬃岭更加方便，植物多样性更加丰富，植被带垂直分布更明显。

四、万佛山省级自然保护区

万佛山自然保护区是1995年经安徽省批准建立的省级自然保护区，又称为万佛山森林公园或万佛山-龙河口风景名胜区，位于舒城县境内，主峰猪头尖海拔为1 538 m，万佛山自然保护区就位于其北坡，面积为2 000 hm^2。其保护区的前身是舒城县小涧冲林场，该场十分重视植物物种多样性的保护工作，多年来从皖南山区和大别山的金寨和霍山等地引种了许多种植物，大大丰富了该地的植物多样性。如今，这里也是生物学野外实习的理想场所之一，曾是合肥林业学院的实习基地。但目前万佛山自然保护区的交通还是不太方便。2010年秋，笔者曾考察过该保护区。

五、多云尖省级自然保护区

多云尖自然保护区位于安徽霍山县境内，是安徽省1998～2010年自然保护区发展规划中第一批建立的自然保护区，面积为2 000 hm^2。在多云尖的旁边就是白马尖，其前身是霍山马家河林场。由于林场建立时间较长，在海拔1 000～1 300 m以下，树林破坏严重，只是在山体上部的植被保护较好，这里全是落叶阔叶林，是磨子潭水库的水源涵养林。

六、板仓省级自然保护区

板仓自然保护区是位于安徽潜山县境内，在猪头尖的南坡，1995年经安徽省批准的省级自然保护区，面积为1 500 hm^2，这里是以保护森林生态系统为主要目的的自然保护区。由于其地理位置特殊，生境多样，物种非常丰富，天然植被保护得较好，所以，安徽岳西县在其旁边又建立了枯井园县级自然保护区。

七、鸡公山国家级自然保护区

鸡公山国家级自然保护区位于河南省信阳市南部，在武胜关、平靖关和九里关之间，是大别山山脉向西部的余脉，西与桐柏山相连，主峰鸡公山海拔为811 m，面积为2 700 hm^2，1982年被河南省批准为省级自然保护区，1988年晋升为国家级自然保护区。在大别山所有保护区中，该保护区纬度最北，地处北亚热带和暖温带过渡带，具有典型的季风气候和山地气候，年平均气温为15.2 ℃，最高气温为40.9 ℃，最低气温为−20 ℃。该区具有高等植物近1 300种，药用植物约600种，野生鸟类有17目，150种。这里有国家级重点保护动物29种，如大鲵、小灵猫、金钱豹等。目前，河南省和湖北省的部分高校在该地进行过野外实习教学。

八、金刚台国家级地质公园

金刚台国家级地质公园位于河南省商城县境内，与安徽省金寨县接壤。境内地势险要，坡陡谷深，面积为2 970 hm^2，其中核心区为1 660 hm^2，主峰金刚台海拔为1 584 m，具有高等植物1 000多种，草本植物繁茂，盛产药材，远近有名。通过多次调查，该地有种子植物约105科、349属，566种；陆栖脊椎动物约250种，其中兽类40种，鸟类160种，爬行动物30种，两栖动物20种。这里山高路险，如果到这里进行考察或野外实习教学，在上山和下山的途中一定要注意安全。

九、连康山国家级自然保护区

连康山自然保护区位于河南新县西部，大别山北麓，属低山丘陵，相对高度约为300 m，面积为2 000 hm^2，1982年被河南省批准为省级自然保护区，核心区为670 hm^2。该区植被覆盖度高，达70%，木本植物有约75科、159属，300余种，陆栖脊椎动物约300种。2005年6月晋升为国家级自然保护区。

十、董寨国家级自然保护区

董寨自然保护区位于河南省罗山县南端，其前身是1955年建立的董寨林场，1982年被河南省批准为省级自然保护区，2003年晋升为国家级自然保护区，面积为10 000 hm^2。该保护区主要保护白冠长尾雉，目前其种群达600只。该保护区在鸟类的研究和保护方面，都做出了显著的成绩。

在大别山，安徽和河南两省先后都建立了若干个国家级和省级自然保护区。但是，湖北省还没有在大别山建立国家级自然保护区。从地域面积上看，位于湖北省境内的大别山的面积比河南省大，1 000 m 以上的山峰较多，其自然条件比较优越，自然景观也相当美丽怡人。令人欣喜的是，目前，湖北省英山县的吴家山林场，正在建设吴家山森林公园，它就位于天堂寨主峰东南坡。而湖北省罗田县在天堂寨主峰西南坡，于 2002 年成立大别山县级自然保护区，截至 2013 年，经过大量资金投入和艰苦施工，已经建设成大别山国家森林公园和罗田县天堂寨风景区。罗田县天堂寨风景区与金寨县天堂寨风景区直接相邻，正好交界于长江和淮河分水岭，真所谓“一步跨两省，一票游两景”。从长远利益看，如果在英山和罗田境内再建立几处省级自然保护区，可为保护和持续利用大别山的动物和植物资源及当地的经济、社会和生态的可持续发展打下一个坚实的基础。

第二章　生物学与生态学野外实习教学的基本知识

生物学和生态学野外实习是教师带领学生走出课堂，走出校园，深入大自然，理论联系实际的教学活动。对学生拓展视野，启迪智慧，培养兴趣，探索生命世界的无穷奥秘，有所发现，有所创造，具有重要作用。

近年来，大别山的鸡公山国家级自然保护区和鹞落坪国家级自然保护区等已陆续成为鄂豫皖诸多高校的野外教学实习基地，每年都有大批学生奔赴大别山进行生物学和生态学野外教学实习。虽然大别山各个自然保护区的自然景观和植被类型有所不同，但它们的生物资源却具有相似性。为了能够安全有序地组织野外实习教学，无论开展的是验证型野外实习还是研究型野外实习，其教学的管理与形式都具有一定的共性，师生在进行野外实习前掌握一些基本知识是必需的。

第一节　实习日程的安排

在大别山开展生物学和生态学综合实习，时间安排1周或10天较宜，实习内容能兼顾到植物学、动物学和生态学。对于师范院校，实习内容主要偏向于动物和植物的物种识别，以及生物标本的制作；而对于综合院校，实习内容除了了解生物多样性外，还可围绕小型研究课题开展。由于实习期间所走的路线往往是不重复的，所以，无论是哪种形式的实习，实习指导专业教师的配备是非常重要的，每组都应该配有植物学教师和动物学教师，另外，实习小组之间的协助也同样重要。

为了不影响其他课程的教学，野外实习教学的时间一般都安排在暑假进行。如果将实习活动安排在学期中间的“五一”或“十一”长假期间进行，则实习地点不能选择在旅游区。大别山的物候比较迟，“五一”期间开始实习有些早，因为很多植物还没有开花，1984年4月1日笔者登上天堂寨主峰时，发现山顶上还有积雪；在“十一”长假期间进行实习还是可以的，秋天的大别山景色宜人，满山红叶，果实累累。同时，秋天的植物标本水分少，比较容易压制。另外，对于高校实习基地比较集中的地方，像鹞落坪自然保护区和鸡公山自然保护区，各实习高校应事先加强联系，商讨实习安排计划，尽量相互错开实习时间，不要过于集中，免得因学生过多造成自然保护区接待工作的困难。

根据笔者多年的野外教学实习实践经验，如果野外实习的时间是 1 周，大别山生物学和生态学综合野外教学实习的日程安排建议见表 2.1。

表 2.1　大别山生物学和生态学野外实习日程安排

出发日	从出发地清晨出发，如南京、合肥或武汉等，当天可到达目的地，如天堂寨、天柱山或鹞落坪等，一般在下午 4～5 点可到达。由于师生旅途辛苦劳累，到达后立即安排吃住。指导教师和各组长以及实习向导开会，研究具体日程安排，其他学生可调试指南针、海拔仪和 GPS 定位仪等教学仪器。当天晚上，召开全体实习人员会议，公布实习日程和具体注意事项，做好实习的所有准备工作
第二日	由于学生们刚到一个新的环境，对周围的事物感到好奇有趣，同时，为了让学生对当地的生物资源和植被有一个比较全面的了解，建议在实习的第一天选择较长的路线，或直接攀登主峰。沿途主要考察植被的垂直分布和各种类型的植物群落。考虑到时间和行进的速度，第一天最好不要采集生物标本和做样方调查，但要求学生沿途做些记录还是必要的。晚上回到宿营地后，要召开一次组长会议，总结当天的实习活动情况，是否存在问题。同时，教师要主动询问学生们是否还有其他问题，然后布置第二天的工作任务
第三日	由于植物标本的压制需要几天时间，所以在实习的第二天，应该安排学生们到一个植被保护比较完整、物种比较丰富的地点去实习。这一天是实习活动中最重要的一天，学生们要采集标本，要做群落观察和学习样方的方法等。晚上回到宿营地，教师组织学生赶快压制标本。晚饭后，召开组长工作会议，总结当天工作，布置第二天的任务
第三日晚	如果学生们要研究和观察昆虫，可以在第三天晚上开始工作，因为那时对当地的环境已经比较熟悉了。用灯火诱捕昆虫(夏天，昆虫夜间活动频繁)，捕捉到的昆虫当晚要制作标本。实习期间，如果安排有夜间的野外观察或采集标本的活动，一定要等学生们对当地环境比较熟悉后再开始进行，这样比较安全
第四日	在大别山海拔 1 500 m 以上的山顶，常有山地草甸生态系统。教师可安排一天时间让学生到山顶上考察山地草甸生态系统的特征。在山顶上，除了草甸植被外，还有山地矮林。当学生回到宿营地后，要求学生赶快给标本换吸水纸。晚上，教师可安排学生进行讨论，因为白天在山顶上所见的各种生物，其生物学特性往往与山下的物种有明显的区别，让他们认真讨论，相互学习，提高学生的观察能力和思考能力
第五日	生物群落的多样性程度在交错区往往比较大。山脚下有森林、灌丛和河流等，小环境复杂多样。所以，教师在实习计划中最好考虑在山下安排一天时间，让学生沿河考察河谷生态系统，了解淡水无脊椎动物、爬行类和鸟类等生活习性，也可制作动物标本。当学生回到宿营地后，要求学生赶快给植物标本换吸水纸。在水边活动时，一定要注意安全
第五日晚	如果学生们要观察夜行动物的行为，如山鼠、刺猬、野兔等，可在第五日晚上进行。活动过程中，要注意安全。如果是在夏天的晚上，还要防止被蛇咬伤。所投放的鼠夹，注意收回，以防误伤他人
第六日	在实习的最后一天，教师可安排学生到附近的农户家去参观。因为部分学生是来自城市的，参观一下农民所栽培的黑木耳、银耳、天麻、香菇、茯苓、灵芝和猴头菌等生产基地，把理论教学与生产实践结合起来，对丰富他们的植物学背景知识很有好处。晚上，要召开全体学生会议，总结整个实习期间的工作，做好返程准备，并提醒学生处理好各类标本
第七日	返回学校。回校后，教师要组织学生鉴定标本，整理资料，准备撰写实习论文或实习报告，并进行汇报交流与总结。同时，学生要归还所借用的实习仪器和用具，教师要组织好教学实习工作的考核，以及对实习资料(包括照片和录像等)的收集

以上实习安排和计划仅供大家参考，各学校应根据具体情况制定出更加详细的实习计划。由于野外教学实习安排的时间一般都比较紧，所以要充分利用好晚上的学习时间。晚上除了压制标本、标本换纸、整理照片和处理数据等外，还可安排标本鉴定、仪器使用方法培训或小组讨论与交流等学习活动。

由于野外实习工作常受到天气情况的制约，如遇到大雨或暴雨的天气，要随时改变实习计划，可做一些灵活的调整。我们要坚持“安全第一，实习第二”的工作原则。如果遇到雨天，山路比较滑，为防止跌跤，可改为沿公路两侧观察和采集标本，但须注意交通安全。

第二节　野外实习注意事项

由于野外实习的环境复杂多变，很容易发生各种安全事故，因此，必须高度警惕，加强安全教育，以杜绝各种事故的发生。在野外实习期间，要反复强调“安全第一”的思想。为了保证野外教学实习的顺利进行，安全教育与安全防范显得十分重要，学校除了需要与每位学生签订“安全责任承诺书”外，还要为师生们购买人身意外伤害保险。

要十分重视野外实习动员会。在动员会上，教师们要讲清楚实习的目的与要求、实习地点的地形与气候、实习内容、时间安排、食宿安排、实习经费预算、实习人员组成、指导教师职责与分工、野外实习管理须知（包括请假制度、文明就餐、不酗酒、不吸烟、文明礼貌、乘车和住宿注意事项等）、成绩评定标准、实习小结与鉴定。值得注意的是，在动员会上，带队教师和学院领导一定要反复强调安全教育，提高师生的安全防范意识，以引起学生的高度重视。

一、准备生活用品

野外实习教学要带上生活用品。考虑到在野外短期工作，一切要从简，但生活要方便，不能受太大的影响。由于野外实习都有宿营地，多带的物品可以放在宿营地里。生活用品和洗漱用品要带齐全，尤其是女同学更应该考虑周到一些。山区气候比较冷，注意早晚不要着凉，最好带上一件厚衣服。外衣和内衣以及鞋子，都需要两套，以防出汗或淋湿后换用。草帽也是必需的，由于在大别山里一般树上是没有毒蛇的，所以，鸭舌帽也可以。为了预防感冒和腹泻等，需带上必需的药品。另外，野外实习期间，需要自带干粮用于野外午餐，一定要注意饮食卫生。

二、携带野外实习物品

在野外作业时，除了要带照相机、摄像机、指南针、海拔仪、望远镜、GPS 定位仪、温度计、湿度计、照度计和放大镜等研究工作所需要的工具外，还要随身带上手表、手机、手电筒、电池、雨具、火柴或打火机（由教师携带，在防火季节要遵守保护区规定）、小刀、细绳、风油精、创可贴和垃圾袋等，有些物品可在紧急情况下使用。

由于野外实习所带物品较多，教师应把贵重物品安排专人负责，并做好登记，便于使用和检查。在山区野外作业时，不要吸烟，以防火灾事故发生。随身带的食品和水要妥善保管，不要浪费。在野外喝水时，每次少喝一点，在口中含一会，预热后才吞下。在野外不能随便喝生泉水或河水。另外，雨具不可少，因为山区在夏秋季节经常有地形雨。野外实习作业结束时，一定要清理好各类垃圾，并将垃圾带下山。在动身回宿营地前，同学之间要相互提醒，并检查各自随身携带的实习设备和贵重物品，以防遗忘在山上。

实习期间，为了便于大家的学习和交流，除了需要带电脑、便携式投影仪、打印机、无线上网卡和路由器外，还要带一些工具书，如《高等植物图鉴》(1～5册，补编2册)、《大别山植物志》、《中国东部高等植物分科检索与图谱》、《安徽植物志》(1～5卷)、《湖北植物志》或《河南植物志》等，以备随时鉴定植物标本的需要。

另外，如果指导教师事先计划在实习期间需要采集和制作浸制标本，还需要带上配制好的固定液和标本瓶。固定液主要有甲醛水溶液(5%～6%)、乙醇水溶液(60%～70%)、冰醋酸水溶液(3%～5%)和 F. A. A. 固定液(50%～70%乙醇 90 mL + 甲醛 5 mL + 冰醋酸 5 mL)。一般情况下，为了安全起见，不提倡将药品和试剂带到野外临时配制固定液。

三、选择实习路线

在安排和选择每天的实习路线时，要考虑两个方面的问题：一是要尽可能地避免走重复路线，保证每天所走路线都是新的，所见到的植物有所不同；二是路线的远近问题，实习地点不能太远，当天必须能够返回。野外实习与科学考察探险不同，后者要求学生随身带帐篷和睡袋，夜晚在野外露宿，而野外实习则要求学生在晚上返回宿营地。所以，指导教师必须根据路途情况确定每天的实习地点和返回时间。

在每天的野外行进过程中，一位教师走在前面带路，另一位教师走在队伍的最后，以防止学生掉队。特别是有些学生喜欢照相，一遇到好的风景，立即停下来拍照，一是影响工作进度，二是容易带来安全隐患。遇到这样的情况，教师一定要注意安全。在途中，如果学生需要上厕所，教师要留下亲自等待或安排其他学生等待，千万不能只留下学生自己。在实习地点，比如做样方或取土样，可能停留时间长达几个小时，需要教师每隔1小时对学生进行1次点名或喊话，防止学生在森林中迷失方向而走失。

四、注意宿营地的安全问题

野外实习安全问题不仅仅是野外的安全，还包括宿营地的安全。一般地说，宿营地可选在乡镇府或保护区管理机关所在地，带队教师要对当地的社会治安情况进行了解，并主动与当地政府或保护区领导取得联系。为了确保宿营地的安全，必须对学生提出具体要求和纪律。在宾馆安排住宿时，优先安排女生的房间，这些房间的安全性要更高些。在宾馆住宿期间，外出购物要请假，并要求有人陪伴，夜晚一律不准外出，不准打闹。在用电安全方面，使用电热水器洗澡时先拔下插头，使用大功率电器时事先要征求宾馆管理人员的同意。同时，需要注意宿营地的交通安全问题。

五、应对一些突发事件和紧急情况

在山区野外作业有时会遇到一些紧急情况或突发事件。遇到这类情况时，不能惊慌，保持沉着冷静，科学地、理智地、有组织地、有步骤地采取应对措施。

一是当遇到大型野生动物或受伤的野猪，或母野猪带有仔猪时，大家要相互靠拢，与动物保持对峙状态，千万不能逃跑。当大家都处于有利地形后，可用喊声、恐吓声、恐吓动作驱赶动物。必要时，拿出防身的器械、大型采集工具或寻找打击工具，防止动物袭击人群。不到万不得已，不要主动出击。近年来，在大别山因植被保护较好，大型动物种类明显增多，时常有野猪下山伤人事件的报道。在深山丛林中行走或夜晚走黑路时，要经常地大声咳嗽几声，或唱歌，或自言自语地说几句话，目的是吓走附近的大型野生动物，以防止在不知不觉状态下突然与大型动物直接面对面地相遇。

二是遇到大蛇。夏季和秋季的早晨，在山区可能会遇到大蛇爬在树枝上晒太阳，或夏季的中午会在河流边或草地旁遇见大蛇，一般这些大蛇都是游蛇亚科的，属于无毒蛇，除非教师需要制作标本，否则请不要随意将其打死，注意保护动物。

另外，如果遇到有人跌跤受伤，应采取紧急包扎。对伤势较重的，先经过简单包扎处理后，选些身强体壮的学生护送受伤人员回宿营地或去医院救治，并及时将情况电话通知学院领导和学生家长。建议有条件的学校，在野外实习期间配备1名医护人员。

六、标记野外路标

在山区森林中行走，遇到岔路口时，要做路标。做路标的目的有两个：一是给队伍后面的人指路；二是提示自己下山时不要走错路。一般用折断的树枝放在路边做路标，枝条的折断处所指方向是前进的方向。山区的岔路口有3叉和4叉的，少有5叉的。遇到3岔路口，如果从左边走，树枝放在左边；如果从右边走，树枝放在右边，见图2.1(a)。如果遇到4岔路口，必须做两个树枝的路标，见图2.1(b)，取1、2，或取1、3，或1、4。在山区丛林中做路标，还可用刀在树干上做记号，刮下树皮，其刀切的方位(树皮刮下后的痕迹)与路保持平行。另外，在山区的小路上，人们喜欢在地上刻画箭头，或用粉笔在石头上画箭头，以示前进的方向。注意：千万不要涂改别人的箭头，因为这会给别人带来麻烦甚至是痛苦。

在森林中，有时遇到河流或小溪把路截断了，河的另一侧在水平方向没有路可走，这时需要顺着小河寻找。一般说来，在上山时，要在河的上游寻找小路；相反，下山时要在下游寻找小路，见图2.1(c)。

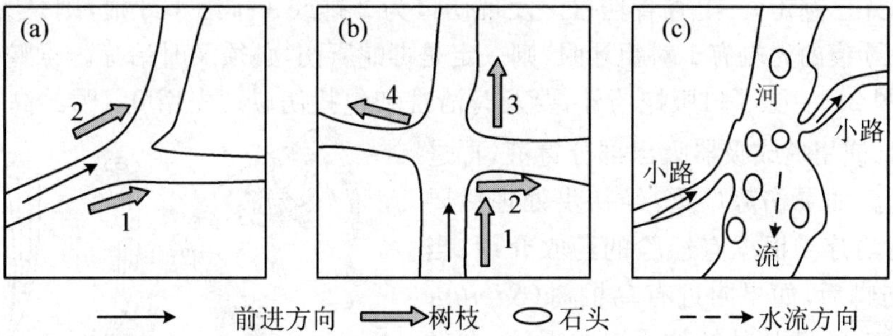

图2.1 在野外实习途中如何做路标和寻找小路(沈显生绘)

(a)中树枝标记只有1或2；(b)中树枝标记为1、2组合，或1、3组合，或1、4组合；(c)中小路位于河流两侧

七、防止蚂蟥叮咬

在大别山，水田里有蚂蟥（水蛭），山上有山蚂蟥（山蛭），它们在6月份至9月份期间，活动猖獗。在野外实习期间，会经常遇到山蛭。天晴时，山蛭一般活动在水沟边，或潮湿的林下；在雨天，尤其在暴雨前，山蛭活动在树干和树叶上。无风的时候，山蛭靠尾部吸盘固定在叶上，身体直立不动；当有人走过并晃动树枝时，再加上人的汗味，位于叶片上的山蛭立刻活动起来，一伸一缩，并四处摇摆，以捕获目标。一旦感觉到有人接近，山蛭会立即爬上身。山蛭大小不一，小的与水蛭差不多大，一般长3～6 cm，最大的可达15 cm。当山蛭吸足了人血后，身体变成球状，自动滚落，但伤口流血不止。由于蚂蟥在吸血的同时，向人体内排放蛭素，使得血液不能凝固，只有等到混有蛭素的血流完后，伤口才会凝结。防止山蛭叮咬的有效办法是穿上山袜，见图2.2。另外要不时查看身体各部，一旦发现，及时将其打掉。由于蚂蟥对尼古丁和盐都十分敏感，因此，上山前用烟蒂或烟叶泡水，洒在衣服和鞋子上，此法很有效。另外，也可带上盐粉，如果遇到蚂蟥叮在身上，向其身上撒点盐，可使其立即滚落。

图2.2　山袜的结构和穿山袜的方法（沈显生绘）

八、预防蛇、蜈蚣和蝎子咬伤

在大别山，常见的蛇多数属于游蛇亚科的蛇，一般遇到人就逃避，很少有会主动袭击人的。但是，近年来发现，大别山也有数种毒蛇。这可能与气候变暖有关，它们游过长江，分布于此。当地最常见的是一种叫蝰蛇（蝮蛇）的毒蛇，昼伏夜出，尤其是闷热的夜晚经常出来，多待在路边。所以，在夜晚行路时不能光着脚，也不能穿凉鞋，一定要穿有鞋帮的鞋。另外，晚上走路要走得快一些，防止踩到蛇尾而被咬。当大家在夜晚集体外出时，走在第二位和第三位的人要特别小心，做好脚部的防范工作。如果被蝰蛇所咬，伤在下肢处，一般没有生命危险，只是疼痛和红肿；如果咬在要害部位，需要及时治疗。竹叶青和祁蛇（五步蛇）是非常毒的蛇，要特别小心。当发生蛇咬人后，不能惊慌失措，要抓紧时间把蛇打死，以便确认蛇的种类。如果蛇已逃走，马上查看伤口。发现伤口为2排或4排细小牙痕，则是无毒蛇所咬；如果在细小牙痕的先端有1对粗牙眼，则一定是毒蛇所伤，必须及时治疗。毒蛇的牙齿结构分3类，见图2.3。除了口服蛇药外，要及时清洗和包扎伤口。先用0.1%的高锰酸钾水溶液清洗伤口，或用嘴或吸器吸出部分毒液，再进行科学包扎。如果伤势严重，经初步处理后要及时送医院治疗。根据有经验的药农介绍，当被蝰蛇咬伤脚后，如果附近有乌桕树（*Sapium seiferum*），摘3～5片幼叶放入口中嚼碎，在经过挤压伤口后，将咀嚼物敷在伤口上，立即就医。事后1天可换1次乌桕树叶，伤口红肿3～5天后，慢慢就痊愈了。

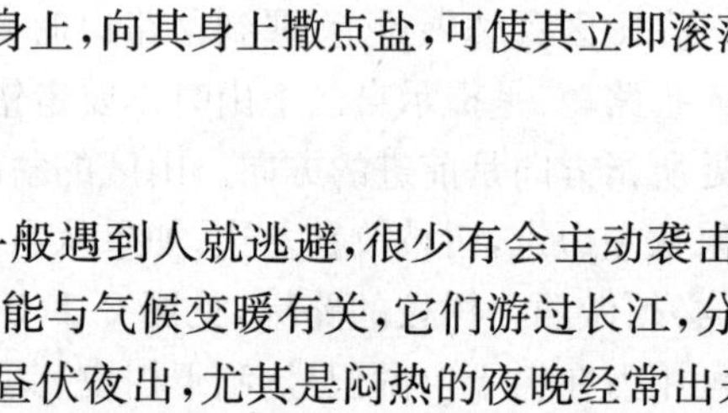

图2.3　毒蛇的头骨和毒牙示意图（沈显生绘）

1. 管牙；2. 管孔牙；3. 沟牙

蜈蚣在山区很常见，也是昼伏夜出。蜈蚣长大后，在夜晚时身体会发出淡绿色荧光。所以，在黑夜里，如果发现带条状放绿光的东西要小心，特别是条形能移动的绿光，很可能是蜈蚣。蜈蚣咬伤的伤口是1对小孔，有疼痛感并红肿。蜈蚣较大，毒性也就较强，可引起头痛、呕吐、发热等症状。对于伤口的处理方法较多，可用3%氨水或5%苏打水冲洗，也可用石灰水或肥皂水洗；如果用老公鸡的血涂抹伤口效果最好。紧急处理的措施是挤压伤口，尽量排出毒液，再用肥皂水或0.1%的高锰酸钾水溶液清洗伤口。

另外，山区的土墙房屋经常有蝎子，特别是在傍晚或夜里暴雨来临前，蝎子喜欢出来活动。蝎子是通过其尾部的弯刺刺入人体并释放毒液来伤人的。不过蝎子一旦出来后，附近就能嗅到刺鼻的氨气味，这时要特别小心，仔细查找。

九、不要随便捅黄蜂的窝巢

近年来，黄蜂的"脾气"越来越坏，经常出现黄蜂蜇死人的事故。黄蜂喜欢在落叶树上筑窝，而很少在常绿树上筑窝。群众称其窝为葫芦包，呈球形或椭圆形，大的直径为80～100 cm。遇到黄蜂窝，如果不去捅它，它们一般不会蜇伤人。如果遇到别人在捅黄蜂窝，要赶快躲起来或溜走，远离这"是非之地"。万一有黄蜂追来，不能逃跑，站着别动；如果拼命奔跑，它们则以为你干了坏事，非把你蜇倒不可。黄蜂的眼睛对白色运动物体十分敏感，所以，当黄蜂被激怒后，穿白色衣服的人要特别小心。

在大别山森林中，时常能够发现野生的蜜蜂巢穴，它们常位于树洞或地下石洞中，千万不要为了贪吃蜂蜜去挖掏蜂洞，防止蜜蜂蜇伤人。

十、不要乱吃野果和野生蘑菇

在野外实习过程中，经常会遇到各种野果和五颜六色的蘑菇。有的野果看上去很诱人，但不一定能吃。除非有教师在场对野果进行鉴定，在确认可以食用后，同学们才能品尝，例如，五味子（甜串子）（*Schisandra* spp.）、木通（八月楂）（*Akebia* spp.）、猕猴桃（*Actinidia chinensis*）、软枣猕猴桃（*A. arguta*）、山楂（*Crataegus* spp.）、胡颓子（*Elaeagnus* spp.）、拐枣（北枳）（*Hovenia dulcis*）、悬钩子（*Rubus* spp.）、麦李（*Prunus glandulosa*）、山核桃（*Carya cathayensis*）、茅栗（*Castanea sequinii*）、鸡桑（*Morus australis*）、小构果（*Broussonetia kazinoki*）、金樱子（蜜糖罐）（*Rosa laevigata*）、野胡桃（*Juglans cathayensis* var. *obtusicostata*）、油茶桃（*Camellia oleifera*）、野葡萄（*Vitis* spp.）、四照花（*Dendrobenthamia japonica* var. *chinensis*）、酸浆（*Physalis alkekengi* var. *franchetii*）等。未经实习指导教师的许可，学生不得随意贪吃野果。

不能凭任何一条特征，如子实体的形态、颜色、质地、气味、汁液、菌环和菌褶等，将可食用的野生蘑菇与毒蘑菇截然地区分开来，必须根据综合特征进行鉴定。鉴定毒蘑菇不是一件容易的事情。因此，野外实习期间，千万不要随便采吃野生蘑菇，以防止发生中毒事件。

第三节 研究型野外实习教学的设计

一、指导思想和教学原则

生物学和生态学传统的野外实习教学是一种验证型的教学模式，将课堂上的理论知识与野外实际或生产实践相结合，通过野外观察来验证书本知识，从而达到巩固理论知识的目的。而研究型野外实习教学的指导思想，不仅仅在于验证书本知识和巩固理论知识，而是更加重视理论知识的应用，强调整个实习过程的参与和学习，发挥学生学习的主动性，激发学生的学习兴趣和创造力，培养学生的团队精神和协作意识。因此，全面培养学生的智力和能力，是研究型野外实习教学的指导思想。

在上述教学思想指导下，在野外实习教学过程中必须坚持的教学原则有：

1．教师指导与学生学会学习并重

虽然高效快捷的学习离不开教师的指导，但指导只是一种手段。在现代教学过程中，教师的指导必须是把学生导向学会学习的境地，这不仅是今后终身教育的要求，而且从在教学过程中确立学生的主体地位来看，只有学会学习，掌握了科学的学习方法，学生才会真正具有一种参与到教学过程中去的能力。

2．面向结果的教学和面向过程的教学并重

面向结果的教学是指教师在教学活动中以使学生获得令人满意的结论作为教学的直接意义，它是传统教学所强调的教学形式。面向过程的教学则是教师在教学活动中重视引导学生对知识形成过程的理解与实践，并在理解和实践中仔细体验获得这一知识的基础和条件，以及它与其他知识的相互关系等。从主动学习的角度看，面向过程的教学会给学生带来一种更高的价值。

3．一般能力的培养与创造品质的形成并重

学生能力的培养已成为现代教育的重心，然而，在促进学生一般能力的较全面提高的同时，教师应该对学生的创造能力的发展给予特别关注，创造品质已成为现代人素质结构中最重要的成分。

4．理论学习与实践活动并重

理论来源于实践，反过来又指导实践。只有坚持理论联系实际，才能有所发现，有所创造。

5．课堂内学习与课外学习并重

对于学生来说，课堂内学习总是有限的，而课外学习则是丰富的、无限的，学生可根据自己的兴趣爱好进行学习，突出个性，更加有利于激发创造力和热情。

6．接受式学习与探究式学习并重

接受式学习是一种被动的学习过程，而探究式学习则是一种主动的学习过程，只有发挥了学生的积极性，才能使学习收到事半功倍的效果。

以上这些教学原则，是指导教师在制定和设计研究型野外实习教学方案时必须要考虑的。同时，为了达到研究型实习的预期目标，在实习前教师要向学生宣讲和贯彻这些教学思想和原则，期望学生领会后能够转变成一种自觉行动。

二、研究型野外实习教学的设计

根据研究型野外实习教学的指导思想和教学原则，指导教师或由多位教师组成的指导小组对整个实习过程要事先进行科学设计。在做实习规划时，要考虑到实习的地点、季节，植被特征，生物多样性的丰富度，整个实习教学的周期，野外活动的天数、人数、经费以及交通和食宿条件等，制定出从实习的准备开始到实习结束的成绩评定这样一整套的工作方案。

研究型野外实习教学的详细过程可包括下列步骤：

教师首先向学生介绍实习基地的基本情况，包括生物多样性、植被分布和研究历史，讲解如何查找相关资料的方法，并展示历届学生的实习论文集。

↓

学生 2～4 人自由组合成立研究课题小组，选出组长；通过查找相关资料，拟订研究具体内容，并指定工作计划，写出工作方案。

↓

教师组织各小组进行答辩，组长对研究课题的目的、背景资料、理论依据、技术方法、计划和目标等进行解答，并回答教师提出的有关问题。

↓

教师根据实习基地条件、答辩情况和课题难易程度等，筛选出 6～10 组作为参加野外实习人选（一般教学计划限定 40 人，实习人数不宜过多）。

↓

教师给参加野外实习的学生详细介绍实习过程中的注意事项，提出具体要求，讲解论文格式和撰写方法，公布详细的实习计划和日程安排，并要求各组人员进行具体分工。

↓

师生一起赴实习基地进行为期 4～6 天的野外实地调查和研究，开展实验工作，采集标本和收集相关数据。

↓

回到学校后，各组进行标本鉴定、数据处理和资料整理等，并开始撰写论文。

↓

教师对各组的论文进行 1 次或 2 次初审，提出具体的修改意见。

↓

各组学生对论文进行认真修改和补充，做到研究论文撰写的规范化。

↓

各小组正式提交研究论文，经教师再次审查修改后，组织学生细读论文并进行答辩，评定成绩。可向有关杂志推荐优秀论文稿件。

↓

对野外实习进行总结，教师全面评价野外实习教学活动，同时请成绩优秀的小组进行报告，交流经验，并征求学生对今后野外实习教学的具体意见和建议。

多年的教学实践证明，研究型野外实习教学的成败取决于教师对课程的精心设计和管理，同时，也取决于学生的积极性和学习热情。最重要的是，教师要加强对野外实习教学的全过程的考核。

然而，还要注意，由于学生对野外考察充满好奇与激情，刚开始时热情高，干劲大，可野外考察回来后，部分同学对回校以后的整理标本与查资料工作感到枯燥无味，逐渐产生了厌倦情绪。这是因为研究型野外实习教学的周期较长，从实习的准备到结束共约 2 个月，可以理解学生的心情。遇到这种情况，教师要耐心地做学生工作，有的可能是因为野外实习期间没有取得理想实验结果而想放弃，如果教师能够积极耐心引导，强调过程学习才是目的，往往能使这些学生继续投入到实习工作中，直到完成任务。最后，研究型野外实习教学的能否成功，组长也很关键，所以，教师在整个实习教学活动中不仅要选好组长，而且要用好组长、关心组长、督促组长。

第三章 生物学与生态学野外实习教学的手段与方法

生物学和生态学的野外研究工作手段与方法的发展过程，经历了野外实地观察与调查、描述性的记录与测量、栽培条件下的实验生物学观察、野外设置仪器观测与试验和数学建模等研究阶段。也有学者将其研究方法分为野外的、实验的和理论的3种。其中，野外调查是生物学和生态学研究的最基础性的工作，科学家们对此非常重视。由于随着各种显微镜、电子显微镜、荧光显微镜、冷冻电镜和超薄切片等技术，以及像基因组学、代谢组学和蛋白质组学等的发展和应用，人类已经进入了微观生物学的研究时代，毫无疑问，分子生物学和分子生态学已成为当今生命科学发展主流。但是，自20世纪中期以来，人们把数学、化学和物理等科学应用于生物学和生态学的研究领域，形成了许多分支学科和交叉学科。特别是遥感技术、卫星定位系统和地理信息系统的应用，使得宏观生物学和生态学的野外研究可以在更大的尺度上进行，大大促进了宏观生物学和生态学的发展。目前，虽然可以利用数学模型对某些生物学和生态学问题进行模拟研究(这是理论研究新型的高级手段)，但对模型研究的预测，还必须要通过试验或实验来检验。所以，野外观察与调查的基础研究工作仍是十分必要的。

第一节 野外实习常用仪器与设备

随着时代的发展和科学的进步，生物学和生态学的野外实习教学在观察和研究的手段与方法上，同过去相比，已经有了很大的改善和提高。由于生物学和生态学野外实习属于基础课程，是面向低年级同学，以验证所学的生物学和生态学基础知识为主，适当拓展科学视野与思路，开展一些力所能及的研究工作，所以，野外实习常用的仪器与设备相对还是比较简单的，有些甚至是传统的。

一、野外采集和调查的用具

枝剪、高枝剪、小刀、砍刀、手锯、采集镐、小铲、捕虫网、浮游生物捕捞网、土样取芯器、年轮钻、直尺、钢卷尺、皮尺、卡尺、测量绳、放大镜、记录本(采集签)、定名签、号牌、标本夹、吸水纸、瓦楞纸、电吹风、铅笔、记号笔、采集袋(箱)、种子袋、种子收集器、标本瓶、标本盒、塑料箱、培养皿、剪刀、解剖针、镊子、昆虫针(大头针)、封口塑料袋、指管、水壶、手电筒、打火机、针线包和急救包等。

二、测量仪器

指南针(指北针)、测高仪、海拔仪、望远镜、单筒望远镜、温度计、湿度计、pH 测量仪、水样传导仪、照度仪、温湿光三参数速测仪、土壤酸度水分仪、土壤温度记录仪、COD 测定仪、BOD 测定仪、红外测温仪、红外 CO_2 测定仪、农药残留测定仪、GPS 面积测定仪、GPS 定位仪、摄像机、夜视仪、夜视镜、数码照相机、CCD 拍照系统、便携式体视镜和便携式显微镜等。

三、几种野外常用仪器的使用方法简介

1. 测高仪

在野外实习的观察活动中,要经常使用测量高度仪(测高仪),所以我们要学会其工作原理和使用方法。当我们在一个水平地面上测量某树的高度时,首先测量树顶的高度,再加上测量者自己的身高。如果大树周围环境复杂,找不到与树根处的水平线,必须测量两次。当测量者位于山坡上方,树在山坡下方,测量者站立处没有超过树高,则需要分别向树顶和树根测量两次,并将测量值相加,见图 3.1(a)。当测量者位于山坡下方,树在山坡上方,测量者站立处比树根处低,则需要分别向树顶和树根测量两次,并将测量值相减,见图 3.1(b)。当测量者位于山坡上方,树在山坡下方,测量者站立处比树顶还高,则需要分别向树顶和树根测量两次,并将测量值相减,见图 3.1(c)。

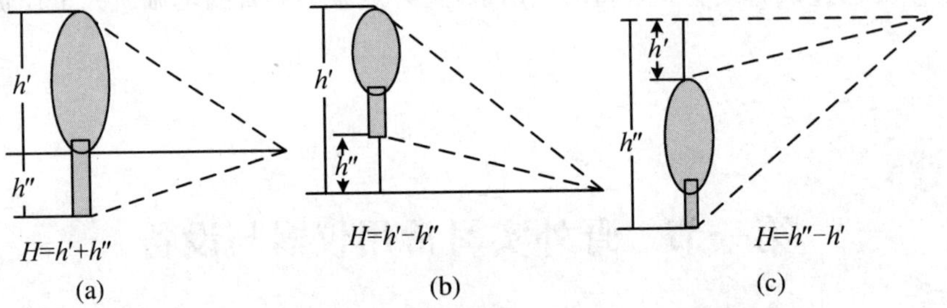

图 3.1　测量高度仪的测量原理示意图(沈显生绘)

目前,在测高和测距方面出现了许多新的仪器。例如,超声波测高仪、激光测高测距仪、线缆测高仪、数显测高仪和一维/二维测高仪。各种测高仪的使用方法都比较简单,可参见相关说明书。

2. 指南针

指南针(指北针)是野外实习工作必不可少的,在野外要确定山坡的坡向,或在森林中辨别方向,都需要指南针。有的指南针结构组成比较复杂,除了指南针本身的功能外,还配备有测量坡度和测量地图上两点间距离等装置。

3. 海拔仪

在野外实习的考察途中，经常要观察不同海拔高度下的植被分布情况，或采集植物标本时需要记录海拔高度，这时都需要使用海拔仪。海拔仪的最大测量尺度有：3 000 m、6 000 m、9 000 m 几种规格，在大别山可使用最普通的海拔仪（3 000 m）。在使用前，需要找一个海拔基准点，对海拔仪进行校对。注意，在不同天气情况下，海拔仪的读数具有一定的误差。目前，有些高级的手机具有野外定位和测量海拔的功能。

4. GPS 定位仪

GPS 定位仪是目前比较新型的野外定位工具，在野外工作时需要知道自己所在的地理位置，打开 GPS 定位仪，通过卫星定位系统就可以准确的显示出来。目前，有些高级的手机也兼有 GPS 定位的功能。

GPS 定位仪具有很多功能，现对其基本功能作简单介绍。

（1）坐标

GPS 定位仪具有二维和三维两种坐标表示方法。当 GPS 定位仪能够收到 4 颗及以上卫星的信号时，它能计算出所在位置的三维坐标：经度、纬度、高度。如果只能收到 3 颗卫星的信号，它只能计算出二维坐标：经度和纬度。这时，它可能还会显示高度数据，但这个数据是无效的。大部分 GPS 定位仪都有计算两点间距离的功能，可给出两个坐标间的精确距离。高度的显示有英制和公制两种方式，进入 GPS 定位仪的"setup"页面，可设置成公制，这样其他内容的显示也都变成公制的形式。

（2）路标

标记路标是 GPS 定位仪的主要功能之一，GPS 定位仪内存中保存的一个点的坐标值。在有 GPS 信号时，按一下"mark"键，就会把当前所在位置记成一个路标。但也可以从地图上读出某个地点的坐标，通过手工或计算机接口输入 GPS 定位仪，成为一个路标。路标是 GPS 定位仪的数据核心，它是构成路线的基础。一个路标可以用于导向功能的目标，也可以选进一条路线作为一个支点。一般 GPS 定位仪能记录约 500 个路标的数据。

（3）路线

路线是 GPS 定位仪存储的一组数据，包括一个起点和一个终点的坐标，还包括若干个中间点的坐标。每两个坐标点之间的线段叫作一条"腿"。一般的 GPS 定位仪能存储 20 条线路，每条线路30 条"腿"。各坐标点可以从现有路标中选择，通过手工或计算机接口输入数据，输入的坐标点同时作为一个路标进行保存。

（4）前进方向

在静止状态下，GPS 定位仪是没有指北针的功能。但是，一旦动了起来，它就能知道自己的运动方向。GPS 定位仪每隔一秒更新一次当前所在位置的信息，将该点的坐标和上一点的坐标进行对比，就知道前进的方向。不同的 GPS 定位仪关于前进方向的算法是不同的。GPS 定位仪的方向指示是以多少度显示的，这个度数是手表的表盘朝上，12:00 时的位置指向北方，为顺时针转的角度。有些 GPS 定位仪还可以用指向罗盘和标尺的方式来显示这个角度。一般同时还显示前进平均速度，是根据最近一段的位移和时间进行计算的。

(5) 导向

先设定导向目标,按“goto”键,然后从列表中选择一个路标。导向功能将会逐步导向此路标。有些 GPS 定位仪把前进方向和导向功能结合起来,只要用 GPS 定位仪的头指向前进方向,就会有一个指针箭头指向前进方向和目标方向的偏角,按照这个箭头就能找到预定目标。

(6) 足迹线

由于 GPS 定位仪每秒更新一次坐标信息,所以可连续记载它的运动轨迹。一般 GPS 定位仪能记录1 024个以上足迹点,在一个专用页面上,以可调比例尺显示移动轨迹。很多 GPS 定位仪有一种称作回溯的功能,使用此功能时,它会自动把足迹线转化为一条路线,把此路线激活为活动路线,用户即可按导向功能原路返回。

(7) 日出日落时间

一般 GPS 定位仪能显示当地的日出和日落时间,这个时间是 GPS 定位仪根据当地经度和日期计算得到的,是指平原地区的日出和日落时间。在山区因为有山嵴的遮挡,日照时间根据情况要推迟或提早各半个小时以上。这项功能在野外实习安排出发或宿营时间时是很有用的。GPS 定位仪的时间是从卫星信号得到的格林尼治时间,在设置(setup)菜单里可以设置本地的时间偏移,在我国应设 +8 小时,这个数值只与时间的显示有关。

由于技术的不断进步,现在的 GPS 定位仪越来越先进,功能更强大。请具体阅读所用仪器的说明书。

5. 照度仪

照度仪是用来在野外测量植物群落内部光照情况的仪器。过去使用的照度仪比较大,携带很不方便,现在有手持电子感光表,可用于野外测量光照情况。不同型号的照度仪,其操作方法不同,具体使用方法参考说明书。

6. 湿度计

除了普通的湿度计,目前市场上已经有手持电子湿度测量计,具液晶显示,使用十分方便。

7. 温度计

除了普通的水银刻度温度计外,目前市场上售有接触式电子温度计,其灵敏度具 1 位小数或 2 位小数,最好能使用带 2 位小数的电子温度计,更加灵敏。

第二节　野外实习教学的手段与方法

生物学和生态学目前都已经发展成为一个研究内容广泛、分支学科众多、综合性很强的学科,已从描述性学科走向实验学科,由定性分析发展到定量研究,甚至数学模型和计算机模拟也在生物学和生态学中得到了很好的应用,并且其研究领域也由纯基础理论研究拓展到应用研究。根据大别山的自然条件和生物资源的特点，考虑到学生野外实习教学的时间和季节，以及学生所掌握的生物学和生态学知识背景，生物学和生态学综合野外实习教学的手段和方法，主要有下列几个方面(仅供参考)。

一、采集合格的生物标本的方法

采集和制作生物标本，不仅仅是为了野外实习教学的临时需要，而且要考虑到标本的制作质量和使用价值，或用于科学研究，或用于科普宣传，这样就需要采集和制作合格的生物标本。

(一) 植物标本的采集

采集植物标本的时间一般在春夏秋三季，在不同的季节里可以采集到不同种类植物的标本，也可采集到同一种植物的不同物候期的标本。采集地点不限，一般来说，山区、丘陵、平原、湖泊和池塘等地，都能采集到比较珍贵的植物标本，只不过在山区里高等植物区系更丰富些。一般高校，植物标本采集是作为野外实习教学的重要内容，理应选择在植物种类较为丰富的山区进行采集。

采集前，要对采集对象进行选择，不采有虫的或有病的植株，也不采集特别弱小的植株或萌发的壮株，应选择最具代表性的植株进行采集。所采集的种子植物标本必须要有花或果(种子)，或蕨类植物一定要有孢子囊，或苔藓植物一定要有孢蒴，因为花和果或孢子是植物分类的主要依据，纯粹的营养体植物标本在分类学上是没有价值的。在具体采集时，小型草本植物应采集全株，大型草本可以分段采集，需编上同一采集号码，或折成“V”、“N”或“M”形。对于具有块根、块茎及鳞茎的植物，也需采集各种地下器官。对雌雄异株的植物需要分别采集雌株和雄株，并编上同一采集号码。对于乔木和灌木植物，需采集 25～30 cm 长的花枝或果枝。如果植物的叶片、花或果实太大，无法进行压制，可以先拍成照片并附有尺度对照物体(参照物)，然后取其局部做成标本。例如，贝叶棕(*Corypha umbraculifea*)的 1 枚叶片长达 3～4 m，重达 40～50 kg，花序高约 4 m，是无法制作成完整标本的。对于先花后叶的植物，应在不同季节分别采集花枝和果枝。对于水生植物中的有些细弱标本，可用硬纸片托住植株，连同纸板一道压制。对于寄生植物，必须连同寄主的部分器官一起采下。而对于一些树木基部的萌发枝，不要采集，因为这些叶片往往变异很大，没有分类学价值。采集植物标本时，同一种植物应采集 3 份或 4 份，每份标本都要系上相同号码的号牌，以防混淆，但标本采集签在野外现场一般只先写 1 份，其余同号的采集签等回到学校后在装订标本时再重新抄写。

号牌是 2 cm×4 cm 的硬纸片，打孔穿线，一定要系在标本上，防止号牌丢失或错放。号牌上印有采集人、地点、日期和编号共 4 项内容，需逐一填写。野外采集签是 6～8 cm×10～12 cm 的记录纸，具体格式见图 3.2。

根据经验，在野外采集植物时，认真仔细填写好野外采集记录是十分重要的。除了对号码、产地、采集人、海拔、日期等项必须填写外，还应注意对生境、营养体和花果特征等内容的填写。因为有些植物标本压干后植株会变色，例如，饭汤子(*Viburnum setigerum*)、冬青

(*Ilex chinensis*)和醴肠(*Eclipta prostrata*)等;而有些植物,花的颜色在压干后会发生改变,如狗哇花(*Heteropappus hispidus*)、杜鹃花(*Rhododendron* sp.)等。一般来讲,花瓣是由花青素决定其颜色的,压制时容易变色,如蓝色和红色花。而以胡萝卜素和叶黄素决定其花色的,一般在压制时不会改变颜色,如黄色花和橙色花。

××××植物标本采集签

采集号:__________ 采集人:__________

产地:____________________

生境:____________________

海拔:__________(m)习性:__________

叶:____________________

花:____________________

果:____________________

附记(根、乳汁、气味、用途):__________

名称:__________ 科名:__________

俗名:____________________

年　月　日

图 3.2　植物标本采集签格式

因此,在野外采集过程中,要对植株当时的颜色、花色和花的内部结构加以详细记录,以方便以后的鉴定工作。植株是否有乳汁或汁液,以及乳汁的颜色或气味都要及时认真记录,否则等标本干燥后就难以分辨了。对于植物的当地土名(俗名)及民间传统的用途等也应逐一记录,但有些学者不重视植物的俗名,其实这是不对的。因为植物的俗名形象直观,好记,俗名还可帮助我们了解植物的用途,且有利于民间调查工作。特别注意,在记录的过程中,采集签的号码同号牌的号码一定要完全相同,千万不能搞错。记录工作应该在野外采集现场完成,实行边采边记。当然,有些内容在野外不方便记录时,回到宿营地后立即对照新鲜标本补充记录也是可以的,如产地、习性和科名等。从理论上讲,所采集的植物标本最好是边采边压,这是因为刚采的植物叶片比较新鲜,压制的造型很美观。但是,在野外采集作业过程中随身携带标本夹是很不方便的,也会影响野外工作进度。如果不能在野外现场压制,把标本带回宿营地后,必须当天进行压制,不能过夜。在压制标本时,先在标本夹上放 1 张吸水纸，将植物标本进行初步整理一下，有的枝条叶片过密，可疏去部分叶片，然后将标本放在吸水纸上，要注意标本的整体造型，同时将部分叶片扭折使叶背向上，立即盖上另一张吸水纸。为了快速脱水，两份标本的吸水纸之间都用瓦楞纸隔开，最后将标本夹捆紧。有条件的地方，可用电吹风对着瓦楞纸吹，加速脱水干燥，每天更换吸水纸 2 次，3～5 天即可压好。秋天的植物标本水分少，比春天的标本容易压制。在第一次换吸水纸时，要注意进一步整理标本，保持叶片平整，造型美观，花果位置适当。对于已经发生折叠的叶片，如果第一次换纸时不将其铺平，待换几次纸以后，叶片变干而无法铺平，或在铺平时容易断裂。如果感觉植物叶片太多，相互堆叠在一起又无法展开，可以再摘去部分叶片，但要保证能够看清植物原有的叶序，是对生还是互生等。对于木本植物的枝条，换纸时可以用枝剪做进一步修饰造型。

然而，有些植物标本的压制，即使操作非常认真，但在换纸的过程中发现叶片还是极易脱落。对于这样的植物，可先将鲜标本投入沸水中煮 20～30 秒，晾干水后再压。例如，像杜鹃花科和冬青科冬青属植物就是这样，这不是由压制过程中的工作失误造成的。根据野外经验，如果不这样处理，待标本压干之后，会发现所压制的标本其树枝是光杆的，叶片全部脱落了。注意，像这样，在每次换纸时要保存好脱落的叶片，在上台纸的时候仔细将叶片粘在台纸上。

在压制标本换纸过程中，注意每个标本的号牌不要丢失。采集签一般不要放入标本夹里，这样容易丢失，一般是在等标本上过台纸以后，直接将采集签贴在台纸的左上角，或临时抄写 1 份贴上。

另外，在采集植物时可能会遇到较大的地下块根或块茎等，不便于压制，此时，应系上号牌，单独处理，用电吹风烘烤或晒，或剖开成两半，待干燥后同标本一道装上台纸。有些珍贵植物的果实或种子须装入小纸袋，并在袋上写下与植株标本相同的采集号码，也需要单独存放，以免丢失。待标本制作好后，将纸袋贴在台纸上。

在野外实习过程中，由于每天的活动范围大，路途行程远，往往是早出晚归，建议在野外采集植物标本时，随身仅带上采集用具，而把压制标本的用具存放在宿营地，等晚上回来后立即组织学生再进行压制标本。

但要注意，在国家级自然保护区的核心区和著名的风景旅游区，是禁止采集任何植物标本的。如果因教学或科研工作需要，想采集少量植物标本或某些特殊的植物标本，必须事先征求有关部门意见并得到许可后方可采集。为了保护植物资源和自然环境，在野外实习教学时，要尽可能少地采集植物标本，野外实习活动应该以观察和讲解为主，正所谓“百闻不如一见”，通过教师现场介绍，让学生了解某种植物的名称、分类地位、生境特点、分布范围、识别要点和用途等。必要时，可拍些照片和影像，便于复习或作资料收藏。如果每次野外实习，大家一见到合适的植物标本就随意采集，那么可以想象，实习队伍走过的地方必将是一片狼藉，这就对环境和资源都造成了不必要的破坏。

另外，当我们在野外遇到了十分珍稀的植物时，不能马上动手采集，应该在周围仔细查看一下，在找到其他植株后，可以采集一份标本。如果这是唯一的一株珍稀植物，就只能拍照片作为资料了。因此，野外实习教学应该提倡“绿色实习”的理念，让学生在接触大自然的同时，树立一种善待自然和善待生命的文明意识，笔者认为这是非常重要的。

对于采集大型真菌、地衣和苔藓植物的标本，方法比较简单，可以参考第三章中的相关内容。

（二）昆虫标本的采集

昆虫标本的采集时间是由昆虫的习性决定的。采集蝴蝶、蜻蜓和蜂等昆虫标本需在白天进行，而采集蛾类和甲虫标本，因其具趋光性，需在夜间用灯光进行诱捕。在大别山夏末秋初的夜晚，蛾类和甲虫的种类非常多，特别是雨后的夜晚。采集昆虫的工具主要有捕虫网、采集盒、三角纸袋、毒瓶（可用具密封瓶盖的广口玻璃瓶或塑料瓶，内放蘸有乙醚的棉球）。

昆虫标本的采集方法多样，像蝴蝶和蜻蜓等，用捕虫网捕捉；对蝉、甲虫、蜻象、蝗虫等，可用观察法、搜索法、击落法和引诱法加以捕捉。

在野外实习时，制作昆虫标本可采用插针法和展翅法，前者适合甲虫、蜂、蜻象、蝉和蝗虫等，后者适合蝴蝶和蛾类等。在制作标本时，需用小剪刀、小镊子、昆虫针、大头针、展翅板和标本盒等工具。

至于脊椎动物标本的采集与制作方法，请参考相关专业书籍。目前，为了保护动物资源，高校的野外实习教学基本取消了脊椎动物标本的采集与制作的相关内容。

二、原地观察方法

原地观察是指在自然界原生境条件下，对生物与环境的关系进行观察研究。虽然这是一个非常传统的研究手段，所使用的工具也相对简单，但是，我们不能小看它在培养学生观察事物和分析问题的能力，以及培养学生研究兴趣方面的重要作用。因此，我们在野外实习教学计划中，应该首先考虑运用该方法。原地观察有 3 种方法，即野外调查、定位观测和原地实验。

（一）野外调查

野外调查是研究特定种群或群落与自然地理环境的空间分布的关系。在大别山，适合野外调查的研究课题很多，可以进行植物种群或群落的调查，也可以进行动物种群的调查，其目的是学会取样技术、取样方法、采集法、观察法和测定方法，以及掌握简单的生态学教学仪器的使用方法等。传统的样方技术是在群落样地内采取不同面积的样方，在亚热带地区，草本群落的样方面积为 1 m×1 m，灌木群落的样方面积为 4 m×4 m，乔木群落的样方面积为 10 m×10 m。

在植物群落调查中，我们经常用到样方法。做样方时，一定要做好记录。记录要尽可能地详细，方便今后别人进行考证和参考，内容包括对环境条件、乔木层、灌木层和草本层的记录，其表格形式参见表 3.1。

在观测和研究植物个体生物学特征时，有时要测量树木生长量。由于生长在北半球的树木，因树干朝南面的一侧生长较快，其横切面不是标准的同心环，树心是偏北的。所以，树木的年轮线是不均匀的，朝南面的年轮线稀疏，而朝北面的年轮线密集，应该测量朝东面或朝西面的年轮线宽度。在测量时，要做好记录，并画出树干横切面草图，见表 3.2。

表 3.1　植物群落样方调查表

地点：____

时间：　　年　月　日　　　调查人：__________

海拔：________ m　坡度：______　　　坡向：____________

群落类型：________________　样方面积：乔木层___×___ m^2；灌木层___×___ m^2；

草本层___×___ m^2；　　　　　　样方编号：__________

样地周围标记物：____

<table>
<tr><th rowspan="2">层次</th><th rowspan="2">序号</th><th rowspan="2">植物名称</th><th rowspan="2">多度</th><th rowspan="2">盖度/%</th><th colspan="2">高度/m</th><th colspan="2">冠幅/m</th><th colspan="2">胸径/cm</th></tr>
<tr><th>平均</th><th>最高</th><th>平均</th><th>最大</th><th>平均</th><th>最大</th></tr>
<tr><td rowspan="10">乔木层</td><td>1</td><td></td><td></td><td></td><td></td><td></td><td></td><td></td><td></td><td></td></tr>
<tr><td>2</td><td></td><td></td><td></td><td></td><td></td><td></td><td></td><td></td><td></td></tr>
<tr><td>3</td><td></td><td></td><td></td><td></td><td></td><td></td><td></td><td></td><td></td></tr>
<tr><td>4</td><td></td><td></td><td></td><td></td><td></td><td></td><td></td><td></td><td></td></tr>
<tr><td>5</td><td></td><td></td><td></td><td></td><td></td><td></td><td></td><td></td><td></td></tr>
<tr><td>6</td><td></td><td></td><td></td><td></td><td></td><td></td><td></td><td></td><td></td></tr>
<tr><td>7</td><td></td><td></td><td></td><td></td><td></td><td></td><td></td><td></td><td></td></tr>
<tr><td>8</td><td></td><td></td><td></td><td></td><td></td><td></td><td></td><td></td><td></td></tr>
<tr><td>9</td><td></td><td></td><td></td><td></td><td></td><td></td><td></td><td></td><td></td></tr>
<tr><td>10</td><td></td><td></td><td></td><td></td><td></td><td></td><td></td><td></td><td></td></tr>
<tr><td rowspan="8">灌木层</td><td>1</td><td></td><td></td><td></td><td></td><td></td><td rowspan="15" colspan="4">说明：
1. 多度：采取直接计数的方法测量。
2. 盖度：是指树冠的盖度，用目测法统计；草本植物指对地表的覆盖，也需用目测。
3. 乔木的高度：需要用测高尺先测一棵，然后参照该株进行目测。
4. 冠幅：用目测法估测。
5. 胸径：用卡尺测量。
6. 在野外做样方时，对于靠近样方线的植物要特别注意，盖度的统计要扣除空中位于线外的部分。</td></tr>
<tr><td>2</td><td></td><td></td><td></td><td></td><td></td></tr>
<tr><td>3</td><td></td><td></td><td></td><td></td><td></td></tr>
<tr><td>4</td><td></td><td></td><td></td><td></td><td></td></tr>
<tr><td>5</td><td></td><td></td><td></td><td></td><td></td></tr>
<tr><td>6</td><td></td><td></td><td></td><td></td><td></td></tr>
<tr><td>7</td><td></td><td></td><td></td><td></td><td></td></tr>
<tr><td>8</td><td></td><td></td><td></td><td></td><td></td></tr>
<tr><td rowspan="7">草本层</td><td>1</td><td></td><td></td><td></td><td></td><td></td></tr>
<tr><td>2</td><td></td><td></td><td></td><td></td><td></td></tr>
<tr><td>3</td><td></td><td></td><td></td><td></td><td></td></tr>
<tr><td>4</td><td></td><td></td><td></td><td></td><td></td></tr>
<tr><td>5</td><td></td><td></td><td></td><td></td><td></td></tr>
<tr><td>6</td><td></td><td></td><td></td><td></td><td></td></tr>
<tr><td>7</td><td></td><td></td><td></td><td></td><td></td></tr>
</table>

表 3.2 树木年轮生长情况调查表

地点：________________ 调查时间：_____ 年___月_____ 日

植物名称：________________

群落类型：__________ ______ 生长环境：______________

坡向：_______ 海拔：____ m 调查人：______________

（测量时，由里向外逐一进行）

生长环数	宽度/mm	生长环数	宽度/mm	绘出木本植物茎干横断面简图：（正上方为北方，标出圆心位置）
1		16		
2		17		
3		18		
4		19		
5		20		
6		21		
7		22		
8		23		
9		24		
10		25		
11				
12				
13				
14				
15				

目前，我们在研究某个种群或群落中乔木的密度时，常采用无样地法。这种无样地取样方法常有 3 种。

1. T-*平方方法*

我们可以随机地选择 m 个任意点，测量每个点到其最近的一个个体的距离，或者随机选择 m 个个体，测量每个个体到其最近的相邻个体间的距离。这种无样地取样法，适合植物密度的调查。在野外调查时，一般不能少于 10 个样点。

其过程是先选一个随机点 P，再测量 P 点到最近一个个体（是你要调查的目标）O 之间的距离 x；然后，在 O 点上找到与 OP 连线的垂直线，以垂直线为中轴，在与 P 点相对的另一侧，找到距 O 最近的另一个个体 A，测量 O 到 A 之间的距离 z。见图 3.3。

密度的计算公式：

$$D = \frac{m^2}{2.828\sum x_i \sum z_i}$$

随机分布检验：

$$t' = \left| \sum \frac{x_i^2}{x_i^2 + z_i^2/2} - \frac{m}{2} \right| \sqrt{\frac{12}{m}}$$

如果 t'大于+1.96,该种群的分布明显地偏离随机分布,趋向于规则分布;如果 t'小于-1.96,则该种群的分布明显地呈集中分布;t'在-1.96 和+1.96 之间,为随机分布。

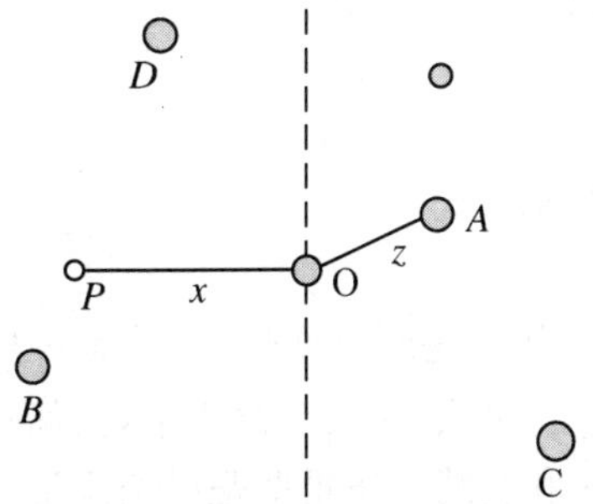

图 3.3 T-平方方法测量试样

2. 最近个体法

测量森林群落中乔木的密度,可以用此法,需要 40~50 个样点。先选取若干个随机点,找到距随机点最近的个体(目标个体),测量其距离(注意:测量距离是到树干髓心的距离,不是测量到树皮的距离)。如果我们将所有样点测量结果取平均值,记为 D_1,则(目标)树木的密度为

$$密度 = \frac{1}{(2D_1)^2}$$

3. 中心点四分法

测量森林群落中乔木的密度,还可以用另外一种方法,即中心点四分法。此法也需要选择 40~50 个样点。该方法可以在森林内部先拉一条线,在此线上等距离选取任意一个样点。在每个样点上,与样线垂直分作 4 个象限,在各象限中测量其最近的一个个体,见图 3.4。如果我们把每个样点的 4 个象限的值进行平均处理,再将所有样点的值取平均值,该值记为 D_2,则该种(森林)乔木的密度为

$$密度 = \frac{1}{(D_2)^2}$$

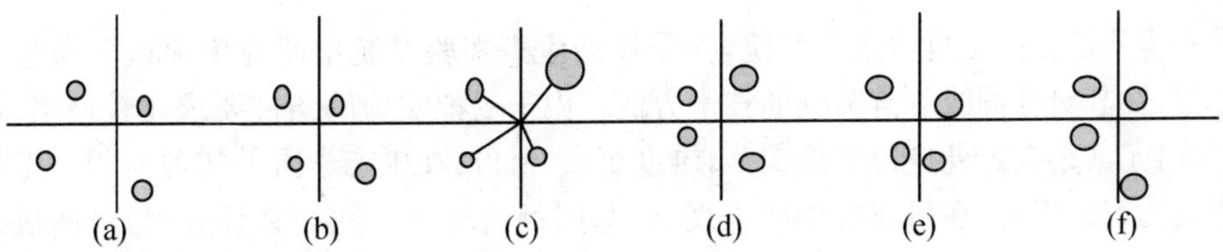

图 3.4 样线法的取样示意图

（二）定位观测

定位观测是在某个具体地点研究某种生物的个体、种群或群落,观测其与生境因子间的作用规律。定位观测的时限长短,取决于研究对象和目的。在大别山,适合作定位观测的研究课题有很多,主要有动物行为学、种群数量变动、种群或群落生物量变化,以及群落发育和演替过程等。由于野外实习教学在野外工作的时间比较短,对于某个学生来说实习往往只是一次性的教学活动,因此,像选择定位观测的研究内容有些不太合适。除非由教师来主持研究项目,让每届学生进行连续的观测,这样才可能取得比较理想的研究结果。

在研究一个种群的数量变动时,我们首先要了解该种群的生物学特征,例如,上下各世代间是否重叠?这样,我们就可以区分出连续增长和不连续增长的两种模型。

对于某个种群来说,假设环境资源和生存空间是无限的,世代重叠的种群其增长速率的

理论值(微分式)是

$$\frac{dN}{dt} = r \cdot N$$

其积分式为

$$Nt = N_0 e^{rt}$$

式中,r 为瞬时增长率,N 为种群数量,t 为时间或代数,N_0为种群起始数。

事实上,在自然界中,任何一个种群的增长都不是无限的,它们必须受到环境负荷的影响和制约。逻辑斯蒂增长模型才是比较符合实际的种群增长模式。逻辑斯蒂方程是一个很有应用价值的数学公式,在生产实践中有着广泛的用途,特别是在水产养殖方面有着很大的实用价值。

逻辑斯蒂方程(微分式)是

$$\frac{dN}{dt} = rN\left(1 - \frac{N}{K}\right)$$

式中,t 为时间或代数,r 为瞬时增长率,N 为种群在 t 时的数量,K 为环境的最大负荷量,即种群增长的环境容量上限。

(三)原地实验

原地实验是在自然条件下,采取某些人工措施获得有关某个因子的变化对种群或群落及其他诸因子的影响,是对野外调查和定位观测的一个重要补充。在大别山,可以用来进行对珍稀濒危物种生物学特性的研究。由于原地实验所需的时间较长,所以,在生物学野外实习中需要做这方面的工作时,需要由连续几届学生进行实验,方可获得满意的研究结果。

三、受控实验

受控实验是在模拟自然生态系统,在受控的生态实验系统中研究单项或多项生态因子相互作用,及其对种群或群落影响的技术方法。由于受控实验的条件要求比较严格,操作又比较麻烦,尤其是在野外进行受控实验,难度更大,所以,在生态学野外实习时很少考虑这方面的研究内容。但是,在研究植物的表现型、基因型与环境之间的关系方面,可通过几届学生来做一些探究式的工作。

我们设定,表现型(P)是由基因型(G)和环境(E)决定的,再加上基因与环境的相互作用(GE)。所以,表现型的表达式为

$$P = G + E + GE$$

根据上述公式,在人为控制某项因素的条件下,可以设计出各种实验方案,以研究环境的或基因的作用强度。

另外,像动物的生长量、生殖潜能或动物行为研究,也可通过受控实验来获得。但是,受控实验由于受到人工环境的强烈影响,与自然条件下的真实结果会有明显的误差。所以,受控实验所获得的数据要进行适当的校正。

四、取样技术

在野外实习工作中,对于生物种群或群落调查来说,取样技术是很重要的。取样的技术

和方法很多。例如，有直接观察法和诱捕法，其中，诱捕法又有很多具体方法，如拦击捕捉法、灯光诱捕法、黏着诱捕法、诱饵诱捕法等。在调查种群大小时，可采用重捕标记技术、分层取样技术和去除取样技术。

（一）重捕标记技术

对于一个没有迁入或迁出，并且没有出生或死亡的种群，通过捕获一部分个体进行标记后重新放回，经过一段时间后，可再次捕获一部分个体。如果标记个体在整个种群中是均匀的，并且标记个体与未标记个体具有同样被捕获的机会，那么，可根据重捕中标记的比例，即可估计出种群的数量。

我们用 N 表示为种群大小，M 为首次捕获并标记的数量，n 为重捕数量，m 为在重捕个体中已具标记的个体数量。

根据 $N : M = n : m$，则种群大小为

$$N = M \cdot \frac{n}{m}$$

动物的种群调查，可以根据一次标记一次重捕的计算结果，或根据多次标记多次重捕的平均结果。那么，从统计学角度看，动物种群大小的变化幅度有多大呢？一般是按照95%置信区间（$S \cdot E$）进行估计种群大小的变化范围。种群总数95%置信区间的估计可按下式计算：

$$S \cdot E = N\sqrt{\frac{(N-M)(N-n)}{Mn(N-1)}}$$

种群总数95%置信区间大小范围是平均数 $N \pm 2S \cdot E$。

采用重捕标记的方法估算种群数量的具体计算方法，也可参见孙儒泳的《动物生态学原理》（北京师范大学出版社，1992年，115～122页）。

（二）分层取样技术

在研究水体或土壤环境中的生物种群进行分层取样技术时，首先需把整个样区分为 h 层，而第 h 层的生物个体数为 N_h，样区中总的生物数量为 N，第 h 层中的数量在总数量中的比例为 w_h。则有

$$N = N_1 + N_2 + N_3 + \cdots + N_h$$

令

$$w_h = \frac{N_h}{N}$$

则种群的总体平均数为

$$\bar{X} = \frac{1}{N}\sum_{j=1}^{h} N_j \bar{X}_j = \sum_{j=1}^{h} w_j \bar{X}_j \quad (j = 1,2,3,\cdots,h)$$

样品平均数为

$$\bar{x} = \sum_{j=1}^{h} w_j \bar{X}_j \quad (j = 1,2,3,\cdots,h)$$

（三）去除取样技术

在调查动物种群大小时，尤其是在研究昆虫种群时，常用去除取样技术。该技术的特点

是:每次捕捉到的样本不再放回去。这样,样本数量越捕越少,动物越来越难捕捉。去除取样技术所依据的假设条件是:

① 所有被捕捉的动物,它们被捕的概率是相等的;

② 在调查取样期间,该种群是稳定的;

③ 先被捕的那些动物,不会影响尚未捕捉动物的捕捉概率。

实际上,很少有这样的动物种群能符合上述条件。因此,通过这种取样技术获得的结果,明显是有误差的。我们可采用3种方法确定所调查的动物种群的大小。

1. 回归分析法

我们以各次的捕捉量的累计值为横坐标 X,以各次的单独捕捉量为纵坐标 Y,这样,我们可以得到一次方程:

$$y = -kx + b$$

式中,b 为第1次的捕捉量,当 $y=0$ 时,x 为种群的总量(即直线与 X 轴的交点),见图3.5。

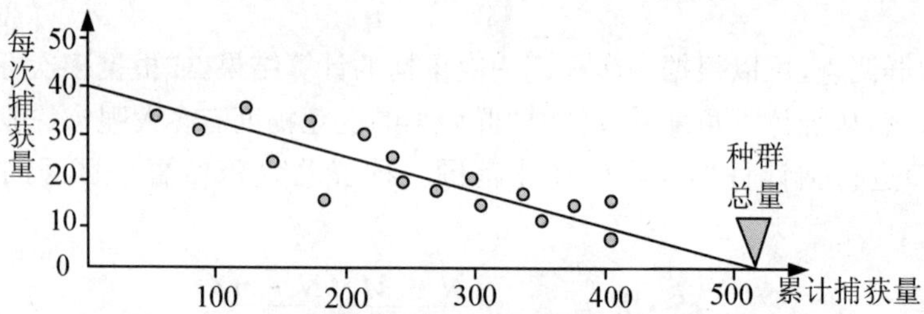

图3.5 回归分析法的模型

2. 三点取样法

该方法假设捕捉到的数量与时间之间的关系是指数关系。我们通过3次不同的时间所捕捉到的数量,便可求出种群总量:

$$N = \frac{n_3^2 - n_1 n_2}{2n_3 - (n_1 + n_2)}$$

式中,n_1、n_2、n_3依次为时间 t_1、t_2、t_3时的累积捕捉量。

3. 极大似然法

对于某个稳定的动物种群,当我们捕捉 k 次以后,其捕捉总量则为

$$T = n_1 + n_2 + n_3 + \cdots + n_k$$

那么,被捕捉动物的比例为

$$R = \frac{\sum_{i=1}^{k}(i-1)y_i}{T} \quad (y_i\text{是第}i\text{次捕捉到的量})$$

我们用 p 表示第1次捕捉的概率,则 $q=1-p$,则种群的大小为

$$N = \frac{T}{1-q^k}$$

五、生物学研究的综合方法

近年来,应用计算机模拟和数学分析的方法研究生物学和生态学中的问题,已是一个热

点。在大别山,运用综合方法研究生物学和生态学内容,前景同样是广阔的。由于学生野外实习的时间短,在野外采样和收集数据都是有限的,所以,在选课题时一般不考虑这方面的内容。但是,如果有些学生的数学功底比较扎实,同时对计算机技术又比较精通,相关软件的使用也比较熟悉,并会进行简单的编程,可以让他们尝试一下这种综合研究方法,至少可以培养他们在这方面的兴趣。

生物学综合研究方法主要有3个方面:

① 将以往和现在的调查资料进行归纳与分析,建立数学模型。

② 生态学的群落数值分类与排序,运用主分量分析。

③ 建立生态模型与运用模拟仿真技术,研究和预测群落的动态特征。

六、群落学研究方法

植物群落学研究的历史比较悠久,形成了一些经典的研究方法,甚至在国际上产生过四大研究学派。由于群落在生态系统中具有不可替代的作用,所以,人们今天对群落学的研究仍是方兴未艾,研究方法更加先进,研究尺度逐步扩大。在野外实习教学中,我们可以开展一些像群落相似性、物种多样性和种间关联等问题的研究。

(一) 群落相似性的研究

群落是客观存在的实体,是由各个种群与环境相互作用的产物。在野外调查群落时,我们如何来判断两个群落间的相似性呢? 一般通过样方技术来确定。首先,在两个群落中各自调查几个样方,a 为A 群落中的物种数,b 为B 群落中的物种数,c 是在A 和B 两个群落中都出现的物种数。那么,两个群落的相似性程度则是

$$C_{\infty} = \frac{c}{a+b-c} \times 100\%$$

(二) 群落物种多样性的测定

在研究植物群落中,物种数量越多,其多样性就大。群落中的多样性程度,是受许多因素影响的。例如,均匀度就是影响多样性的一个重要因素。我们在野外调查最常用的方法是用辛普森指数(Simpson’s index)来判断其多样性。

辛普森指数的公式为

$$D = 1 - \sum_{i=1}^{s} p_i^2 \quad (i = 1,2,3,\cdots,s)$$

令 $p_i = N_i / N$, 则多样性指数为

$$D = 1 - \sum_{i=1}^{s} \left(\frac{N_i}{N}\right)^2 \quad (i = 1,2,3,\cdots,s)$$

以上是总体估计值,其无偏差估计量为

$$D = 1 - \frac{1}{N(N-1)} \sum_{i=1}^{s} N_i(N_i - 1) \quad (i = 1,2,3,\cdots,s)$$

关于多样性指数的测定有多种方法,例如,香农-威纳指数(Shannon-Wiener’ index)也是比较常用的,其公式为

$$H = -\sum_{i=1}^{s} p_i \log_2 p_i$$

式中，s 为物种数目，p_i 为属于物种 i 的个体在全部个体中的比例，H 为物种的多样性指数。由于公式中的对数的底可以取 2、e 或 10，其数值会不等，所以，多样性指数的单位分别用 nit、bit 或 dit 表示。

我们来看一个例子。例如，有甲和乙两个群落，甲群落有 2 个物种组成，个体数量比是 50∶50。而乙群落也是 2 个物种组成的，可个体数量比是 99∶1。那么，甲和乙两个群落的多样性哪个大呢？

首先，从 Simpson's 指数进行分析：

甲群落的多样性：当 50∶50 时，$D = 1 - [(0.5)^2 + (0.5)^2] = 0.5$；

乙群落的多样性：当 99∶1 时，$D = 1 - [(0.99)^2 + (0.01)^2] = 0.02$。

根据计算结果，是甲群落的多样性大。

下面，我们再从 Shannon-Wiener's 指数进行分析：

当取对数底为 2 时：

$$H_{甲} = -[(0.5)(\log_2 0.5) + (0.5)(\log_2 0.5)] = 1.0 \text{ bit/indi}$$

$$H_{乙} = -[(0.99)(\log_2 0.99) + (0.01)(\log_2 0.01)] = 0.81 \text{ bit/indi}$$

当取对数底为 e 时：

$$H_{甲} = 0.693 \text{ nit/indi}$$

$$H_{乙} = 0.036 \text{ nit/indi}$$

当取对数底为 10 时：

$$H_{甲} = 0.301 \text{ dit/indi}$$

$$H_{乙} = 0.024 \text{ dit/indi}$$

由此可见，在 3 种不同对数底数情况下，都是甲群落的多样性比乙群落的大。

（三）群落中物种间关联程度的研究

组成群落的物种之间，到底存在什么样的关系呢？是正关联还是负关联？这个问题一直是生态学家们所关注的问题。

我们通过样方调查，统计出两个物种间的 2×2 列联表，见表 3.3。根据物种 A 和物种 B 在所调查的样方中出现的数量，填写出列联表 3.3。

表 3.3　群落内两个物种间的 2×2 列联表

		物种 A		$\sum$
		+	−	
物种 B	+	a	b	$a+b$
	−	c	d	$c+d$
$\sum$		$a+c$	$b+d$	$a+b+c+d=p$

注：符号"+"表示某物种出现；符号"−"表示某物种不出现。

达格内利(Dangelie)系数：

$$V = \frac{ad - bc}{\sqrt{(a+b)(c+d)(a+c)(b+d)}} \quad (\text{取值范围 } -1 \sim +1)$$

当 $0<V<+1$ 时，表明物种间呈现出净的正关联；$-1<V<0$ 时，表明物种间存在净的负关联；$V=0$，即符合所有种间无关联的零假设。

均方关联系数：

$$V^2 = \frac{x^2}{p} = \frac{(ad - bc)^2}{(a+b)(c+d)(a+c)(b+d)} \quad (\text{取值范围 } 0 \sim +1)$$

在 χ^2 检验不显著的物种对之间，并不意味着它们之间不存在关联性。同时，χ^2 不能区分关联强度的大小。

另外，关联系数 AC 也能够反映物种间关联程度（式中，a、b、c、d 所表示的意义与表3.3相同）：

$$AC = (ad - bc)/(a+b)(b+d) \quad (ad \geqslant bc)$$

$$AC = (ad - bc)/(a+b)(a+c) \quad (ad < bc \text{ 且 } d \geqslant a)$$

$$AC = (ad - bc)/(b+d)(d+c) \quad (ad < bc \text{ 且 } d < a)$$

AC 值用于说明种间关联程度，其值域为$[-1, 1]$，AC 值越趋近于1，表明种间的正关联性越强；AC 值越趋近于-1，表明种间负关联性越强；$AC=0$，物种间相对独立。

2001 年，我们在大别山天堂寨的草甸群落研究中，曾经做过物种间关联度方面的工作。教学实践证明，群落学研究方法对于培养学生利用数学知识去研究生态学问题和提高分析问题的能力，是十分有益的。

七、环境科学与生态学研究手段

利用自动数字温度计可以研究山区植物的红叶现象。植物的红叶是对低温的适应，在早春和秋天，山区都会出现一些红叶现象，通过灵敏的温度计能够反映出红叶形成与温度的关系。

利用水样传导仪研究不同水样本的传导性，包括研究河水、湖水、雨水、饮用水、矿泉水和废水的传导性，以及研究无机盐污染物和淋溶作用。与 pH 试纸不同，利用 pH 测量仪可对不同水样本的 pH 值进行准确测定，包括研究河水、湖水和雨水的 pH 值季节波动，饮用水、矿泉水、软化水的 pH 值，以及各类废水的 pH 值。另外，在河流源头可以研究水体污染的背景值。水体污染监测显得越来越重要，随着山区群众对农药和除草剂的使用量越来越大，以及山区城镇化的快速发展，都会直接导致大别山水体发生严重污染，需要及时地监测。

酸雨的监测，利用 pH 测量仪检测土壤和水体酸性化、人为空气污染、浮质散发和气体散发等数据指标，以及观测酸雨对森林植被的损害等。

水生植物 24 h 节律的观测，利用光源和探测装置可研究光合作用、呼吸作用、日光效应、昼夜节律、pH 值和 CO_2 的昼夜波动。

不同群落其地被层的厚度和组成都不同，会影响地被层的 CO_2 释放量，通过 CO_2 测量仪可以研究群落的碳汇变化。

利用植物种子萌发测量仪可研究高等植物的土壤温度对萌发和生长的影响，包括研究植物种子萌发，生长发育的最高温度、最低温度和最适宜温度，以及土壤温度。

研究树叶的蒸腾作用，利用特定的装置和压力测量仪可研究温度、湿度和风对蒸腾作用的影响，叶子类型与蒸腾的关系，以及水分和营养盐的运输过程。

植物的向光性和向地性研究，利用特定装置可研究植物的趋光性、阴生植物的向光性反应和阳生植物的向光性反应、向地性和趋地性。同样，也可研究植物的地心引力和重力效应，包括根的正向地性、枝条负向地性、地心引力作用。

光合作用速率的测量，运用气泡计数法可测量水生植物的光合作用速率，主要是通过观测氧气的气泡数量，或运用勒克斯测量仪来直接测量的。另外，通过测量氧气压力也可测量植物的光合作用速率。

八、信息化和数字化研究手段

对大别山各类生态系统和天然植被的研究，我们可以从现场实地调查入手，也可利用Google卫星地图，或通过国土资源部门或气象部门获得的卫星地图或遥感照片，结合野外实习教学对大别山某生态系统和天然植被进行一些科学研究。

利用卫星地图或遥感照片，对某个具体地点进行实地调查研究，可以把一些大树和古树的名称、树高、胸径等信息标记在地图上，也可以对村庄或林场内的重要信息进行标记，最后形成电子文档资料。例如，数字化自然保护区、数字化旅游景点、数字化河流、数字化水库、数字化村庄和数字化林场等。目前，像天堂寨和鹞落坪这些国家级自然保护区都已经建立了网络平台，在野外实习教学结束后，可将这些资料放在相关网站上，供大家使用或参考。

一般来说，作为本科生的研究型野外实习教学，为了提高学生对学习生命科学的热情，亲身体验野外科研工作的艰辛与乐趣，采用野外调查和原地观察的研究手段和方法是比较理想的。虽然研究手段简单一些，但关键是要让学生事先了解观察对象，提出科学问题，并设计好实验或试验方案。事实上，研究型野外实习是在教师指导下，通过一种主动的全过程参与的学习方式，培养学生对科学研究的兴趣和严谨的科学态度。

第四章　生物学与生态学野外实习教学的内容

生物学和生态学野外实习教学对于学生来说是最具吸引力的。1978年夏天，笔者作为学生在皖南山区参加动植物野外实习的情景至今难忘。当时条件非常有限，我们师生自带实习器材、被子、粮食和蔬菜，自备山袜或绑带，睡地铺，埋灶做饭，野外采集和制作标本，在教学实习的同时，也掌握了野外生存的方法，为日后从事更深入的研究工作积累了丰富的实践经验。如今的野外实习教学，由于环境保护意识的增强，教学学时的压缩，许多动植物标本不能随便采集，许多学校将动物学、植物学和生态学实习合起来变成了综合实习，学生学习的内容也不能面面俱到。根据大别山生物资源状况和野外实习的条件，建议有关高校根据培养目标和教学侧重点，可将学生分成若干小组，分别选用下列研究内容进行研究型实习。

第一节　藻类植物资源的调查

大别山，水源丰富，虽然没有大型湖泊，但有大中型水库近10座，还有星罗棋布的小型水电站。早在20世纪80年代，大别山的几个大型水库的水质都是Ⅰ类水质，可到了20世纪90年代末，都变成了Ⅱ类水质，说明大别山的水体正发生富营养化污染。大别山藻类植物的种类较多，主要是绿藻门、硅藻门、裸藻门和蓝藻门的种类。至于大别山藻类植物区系组成，尚未见文献报道。

在大别山的池塘或水田里，最常见的绿藻是水绵(*Spirogyra*)。在路边和田埂上，夏季暴雨后很容易采集到由蓝藻门的念珠藻(*Nostoc*)形成的地木耳(*N. commue*)，群众称地塔皮。在水库和池塘里，硅藻是广布的，如舟形藻属(*Navicula*)(电镜照片见图4.1(a))，还有寄生在满江红叶片上的蓝藻门的鱼腥藻(图4.1(b))。

有些藻类对水质洁净度的要求比较高，如团藻属(*Volvox*)、水网藻属(*Hydrodictyon*)和丽藻属(*Nitella*)等。特别是在富含钙质的山泉里，还有轮藻属的分布。我们曾对布氏轮藻(*Chara braunii*)的生殖器官进行过环境扫描电镜和光学显微镜的观察，图4.2是藏精器的柄细胞(2枚)和精囊丝(Olympus数码光学显微镜照片)。

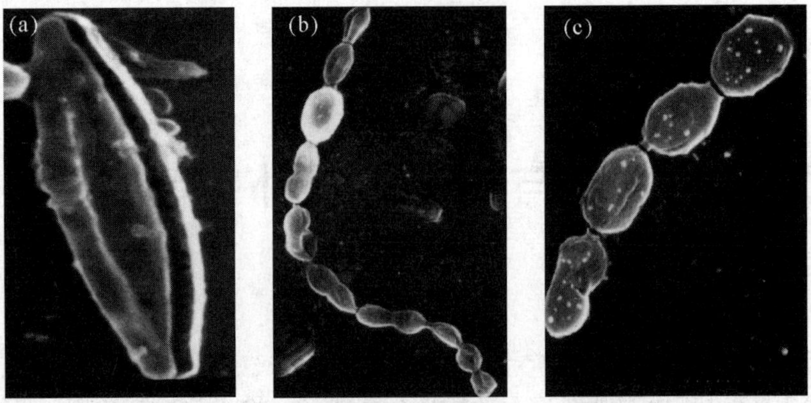

(a) 硅藻　(b) 鱼腥藻异形细胞　(c) 鱼腥藻营养细胞放大

图 4.1　硅藻和鱼腥藻(沈显生,李凡庆摄)

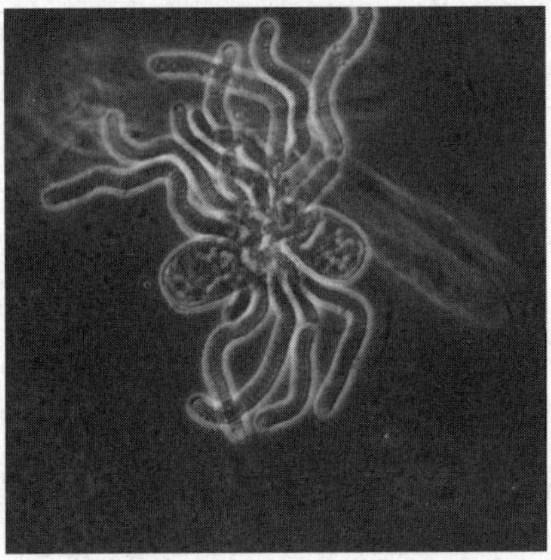

图 4.2　布氏轮藻的精囊丝(沈显生摄)

不同的水系,藻类植物区系是不同的。将藻类植物资源调查作为野外实习教学的内容是很有意义的,可以积累一些基础性研究资料。小型的研究课题可以包括下列内容:

① 大别山××藻类植物区系初步调查;

② 大别山××蓝藻种类的初步调查;

③ 大别山××不同水体硅藻植物种类差异性的初步研究;

④ 轮藻生长环境因子的调查;

⑤ 轮藻生殖器官形态结构的研究;

⑥ 不同环境中的绿藻植物种类的调查。

由于藻类植物都比较小,在野外现场一般不易观察到,可通过采集河水、湖水、水库水、池塘水、山泉水和农田水中含有藻类植物的水样,回到宿营地或实验室后再在显微镜下进行观察和鉴定。采集藻类标本时,要注意做好记录。如果不能够立即鉴定,要及时对标本进行固定,这样才能长期保存。

此外,在野外实习期间,由于学生的观测时间比较充足,山区水质比较清澈,可以利用安装了 CCD 的显微镜,采取连续跟踪观察的方法研究藻类生活史。藻类植物的生活史类型是

植物界最复杂的,类型多样。藻类生活史类型可分为:

① 营养生殖型:植物体仅通过细胞分裂的方式进行增殖,如蓝藻。

② 无性生殖型:植物体仅通过分裂形成孢子(2 枚、4 枚、8 枚、16 枚)的方式进行增殖,如小球藻。

③ 双倍体有性生殖型:植物体是二倍体($2n$),通过减数分裂形成配子(n),配子结合为合子($2n$),合子发育为二倍的植物体,如硅藻。

④ 单倍体有性生殖型:植物体是单倍体(n),通过有丝分裂形成配子(n),配子结合为合子($2n$),合子经过减数分裂,发育为单倍的植物体,如轮藻。

⑤ 无世代交替的无性-有性生殖混合型:基于上一个类型生活史,即合子是唯一的二倍体的基础上,在生活史之外,还可以进行产生孢子的无性生殖,如衣藻。这种生活史的特点是有性和无性生殖不是依次进行的,根据环境条件,植物会选择其中一种繁殖方式。

⑥ 具世代交替的无性-有性生殖混合型:二倍体植物通过减数分裂形成孢子,进行无性生殖,孢子发育为单倍体植物,再通过有丝分裂形成配子,配子结合形成合子,合子发育为二倍体植物,多为海产藻类。最后一种生活史的特点,必须由单倍体和二倍体两种植物体、无性生殖和有性生殖两种繁殖类型、有丝分裂和减数分裂两种分裂方式,依次交替才能够完成生活史。

在采集藻类植物水样或标本时,一定要注意人身安全,特别是在水沟旁的岩石上,由于表面附生有蓝藻、绿藻或地衣,使岩石或地表特别滑,需十分小心。

第二节　真菌资源的调查

在传统的两界系统中,真菌被放在植物界里,而在五界系统中,真菌则被单独列为一界。真菌界分为 5 个门,即壶菌门、接合菌门、球囊菌门、子囊菌门和担子菌门,另外一类,叫作半知菌类。有些学者称半知菌类为半知菌门,其实这不是分类单位,是临时处理在分类上没有发现有性生殖仅知道无性生殖的类群,今后一旦发现其有性生殖方式,就可重新归到前面的某一门中。

真菌的孢子萌发为菌丝,真菌的菌丝分为无隔菌丝和有隔菌丝。无隔菌丝是多核菌丝,担子菌的菌丝是有隔菌丝,分为单核和双核两种,单核菌丝称为初生菌丝,双核菌丝称为次生菌丝。高等真菌是指子囊菌和担子菌,它们的繁殖器官称为子实体,子囊菌的子实体也叫子囊果,担子菌的子实体也称担子果。

高等真菌在繁殖阶段或遇不良环境时,菌丝通过相互密结形成菌丝组织体,属于营养生长与繁殖体之间的过渡状态。菌丝组织体主要有 3 个类型:

(1) 根状菌索

菌丝相互交织形成细长均匀的绳索状结构,具有分枝,菌索的外层为拟薄壁组织,色深,内部为疏松髓层。例如,栽培天麻时,菌材上生长的许多密环菌的菌丝组织体(菌索)。

(2) 菌核

由菌丝组织密结为较坚实的菌丝组织体,质地均匀,大小不一,球形或块状,外表常色深,以利于储存营养、渡过不良环境或繁殖。例如,茯苓和猪苓的菌核,以及麦角菌的菌核。

(3) 子座

由菌丝组织密结为褥垫状的较松软的菌丝组织体,用于承纳子实体的基座。子座在子囊菌和担子菌中是很普遍的。

在担子菌中,还有一些术语,如菌盖(伞菌子实体顶端呈伞形结构)、菌褶(伞菌子实体菌盖腹面作辐射状排列的薄片,两侧表面具产生担孢子的子实层)、菌柄(伞菌子实体的柄)、菌管(多孔菌科和牛肝菌科真菌子实体下面细孔内的管状结构)、菌幕(某些伞菌子实体幼期,包被菌褶的一层薄膜,由菌盖边缘伸向菌柄)、菌环(残留在菌柄上的菌幕)、菌托(包在担子菌子实体菌柄基部的膜状物)等,这些术语在真菌分类鉴定中是重要的。

在大别山,大型真菌的资源比较丰富,主要是子囊菌门和担子菌门的种类。我们可以把真菌资源列为实习内容,可以选择下列研究内容:真菌的种类调查;伞菌目的孢子印的观察与比较;担子菌的担子和担孢子的形态显微观察。而子囊菌的子囊结构的研究也可在观察地衣中进行。

在山区落叶阔叶林下,有时能发现虫草,它们一半是虫,另一半是菌。虫草属(*Ophiocordyceps*,异名 Cordyceps),约 100 种,寄生于昆虫的幼虫和成虫体内,使得虫体变成菌核,再生长出子实体。蜂头虫草(*O. sphecocephala*)和冬虫夏草(*O. sinensis*)的子实体,见图 4.3。当某些鳞翅目的幼虫或成虫,吃下了虫草的子囊孢子后,孢子在虫子体内萌发成菌丝,消耗虫体营养,虫子死后落入枯枝烂叶中,体内的菌丝继续发育,最后形成菌核。到了第二年春天,自虫的口处生长出子实体。在上端膨大处生长了许多子囊果,每个子囊果中有许多子囊,每个子囊里有 4 个子囊孢子。

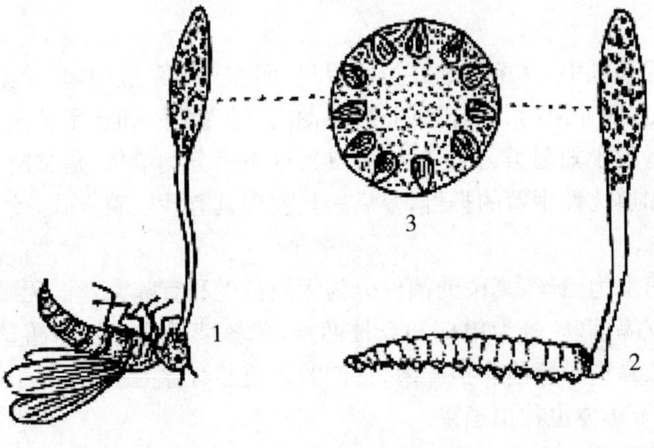

图 4.3 虫草的子实体(沈显生绘)

1. 蜂头虫草;2. 冬虫夏草;3. 子囊果横切面

另外,竹黄(*Shiraia bambusicola*)在山区竹林中也是常见的。竹黄也是属于子囊菌,其独特之处在于其每个子囊里有 6 个子囊孢子,见图 4.4。6 个子囊孢子是如何形成的呢?减数分裂形成4个子囊孢子，其中的2个又进行1次有丝分裂，形成6个子囊孢子。也有可能是减数分裂形成4个子囊孢子，再进行有丝分裂形成8个子囊孢子，其中2个退化，只剩下6个子囊孢子。这个问题值得研究。

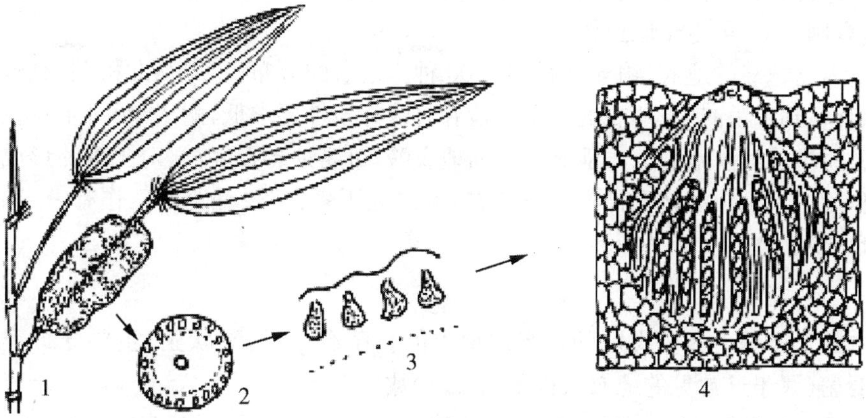

图4.4　竹黄的子实体（沈显生绘）

1. 竹黄附在叶柄上；2. 子实体横切面；3. 子囊果（部分）放大；4. 子囊壳

在实习过程中，对于采集大型真菌标本的保存需要注意，有些含水量大的真菌适合制作浸制标本，如羊肚菌、竹荪、松菇和珊瑚菌等。对于木质化程度高的真菌比较容易保存，如灵芝、云芝和树舌等。

近年来，大别山的食用菌产业得到较好的发展，人工栽培有黑木耳（*Auricularia auricula-judae*）、银耳、草菇、香菇、金针菇、灵芝和竹荪等。另外，山区群众为了扩大天麻生产，人工培养蜜环菌菌种。在野外实习期间，有条件的可以组织学生参观食用菌生产基地，了解食用菌生产过程，增加实践知识。

第三节　地衣资源的调查

一、地衣的概念

对于很多人来说，地衣（Lichen）是种陌生的植物。Lichen来自希腊文，意思是生于树皮上的植物。虽然人类对地衣的应用有着悠久的历史，但对它的形态描述和分类还没有完全搞清楚。因为地衣是藻和菌的共生体，在植物分类系统上，有些种类被放在藻类中，而另一些则属于菌类。在植物系统演化关系中，从藻类到苔藓，或从藻类到蕨类植物，而却没有地衣的系统位置。有意思的是，极少数由藻和菌共生的结构却又不是地衣。

地衣是由藻类和真菌共生的，以真菌为主体形成一定的形态构造，具有一定的生理和生态特征的植物。在地衣中，真菌和藻类的关系究竟如何？很值得研究！一般来说，藻类仅负责光合作用,为地衣提供营养碳源;而菌类负责地衣的繁殖和生境的选择,以及对无机盐的获取。组成地衣的真菌是已经特化了的真菌,与一般的真菌有着十分明显的区别。

地衣生长的基物多种多样,可生在树皮、树叶或树干上,以及富含腐殖质的土壤、苔藓、枯木、石头、瓦、玻璃、铁器等表面上。地衣的寿命很长,生长极其缓慢,一般生于固定的基物上,但也有例外的,可生于昆虫体上。

全世界已记载的地衣,约500属,26 000种。地衣的分布极广,从北极到南极,从高山到平原,从森林到荒漠,都有地衣的分布。地衣对营养条件要求低,耐干旱,可生长在瘠薄的峭壁、岩石、树皮或沙漠地表上。地衣分泌的地衣酸,可腐蚀岩石表面,对土壤的形成起着开拓先锋的作用。大别山的地衣种类比较丰富,但研究不多,主要是鉴定工作有一定的难度,参考资料也比较少。

(一) 地衣菌

地衣的形态是由真菌决定的。组成地衣的真菌有3类:藻状菌(主要分布于地中海地区)、子囊菌(属于最常见的地衣)、担子菌(极少数)。

组成地衣的菌丝,直径为3～10 nm,分枝或不分枝。菌丝的细胞与一般的真菌不同,细胞壁分为内层和外层,在菌丝的两个相邻细胞连接处的隔是3层结构。在横隔上有穿孔(作用等于纹孔),一般为1个孔,也有3个孔的。细胞质与一般真菌相同,多为1个细胞核,少数有2个或3个的,在繁殖的菌丝上均为双核细胞。

地衣的菌丝组织,是一种假组织,由菌丝持续地横向分裂,形成许多菌丝以一定的方式排列形成的组织。组织的形态特征是分类的重要依据。在菌丝组织间填充着许多藻细胞。地衣的菌丝组织分为7种。

① 蛛丝状(蛛网状)组织:菌丝疏松地相互交织排列,组织间隙大,一般不含或少有藻细胞,主要存在于地衣的髓部。

② 帚状组织:菌丝排列比较有规则,在切面上由中央向四周呈放射状。

③ 缠结状组织:菌丝相互缠结,紧密交织,组织密度较大,常有一定的颜色。存在于地衣的下皮层或髓部。

④ 纤维状组织:许多菌丝几乎呈平行排列,有少许的缠结。在观察时要注意切面的方位,否则,看不到呈平行的菌丝。在地衣的皮层中常有该组织。

⑤ 假厚壁组织:由于细胞壁不断加厚,使得细胞腔变小,由这种菌丝形成的组织,在真菌学中也称作疏丝组织。

⑥ 假薄壁组织:当髓部的菌丝上升后,细胞形态发生变化,变成等径的细胞,在切面上观察恰似高等植物的薄壁组织。

⑦ 白垩质组织:由于钙质在菌丝中的沉积与结晶,使得地衣的髓层成为灰白色粉末状的组织。

(二) 地衣藻

组成地衣的藻类,称为共生藻(也称地衣藻或藻胞)。它们与自然界中游离生活的藻类不同,共生藻由于长期与菌类共生,已经丧失了在自然界单独生活的能力。在分类学上,属于同一种的藻类,由于与地衣的共生,出现了在自然界生活的和与地衣共生的两种生态型。

有时在同一个属里，会出现形态相似而生态习性完全不同的两个物种，一种属于共生藻类，而另一种则属于自然界游离的藻类。

共生藻具有一些自身的特点：丧失了有性繁殖能力，实行无性繁殖和细胞分裂的营养繁殖；细胞体积增加，但细胞内营养物质积累明显少了，淀粉核不明显。由此可见，共生关系，不仅对菌类，而且对藻类的形态和生理特征也产生了明显的影响。

组成地衣的藻类有蓝藻和绿藻两类。蓝藻主要有念珠藻、伪枝藻属（*Scytonema*）、真枝藻属（*Stigonema*）和色球藻属（*Chroococcus*）；绿藻主要有共球藻（*Trebouxia*）、蚁藻（*Myrmecia*）、肋球藻（*Pleurocoecus* 或原球藻 *Protococcus*）、胶球藻属（黏梭藻 *Cocemyxa*）、橘色藻（堇青藻 *Trentepophlia*）、头孢藻（*Cephaleurous*）、叶盾藻（*Phycopettis*）。

二、地衣的形态特征

（一）地衣体的形态

地衣的营养体（地衣体）也叫原植体。地衣没有根、茎、叶的分化。从地衣的形态看，地衣可分5个类型，即壳状的、叶状的、枝状的、丝状的和鳞状的。从地衣体的内部结构和藻细胞排列看，多数地衣（主要指叶状地衣）分为两类，即同层地衣（Homoenmerous lichens）和异层地衣（Heteromerous lichens）。同层地衣是指地衣切面上没有结构层次，藻细胞比较均匀地分布在整个地衣体上，如胶衣（地塔皮）；异层地衣是指地衣体分为不同的明显的层次，出现了上皮层、藻层、髓、下皮层等，藻细胞是集中分布的，如牛皮叶。地衣体的形态特征如下：

1. 壳状地衣（Crustose lichens）

壳状地衣生于石头或树皮上，或菌丝生长到石头或树皮内，它们以髓层形式直接着生在基物上，或无髓与皮层之分。这是构造简单的生长型，地衣体不容易与基物分离，采集样品时，要将地衣体与基物一同取下来。

壳状地衣是由一种被称为下地衣体（Hypothallus）的结构发育来的。下地衣体是由子囊孢子萌发出来的初生菌丝，也称为原菌丝体。在地衣体的边缘有黑色线条围绕，这黑色轮廓线的下面就是下地衣体，其颜色为黑色、黄色或白色等。下地衣体中无藻细胞。

壳状衣体的表面，一般是光滑的，有的也有皱纹，或裂缝。有的壳状衣体在沿裂缝边缘具有瘤状凸起，叫作皲裂。皲裂由多个皲裂片（网间面）组成，是平滑的，也可能是凸起呈瘤状。有些地衣，中间是壳状的，但边缘分化为波形翘起的盘状。在野外对壳状地衣的描述，主要是在颜色、厚度和表面特征（如裂缝）方面。

2. 叶状地衣（Foliose lichens）

叶状地衣体呈扁平的片状，有假根或具脐着生在基物上，很容易从基物上整体地分离下来。外观形态有带状的、片状的、莲座状的、二叉分枝的或菊花状的。地衣体的横切面，层次明显，自上向下为：上皮层、藻层、髓层和下皮层（贴近地面）。

下皮层常生有假根，有些下皮层消失，以髓形式着生在基物上。皮层里分布有色素，可保护藻细胞，防止强光辐射伤害。上皮层常为橙色或黄色，而背面（贴近地面）的颜色差别较大，其构造和厚度都不同。如牛皮叶，其上皮层和下皮层都是假薄壁组织。

藻层的结构同叶片一样，适宜于接收阳光，制造有机物。藻层细胞的形态、大小、分布位置等均有变化，如在雪花衣属中，变化明显。一般来说，藻层细胞是呈连续分布的，但也少量有呈间断的或成簇分布。

髓层是储存水分、化学次生物质和代谢废物的场所，在地衣体中占据了较大体积。大多数的髓是无色的，有的具鲜艳颜色，如朱红蜈蚣衣。在结构上有的地衣的皮层和髓是相似的，都是假薄壁组织，如粉衣。

3. 枝状地衣(Fruticose lichens)

枝状地衣体像分杈的树枝一样，多呈放射状，直立或下垂，地衣体无背腹之分。枝状地衣有空心和实心之分。由于地衣体是枝状的，其结构就反映在枝的横切面上，为同心的圆面，也无背腹之分。一般的横切面上结构自外围向圆心，依次为皮层、藻层、髓和中轴。空心的地衣无中轴结构，如太白菜(雪茶)。

松萝是反复分枝细长的地衣，横切面具 4 层结构，其皮层是假厚壁组织。树花的皮层分为两层，外层为假厚壁组织，内层为纤维状组织。染料衣的皮层是帚状皮层。枝状地衣的皮层绝无假薄壁组织。

有些枝状地衣具有两种形态，称为二型地衣体。石蕊是由贴生基物的初生地衣体，为鳞片状或壳状；在初生地衣体上形成次生地衣体，多为规则的或不规则的分枝结构，枝多中空。有的枝上有许多孔，如筛石蕊，有的枝端膨大呈喇叭状，如喇叭石蕊。在喇叭口的边缘，或枝端生长繁殖器官子囊盘。生有子囊盘的喇叭状的柄状枝称为果柄。从发育上看，营养菌丝和繁殖菌丝是同时向上发育的，这使得次生枝为中空的。

珊瑚枝也是二型体的枝状地衣。初生地衣体是壳状的，次生地衣体是分枝的枝状体，实心。枝状体分枝的末端上面着生许多子囊盘，称叶状枝。生有子囊盘的次生枝叫作假果柄。从发育上看，营养菌丝先发育，繁殖菌丝是后来沿着营养菌丝向上发育的，这使得次生枝为实心。在珊瑚枝地衣中，藻细胞仅存在于叶状枝中，在初生体和次生体的主枝上都是没有藻细胞层的。

4. 鳞状地衣(Squamulose lichens)

鳞状地衣是介于壳状与叶状之间的类型，是由壳状地衣发展而来的。虽然与基物结合紧密，但是地衣体呈鳞片状不规则凸起。如鳞茶渍和墙茶渍。

5. 丝状地衣(Filamentose lichens)

丝状地衣是地衣中的特殊类群，以藻丝为主体，决定着地衣的形态，而菌丝附着在藻丝上或侵入藻细胞内。但是，丝状地衣的繁殖仍由菌丝决定。

从地衣的质地看，多数为叶质的，有些地衣是胶质的，主要见于叶状地衣和枝状地衣。

(二) 地衣体的附属物

在地衣体上有各种各样的附属物，它们是地衣分类的重要依据。

1. 假根

假根为地衣体的固着器官，颜色暗淡，是由下皮层细胞向下延伸出来，由多条菌丝组成的索状结构。根据假根的形态，分 3 种类型：单一型(不分枝)、分枝型(二叉分枝)、羽状分枝型(分枝短而密，形似毛刷)。

2. 脉

在地衣体的上下表面，有许多菌丝集中分布形成的线状凸起，或脉纹呈网状。如犬地卷的背面具凸起的脉。

3. 粉芽

粉芽是地衣体上的小颗粒，由菌丝包裹着2～4个藻细胞形成的小团块。从发育上看，由于髓层菌丝过度生长，刺激了藻细胞的分裂，髓层菌丝外伸并包裹藻细胞，当发育到一定时候就突破皮层，成堆地出现在地衣表面，就形成了粉芽。集中堆积的粉芽称为粉芽堆，粉芽堆的有无、形状、着生部位，都是地衣鉴定时的重要依据。

粉芽是无性繁殖体，分为颗粒状和粉状。凡是着生粉芽的地衣，大多数都生于潮湿的环境里，并且常无子囊盘。

4. 裂芽

裂芽也称珊瑚芽，是在地衣体表面的凸起，大小不一，为一个具柄或近无柄的放射状结构。裂芽本身具有皮层、藻层和髓，它们与地衣体的各部分结构直接相连。有的裂芽为柱状不分枝，也有分枝的。裂芽顶端有时开裂，呈粉芽状。当裂芽受损脱落后，可成为繁殖体，而脱落后留下的圆斑，往往会误认为是粉芽。

5. 小裂片

小裂片位于地衣体边缘或中央的片状凸起，具有背腹面之分。而裂芽是没有背腹面之分的。

6. 绒毛

绒毛生于地衣体背面或腹面，由皮层中单一的一根菌丝向外延伸而成，菌丝单一的或分枝的，如犬地卷(毛在腹面)和黑牛皮衣(毛在背面)。

7. 睫毛

睫毛生于地衣体或子囊盘的边缘，为一列多条的纤细的丝状体，似眼睫毛，如冰岛衣。

8. 杯点

杯点生于下皮层，里面无绒毛，是由于皮层破裂向髓部凹陷，髓层菌丝伸到杯点内，但不伸出来，形成疏松的组织。杯点是牛皮叶属的关键特征。

9. 假杯点

假杯点生于地衣体的背面或腹面，是由于皮层破裂，髓层菌丝伸入凹陷中，并伸展到裂口处，使得凹窝不整齐而形成的组织。冰岛衣的腹面具有假杯点。

10. 衣瘿

衣瘿是地衣体表面的疣状凸起，具有皮层、藻层和髓。衣瘿中的共生藻与地衣体中的共生藻是不同种类的藻类植物，其皮层和髓与地衣体也不直接相连。珊瑚枝就具有衣瘿。一般来说，具有衣瘿的地衣体以绿藻为共生藻，而衣瘿本身的共生藻则是蓝藻。

从发育上看，衣瘿是由地衣体上的绒毛黏着了异种藻类，通过绒毛菌丝向上发育形成皮层，把捕获的异种藻类包围起来而形成的。一旦衣瘿形成后，靠近其下面的地衣体中的藻层和皮层就会逐渐消失。

约100种地衣具有衣瘿。有些衣瘿是内生的，生于髓中，或下皮层中。如番红散星衣，在藻层中为两层，上层是绿藻，而下方为一层蓝藻。在牛皮叶中，下皮层可内生衣瘿，随着地衣的发育，衣瘿穿过髓层向上突破上皮层，形成叶上枝。它能够独立生活，继续发育形成一个新的地衣体。在自然界里，可出现在一种地衣体寄生另一种地衣上的现象。

三、地衣的繁殖方式

（一）地衣的繁殖类型

地衣的繁殖方式有 2 种，即营养繁殖和有性繁殖。

地衣体自身可通过碎裂成许多小碎块，各自发育为新的地衣体，属于营养繁殖。地衣体的营养繁殖体有粉芽、裂芽、小裂片。

地衣体的有性繁殖是通过菌类产生有性孢子。担子菌地衣产生担孢子，子囊菌地衣产生子囊孢子。真菌的孢子萌发成菌丝，捕获到藻细胞后，就可发育为新的地衣体。

（二）地衣的有性繁殖器官

子囊菌地衣的有性繁殖器官是子囊盘、子囊壳和闭囊壳，统称为子囊果（子实体）。在子囊菌地衣中，产生子囊盘的属于盘果衣类（亚纲）；产生子囊壳的属于核果衣类（亚纲）。

1. 子囊果的结构

（1）子囊壳

地衣体的有性繁殖器官是为壶状的、具有小的开口的子实体。外壁是菌丝组成的果壳，内部有许多子囊（内含 4 或 8 个子囊孢子）和侧丝，有的含有藻细胞。子囊壳的着生方式多样，有埋生的，也有半埋生的；子囊壳外面具有囊盘被或称子囊壳包被（果壳）。侧丝是夹杂在子囊中的不育菌丝，有的侧丝是永存的，有的可降解。侧丝是分类的依据之一。石果衣的子囊壳内，具有藻细胞。它比地衣体中的藻细胞要小些。

（2）子囊盘

当地衣体的有性繁殖器官为碗状的、盘状的、敞口的子实体时，称为子囊盘。子囊盘的外壁叫果壳，果壳内的组织称子实层，共有 3 层结构，基部是由菌丝交织的囊层基，中部是子囊层，上端是囊层被。测量子实层的厚度，就是以子囊层的厚度为标准的。

子囊盘的果壳，质地不同，据此分为两类：果壳是碳质、黑色、坚硬的，称为网衣型果壳；果壳是非碳质、淡色、较软的，称为蜡盘型果壳。有的子囊盘被内部的子实层挤压变得很小，甚至几乎消失。茶渍型的果壳略内凹，外面包被一层地衣体组织，称为果托。果托几乎包裹果壳，或仅剩下一点壳缘。果托的颜色是分类的重要依据之一。粉果衣的子囊盘具有果托，在孢子幼嫩时，子囊就破裂，菌丝黏着孢子形成粉孢。文字衣的子囊盘呈线形，子囊盘呈长条形，或弯曲状，中间有一条缝隙。针绒衣的子囊盘是个特殊结构，没有果壳，整个子实层外露凸起，黑色。

子囊盘的着生方式多样，大多数子囊盘是生于表面，常贴生无柄，或埋生。在位置上，有顶生的，也有中间生的，或子囊盘生于地衣体边缘。极少数生于裂片的下面，当成熟后裂片反卷时，子囊盘向上。

（3）闭囊壳

只有极少数子囊菌的子囊果是封闭的，这种没有开口的子囊果，称作闭囊壳。

子囊果的 3 种类型，见图 4.5。

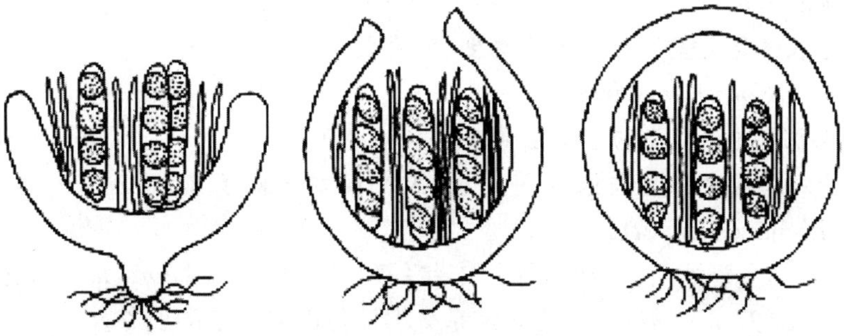

图 4.5 地衣 3 种子囊果的形态(纵剖面示意图)(沈显生绘)

2. 子囊孢子的类型

地衣的子囊孢子分为 4 类,即单孢类、多孢类、壁砖型、对极形(哑铃形)。前面 3 类是自然界中真菌所共有的,而最后 1 类则是地衣所特有。

孢子的数目、大小、颜色、有无分隔等,是地衣分类的重要特征。子囊内一般有 4 个孢子,也有 8 个(橙衣)或 16 个(黄烛衣)的,甚至有 100 多个的。孢子的颜色一般是褐色或灰褐色,也有无色的(梅衣)。属于单孢类孢子的有茶渍、石蕊、梅衣、皮果衣、网衣、鸡皮衣等,一般是无色的;属于多孢类孢子的是双孢子(黑瘤衣属);属于壁砖型孢子的有龟甲衣、文字衣、双缘衣等;属于蜈蚣衣孢子的是对极形的孢子。

另一类孢子叫分生孢子,它们是在分生孢子器内产生的孢子,有内基生的(侧生)和外基生的(顶生)两种。

四、地衣的分类

目前,地衣的分类是以其形态和化学成分为依据的。在鉴定地衣的过程中,经常用到的试剂主要有:KOH、漂白粉、对苯二胺,分别缩写为 K、C、P。当用过 KOH 之后接着使用漂白粉时,用 KC 表示。对试剂有反应的记为"+",无反应的记为"-"。漂白粉容易失效,鉴别漂白粉是否失效的方法是把漂白粉涂抹在梅衣的髓层上,若显示红色,即有效。对苯二胺是以固体形式使用的,先用毛笔蘸上无水乙醇再向对苯二胺上涂抹,然后直接抹在地衣上,主要用于石蕊、松萝和鸡皮衣的鉴定。

地衣体成分的鉴定是用丙酮提取法,具体步骤是在载玻片上放上地衣碎片,加上丙酮,适当加热 2 次或 3 次,最后去除残渣,再用试剂来鉴定。地衣的化学成分的测定,常用高效液相色谱(HPLC)、色谱分析(LC)、薄层层析(TLC)、显微化学结晶(MCT)等方法。

关于地衣的学名有专门的文献可进行检索,主要有 *Index of Fungi*(英国),Catalagus Lichenum Universalis(A. Zahlbruckner),*Index Nominum Lichenum*(Lamb,1963),*Supplement Lichens*(D. L. Hawksworth,1972)。由以上文献可检索出自 1753 年 5 月 1 日以来的全球地衣学名的变更情况(维也纳法规,2006)。

地衣的分纲检索表如下:

1. 地衣体是由藻类与藻状菌共生 ………… 藻菌地衣纲(只含1目,地管地衣目)
1. 地衣体是由藻类与担子菌共生(伞菌或革菌)…………担子菌地衣纲(如绿皮地革衣 *Coriscium viride*)
1. 地衣体是由藻类与子囊菌共生 ……………………………………… 子囊菌地衣纲
1. 地衣体是由藻类与未知菌共生,未发现担子或子囊盘…………不完全地衣类(Lichenes imperfecti)

不完全地衣类主要分两类,地衣体粉末状的(如癞屑衣属(*Lepraria*))和地衣体枝状中空的(如地茶衣属(*Thamnolia*))。这些都是分类地位尚未确定的地衣。

关于子囊菌地衣纲的分类比较复杂,根据子囊菌地衣纲的繁殖器官特征分为两个亚纲:子囊壳盘状,属于盘果衣亚纲;子囊壳具口或完全包被起来,属于核果衣亚纲。

(一) 核果衣亚纲(Pyrenocarpeae)

1. 瓶口衣目(Verrucarrales)

共生藻是球形的绿藻。

(1) 瓶口衣科(Verrucaraceae)

壳状地衣,无皮层结构;子囊壳单生,直立的、埋生的或半埋生的。分属的依据是子实层是否有藻细胞,侧丝是否存在,以及孢子的形态。例如,瓶口衣属(*Verrucaria*)侧丝在发育早期消解,子囊孢子8个,长椭圆形或圆形,单细胞,无色。

(2) 皮果衣科(Dermatocarponaceae)

地衣体叶状或鳞片状。分属的依据是地衣的子实层是否有藻细胞、侧丝的有无、孢子的形态。皮果衣属(*Dermatocarpon*)孢子是单细胞,无色,无侧丝,子实层无藻细胞;皮果衣(*D. miniatum*)生于水边。石果衣属(*Endocarpon*)孢子是砖形的,褐色,子囊具2个孢子,子实层有藻细胞,地衣体紧贴基物;石果衣(*E. pusillum*)。贝鳞衣属(*Normandina*)为同层地衣,无皮层,孢子是多细胞的;贝鳞衣(*N. pulchella*)。

2. 小核衣目(Pyrenulales)

共生藻是丝状的绿藻(橘色藻)。

(1) 小核衣科(Pyrenulaceae)

地衣体壳叶,无皮层,无假根,子囊壳单生或簇生,无子座组织。

① 小核衣属(*Pyrenula*):壳状,侧丝不分枝,孢子是褐色的,由2~6细胞组成,细胞呈棱形或透镜形。

② 污核衣属(*Porina*):侧丝不分枝,孢子是无色的,形状同小核衣属。

③ 假核衣属(*Pseudopyrenula*):侧丝分枝,孢子是无色的。

④ 炭壳衣属(*Anthracothecium*):侧丝不分枝,孢子是砖格形的,褐色。

(2) 乳嘴衣科 (Trypetheliaceae)

子囊壳生于子座组织内,子囊壳口因像乳头一样而得名。乳嘴衣属(*Trypethelium*)孢子无色,由多细胞组成;乳嘴衣(*T. eluteriae*)。

3. 念珠核衣目(Pyrenidiales)

共生藻为蓝藻或头孢藻。

叶生衣科(Strigulaceae)。

叶生衣属(*Strigula*):生于树叶上,地衣体壳状,孢子由 2 个细胞组成,无色。这种分生孢子不等大。

(二) 盘(裸)果衣亚纲(Gymnocarpeae)

子实层是开放的,无包被组织;子囊果呈盘状或线条状。该亚纲分为 3 个类群。

① 粉果衣类(Coniocarpiidae):具有孢子粉,只有 1 个目。

② 文字衣类(Graphiidae):子囊盘呈线形,极少是圆盘状,但结构类似线形子囊盘。

③ 圆果衣类(Cyclocarpidae):子囊盘呈圆形。

Ⅰ 粉果衣类

粉衣目(Caliciales)。

孢子球形。孢子颜色和子囊盘结构是分类的依据。

球粉衣科(Sphaerophoraceae)。

地衣体叶状或枝状,在上表面或侧面着生无柄的子囊盘。

球粉衣属(*Sphserophorus*):地衣体叶状,基部是扁的,子囊盘贴生。如黑果球粉衣(*S. melanocarpus*)。

Ⅱ 文字衣类

1. 染料衣目(Roccellales)

染料衣科(Roccellaceae)。

染料衣属(*Roccellus*):地衣体是枝状的,主要用于提取石蕊。

2. 文字衣目(Graphidales)

地衣体壳状,子囊盘贴生于表面。

(1) 斑衣科(Arthoniaceae)

壳状地衣较小,无皮层,无子囊壳,子囊倒卵形,孢子常平行多格,共生藻多是橘色藻。

分属检索表如下:

1. 共生藻是胶群藻。
   2. 孢子 2 个至平行多胞 ………………………………… 星衣属 *Allarthonia*
   2. 孢子砖格形 ………………………………… 荞麦皮衣属 *Allarthothelium*
1. 共生藻是橘色藻。
   3. 孢子 2 个至平行多胞……………………………………… 斑衣属 *Arthonia*
   3. 孢子砖格形 ………………………………………… 芝麻衣属 *Arthothelium*

(2) 孔文字衣科(Opegraphaceae)

孢子的细胞为圆柱形,共生藻为橘色藻。

孔文字衣属(*Opegrapha*)。

(3) 文字衣科(Graphaceae)

孢子具多横隔,细胞为透镜形,少数为砖格形孢子;共生藻为橘色藻。子囊盘线状,单一或分枝。共分 4 个属:

① 文字衣属(*Graphis*):孢子具多横隔,无色。该属的分类是根据孢子的大小、孢子细

胞数目的多少，子囊壳缘的表面是光滑还是具沟纹。

② 拟文字衣属(*Graphina*)：孢子砖格形，无色。

③ 黑文字衣属(*Phaeographis*)：孢子具多横隔，褐色。

④ 拟黑文字衣属(*Phaeographina*)：孢子砖格形，褐色。

(4) 座盘衣科(Chiodectonaceae)

① 座盘衣属(*Chiodecton*)：子囊盘生于子座内，共生藻橘色藻，侧丝分枝。

② 刻痕衣属(*Glyphis*)：侧丝不分枝；刻痕衣(*G. cicatricose*)。

Ⅲ 圆果衣类

1. 疣孔衣目(Thelotrematales)

地衣体中具线形的橘色藻，稀为球形藻；子囊果具有双层的边缘。

(1) 双缘衣科(Diploschistaceae)

地衣体茶渍型，发育早期子囊果埋生；孢子砖格形，褐色，原称为龟甲衣科。如双缘衣属(*Diploschistes*)。

(2) 绒衣科(Coenogoniaceae)

由菌丝包裹橘色藻组成丝状，再由丝状体组成片状或网状，生于热带地区。如绒衣属(*Coenogonium*)。

2. 蓝藻衣目

(1) 毡衣科(Ephebaceae)

地衣体枝状，暗色，分枝密；8 个或 16 个孢子，孢子单细胞或 2 个细胞，子囊盘生于枝顶端。如，毡衣属(*Epheba*)常见的有 2 种，毡衣(*E. lanata*)和毛毡衣(*E. hrispida*)，前者 8 个孢子，双胞；后者 16 个孢子，单胞。

(2) 拟核衣科(Pyrenopsidaceae)

地衣体叶状、枝状或壳状，孢子单细胞，共生藻多为色球藻。如雪花衣属(*Phylliscum*)地衣体暗赤褐色，生于岩石上，似菊花状。

(3) 胶衣科(Collemataceae)

同层地衣，胶质，地衣体多样，遇水潮湿后胶质状，生于苔藓、土壤或石头上。如，胶衣属(*Collema*)和猫耳衣属(*Leptogium*)。

① 胶衣属(*Collema*)：无皮层。

② 猫耳衣属(*Leptogium*)：具假薄壁组织的皮层，孢子砖格形。该属分种的依据是胶面有无毛；子囊果结构，囊壳壁的细胞层数，外囊壳有无毛，下地衣层的厚度占整个地衣体的比例。

(4) 瓦衣科(Coccocarpiaceae)

叶状地衣呈瓦片状，共生藻为丝状蓝藻，纵向排列，上下都具皮层，腹面有假根或绒毛，下地衣体黑色；子囊盘蜡盘型，无果壳，无果托。如瓦衣属(*Coccocarpia*)的 3 种植物。

① 瓦衣(*Coccocarpia parmelioides*)无裂芽。

② 粗瓦衣(*C. cronia*)有裂芽。

③ 鳞芽瓦衣(*C. fenicis*)具鳞片。

(5) 鳞叶衣科(Pannariaceae)

地衣体鳞片状,共生藻为蓝藻;较大者可为叶状,具上皮层,下地衣体发达。如鳞叶衣属(*Pannaria*)。

① 赤褐鳞叶衣(*Pannaria eubiginosa*)叶状地衣。

② 麸鳞叶衣(*P. pityrea*) 具许多裂芽。

(6) 牛皮叶科(Stictaceae)

地衣体较大,共生藻是蚁藻或念珠藻;地衣体具上下皮层,为假薄壁组织,腹面有假根或绒毛;腹面有杯点或假杯点,或无杯点;子囊盘结构为茶渍型,孢子具2~4横隔,无色。分属检索表如下:

1. 地衣体腹面无杯点和假杯点 ………………………………… 肺衣属 *Lobaria*
1. 地衣体腹面有杯点或假杯点。
    2. 腹面有杯点 ……………………………………………… 牛皮叶属 *Sticta*
    2. 腹面有假杯点 …………………………… 假杯点衣属 *Pseudocyphellaria*

① 肺衣属(*Lobaria*):根据地衣体表面的特征,是光滑的还是具网状凸起的,分生孢子器的大小,以及粉芽的形状进行分类。肺衣(*Lobaria pulmonaria*)具网状凸起,有粉芽;卷曲肺衣(*L. isidophora* var. *lobulata*)裂芽圆柱状,K+、P+;匙芽肺衣(*L. spathulata*)裂芽片状,具背腹面之分,P-、K-。

② 牛皮叶属(*Sticta*):根据共生藻进行分类。平滑牛皮叶(*S. nylanderiana*) 绿藻;黑牛皮叶(*S. fuliginosa*)蓝藻;魏氏牛皮叶(*S. weigelii*) 蓝藻,边缘生粉芽;扇柄牛皮叶(*S. gracilis*)子囊盘生于裂片顶端;重缘牛皮叶(*S. duplolimbata*)边缘具刚毛。

③ 假杯点衣属(*Pseudocyphellaria*):金边假杯点衣(*Pseudocyphellaria crocata*)蓝藻,孢子长期保存不变色;黄假杯点衣(*P. aurata*)绿藻,孢子长期保存变红色;银边假杯点衣(*P. argyracea*)背腹面都具有假杯点。

(7) 地卷科(Peltigeraceae)

具假薄壁组织,上皮层共生藻为蓝藻或绿藻;无下皮层,或仅在子囊盘着生部位的下方有皮层,子囊盘紧贴背面,属于半埋式,孢子4或8个细胞,纺锤状或长针状,下表面或具脉纹。

① 散盘衣属(*Solorina*):子囊盘着生于地衣体表面中央部位,子囊盘无缘,孢子褐色。

② 地卷属(*Peltigera*):子囊盘着生于地衣体裂片的边缘的尖端,多呈爪状,孢子无色,无下皮层,腹面多少有脉。

③ 肾盘衣属(*Nephroma*):子囊盘着生于地衣体裂片的边缘的腹面,子囊盘面向下,成熟时向上翻卷。

3. 网衣目(Lecideales)

地衣体多样,共生藻为绿藻,球形;子囊盘网衣型,孢子单细胞或多细胞。分科主要根据地衣体形态:叶状的有石耳科(Umbilicariaceae)和羊角衣科(Baeomycetaceae);枝状的有石蕊科(Cladoniaceae)和珊瑚枝科(Stereocaulaceae);壳状为网衣科(Lecideaceae);鳞状为树痂衣科(Phyllopsoraceae)。

(1) 网衣科(Lecideaceae)

壳状或鳞状,共生藻为小型绿藻;子囊盘蜡盘型者,壳淡色;子囊盘网衣型者,壳为黑色;孢子 8～16 个,无色或褐色,单细胞或砖格型。

① 网衣属(*Lecidea*):壳状,灰白色;子囊盘边缘黑色,盘面白色。该属分为 3 组:真网衣组、蜡盘网衣组、鳞网衣组。

② 地图衣属(*Rhizocarpon*):子囊中具 8 个孢子。

③ 杆孢衣属(*Bacidia*):孢子杆状,2～4 个细胞。

④ 枝器衣属(*Cladopyenidium*):分生孢子器线形,分枝,孢子单细胞。

(2) 石耳科(Umbilicariaceae)

叶状,具脐和柄。

石耳属(*Umbilicaria*):孢子单细胞或由许多细胞组成。子囊盘的面上饰纹多样,以及边缘的形状,都是分种的依据。

(3) 石蕊科(Cladoniaceae)

地衣体枝状,常分枝,中空,或至少子囊果的果柄中空,子囊果常具艳丽颜色。

石蕊属(*Cladonia*)种类繁多,根据子囊盘的颜色和初生地衣体的结构,分为几个类群。可提取石蕊指示剂。

① 筛石蕊(*C. aggregata*):皮层中的菌丝平行于果柄,地衣体表面具大小不等的孔。

② 杯花石蕊(*C. calycantha*):在喇叭形果柄上叠生喇叭形果柄,似串生的果柄;喇叭石蕊果柄喇叭状,表面具粉芽。

③ 球石蕊(*C. alpestris*):地衣体二叉分枝,整个呈球状;枝石蕊也为二叉分枝,枝杈基部上具孔隙。

(4) 珊瑚枝科(Stereocaulaceae)

地衣体分枝,常具衣瘿。

① 珊瑚枝属(*Stereocaulon*):枝状分枝,孢子多细胞。

② 柱衣属(*Pilophoron*):常不分枝,子囊盘顶端生,孢子单细胞。针柱衣(*P. acicularis*)。

4. 茶渍目(Lecanorales)

共生藻为绿藻,球形;子囊盘茶渍型,孢子单细胞或多细胞,具果托。根据地衣体形态和孢子特征进行分类。也有学者将该目与网衣目合并。

(1) 茶渍科(Lecanoraceae)

壳状;孢子无色,为单细胞或多细胞。

① 黄茶渍属(*Candolariella*):在颜色上很像黄烛衣,但为壳状。

② 赤星衣属(*Haematomma*):孢子是多细胞的,子囊盘具颜色(红色或褐色)。

③ 茶渍属(*Lecanora*):子囊盘凹陷或凸起,少数地衣体鳞状。墙茶渍(*L. muralis*);神粮衣(茶渍)(*L. esculenta*)地衣体皱缩成球状;黑茶渍(*L. atra*)子实层是黑色;红盘鳞茶渍(*L. rubina*)鳞状地衣,边缘成盘状。

(2) 鸡皮衣科(Pertusariaceae)

① 鸡皮衣属(*Pertusaria*):子囊盘生于疣状凸起内,较小,孢子 1～8 个,单细胞,壁厚。

泡鸡皮衣(*P. pertusa*)K+黄,P+红。

② 内疣衣属(*Ochrolechia*):子囊盘较大,孢子1～8个,单细胞,壁薄,是重要的染料。

(3) 梅衣科(Parmeliaceae)

叶状地衣,孢子单细胞,无色,皮层为假薄壁组织。分类时依据髓层的颜色与结构、子囊盘的结构、裂芽的有无等。

① 梅衣属(*Parmelia*):地衣体叶状,实心,有假根,至少具假根的痕迹。子囊孢子2～8个,单细胞,壁薄。该属种类较多,可根据假根、裂芽、皮层、子囊盘等进行分类。如梅衣(*P. tinctorum*),皱梅衣(*P. caperata*),石梅衣(*P. saxatilis*),岛衣状梅衣(*P. cetrarioides*),条衣(*P. cirrhata*)。

② 袋衣属(*Hypogymnia*):地衣体分枝,枝端中空呈袋状。腹面无假根,无绒毛。常见是肿果袋衣(*H. delavayi*)。

③ 孔叶衣属(*Menegazzia*):叶状,裂片小,背面有孔,孔口平或凸起,下面无绒毛,无假根;子囊内2～4孢子。

④ 黄烛衣属(*Candelaria*):地衣体鳞片状,K-,孢子16个,单细胞,胞内具油滴。

⑤ 绵胶衣属(*Anzia*):叶状地衣,裂片细长,地衣体下面具发达的海绵层,孢子半月形,数量多。

⑥ 冰岛衣属(*Cetraria*):地衣体叶状或丛状,具背腹性,两面具假薄壁组织的皮层,子囊盘茶渍型,生于边缘。

(4) 松萝科(Usneaceae)

地衣体枝状,生于树上或石上,枝状体的结构复杂,但层理清楚,具皮层、髓和中轴。孢子2个细胞。

① 松萝属(*Usnea*):地衣体分枝,具丝状分枝、二叉分枝、假轴分枝,横切面上具软质的中轴,在轴与皮层之间是髓层。轴有时是中空的,皮层或髓具有红色素,共有5种类型,见图4.6。在枝状体上有的具乳突、或瘤,或环状裂纹。

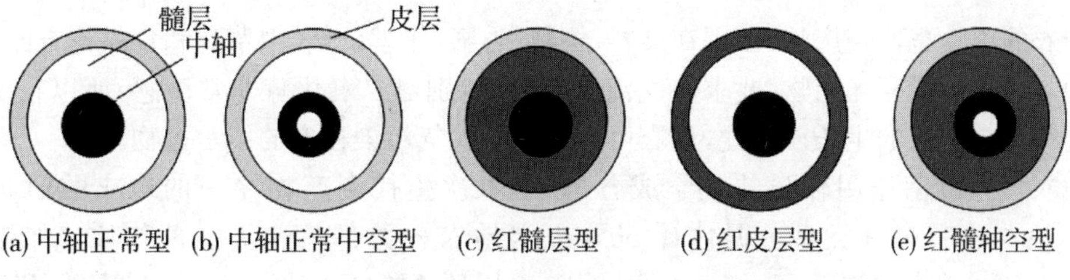

图4.6　松萝分枝的横切面结构示意图(沈显生绘)

② 小角衣属(*Corniwlaria*):地衣体实心,具两层皮层(图4.6(c))。

③ 扁枝衣属(*Evernia*):地衣体带状,扁平,实心,黄色,孢子无色,椭圆形单细胞;皮层菌丝垂直于长轴。常见有:柔扁枝衣(*E. divaricata*),扁枝衣(*E. thamnodes*),裸扁枝衣(*E. esorediosa*)。

④ 树花属(*Ramalina*):地衣体扁平,具两层皮层(图4.6(c)),外层菌丝与轴平行,内层菌丝与轴垂直。

⑤ 树发属(*Alectora*):枝中空(图 4.6(b)),一层皮层,孢子单细胞,无色,菌丝与长轴平行。

(5) 微孢衣科(Acarosporaceae)

该科的分类是根据子囊盘类型、着生方式和皮层结构。

5. 橙衣目(Caloplacales)

共生藻为球形绿藻;子囊盘茶渍型或网衣型,孢子为对极型或哑铃型。

(1) 橙衣科(Caloplacaceae)

地衣体壳状或盘状。

(2) 黄枝衣科(Teloschistaceae)

地衣体叶状或枝状。

(3) 黑瘤衣科(Buelliaceae)

地衣体壳状。

(4) 蜈蚣衣科 Physciaceae

地衣体叶状。

① 蜈蚣衣属(*Physcia*):皮层为假薄壁组织,子囊盘茶渍型。

② 雪花衣属(*Anaptychia*):皮层为纤维组织(在做切片观察时,一定要纵切,不能横切)。

③ 黑盘衣属(*Pyxine*):皮层为假薄壁组织,子囊盘网衣型,但黄髓黑盘衣(*P. endochrysina*)的子囊盘茶渍型。

总之,地衣的分类和鉴定工作是繁杂的,依据的特征是多样的,除了形态和解剖特征外,有的还需要对其化学成分进行鉴定。所以,采集地衣标本后需要自然干燥,无需消毒或杀菌处理。另外,在野外采集地衣标本时,要注意标本的完整性,最好具有繁殖器官,并连同基物一起采集。

五、地衣的经济价值

地衣的用途也比较广泛,可用在染料、饲料、香料、化学试剂、中草药和食品等方面。

地衣大多数是喜光植物,要求空气清洁新鲜,特别对二氧化硫非常敏感,所以在工业城市附近很少有地衣的生长。因此,地衣可作为监测大气污染程度的指示植物。

地衣含有抗菌作用较强的化学成分,即地衣次生代谢产物之一的地衣酸(Lichenic acids),地衣酸有多种类型。据估计 50% 以上地衣种类都具这类抗菌物质。如松萝酸(Usnic acid)、地衣硬酸(Liches terinic acid)、去甲环萝酸(Evernic acid)、袋衣酸(Physodic acid)、小红石蕊酸(Didymic acid)、绵腹衣酸(Anziaic acid)、柔扁枝衣酸(Divaicatic acid)和石花酸(Sekikaic acid)等。这些抗菌物质对革兰阳性细菌多具抗菌活性,对于抗结核杆菌也有高度的活性。另外,有的具有某些独特的功能,如松萝酸可防止啤酒沉淀。

近年来,对地衣进行抗癌成分的筛选研究证明,大多数地衣种类中所含的地衣多糖(Lichenin/Lichenan)、异地衣多糖(Isolichenin/Isolichenan)均具有极高的抗癌活性。作为药用地衣的主要有:石耳(*Umbilicaria esculenta*)属于石耳科,全草可供食用,含有石耳酸、茶渍衣酸。全草能清热解毒,止咳祛痰,利尿。雪茶(地茶)(*Thamnolia vermicularis*)属于地茶科，全草能清热解毒，平肝降压，养心明目。松萝（节松萝、破茎松萝）（*Usnea diffracta*）属于菘萝科，全草能止咳平喘，活血通络，清热解毒。含有菘萝酸、环萝酸、地衣聚糖。菘萝酸有抗菌作用。地衣入药的还有石蕊（*Cladonia rangiferina*）全草能祛风，镇痛，凉血止血。冰岛衣（*Cetraria islandica*）全草能调肠胃，助消化。肺衣（*Lobaria pulmonaria*）全草能健脾，利尿，败毒，止痒。

此外，地衣中有的是生产高级香料的原料，法国的高级香水就是生于橡树上的树花属的地衣。如从我国云南产的扁枝衣（*Evernia mesomorpha*）制得中国橡苔Ⅰ型香料，主香成分为柔扁枝衣酸乙酯（Ethyldivaricatinate）；从尼泊尔星冰岛衣（*Cetrariastrum nepalensis*）中制得的中国橡苔Ⅱ型香料，其香气浓郁纯正，与法国的橡苔相似，主香成分为赤星衣酸乙酯（Ethylhaematommate），多用于日用化妆品的定香剂。

第四节　颈卵器植物的调查

颈卵器植物包括苔藓植物、蕨类植物和裸子植物。在大别山，过去人们对颈卵器植物的调查工作开展得较少，特别是对苔藓植物和蕨类植物的研究不够深入。所以高校野外实习教学，今后可以多在这些方面开展一些基础性的研究工作。

一、苔藓植物区系的调查

在大别山，关于苔藓植物种类的调查工作是个薄弱环节。过去，很少有人做这方面系统性的研究工作。原因可能是由于苔藓植物的参考资料比较少，鉴定标本较困难。《中国苔藓植物志》正在陆续出版，一旦该书出版齐全，就可以很方便地研究大别山的苔藓植物区系。

在野外采集苔藓植物标本时，要注意采集孢子体，特别是蒴帽部分容易脱落，要注意要收集好，因为它是苔藓植物鉴定的主要依据之一。

关于苔藓植物的形态特征和分类方法，参见《中国东部高等植物分科检索与图谱》（中国科学技术大学出版社，1997）、《苔藓植物生物学》、《中国高等植物图鉴》（第1卷）和《植物生物学实验》（中国科学技术大学出版社，2010）。

例如，角苔（*Anthoceros*）是苔纲植物中的原始类群，孢子体结构较为简单，基足生长在配子体中，蒴柄不明显，细长的孢蒴形态似针状，内部生有孢子。对角苔的观察必须借助于显微镜或电子显微镜，图 4.7 是角苔的孢蒴表面形态，可以看出气孔结构的分化。这与蛇苔的气孔明显不同。研究苔藓植物的气孔发育与结构，对于理解植物进化是大有帮助的。

大别山的苔藓植物也很多，标本采集十分方便。在采集苔藓植物标本时，一定要注意采集具有繁殖器官的植物体，不能仅采集配子体。对于雌雄异株的种类，需要分别采集雌株与雄株。将标本放在纸袋中，放在通风处自然干燥即可，无需压制。研究和观察苔藓植物和蕨类植物的孢子形态,需要使用光学显微镜和体视镜,甚至电镜。

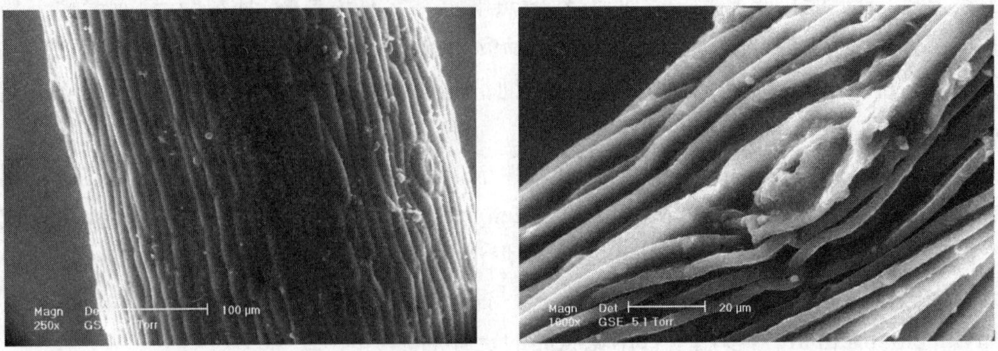

图 4.7　角苔的孢蒴表面形态(扫描电子显微镜照片)(沈显生,俞斐摄)

一般来说,苔纲植物的孢子体结构简单,例如,我们曾在显微镜下观察过地钱(*Marchantia*)的孢蒴内部的孢子和弹丝,注意弹丝是由 2 个细胞螺旋缠绕而成的,见图 4.8 和图 4.9(a)。

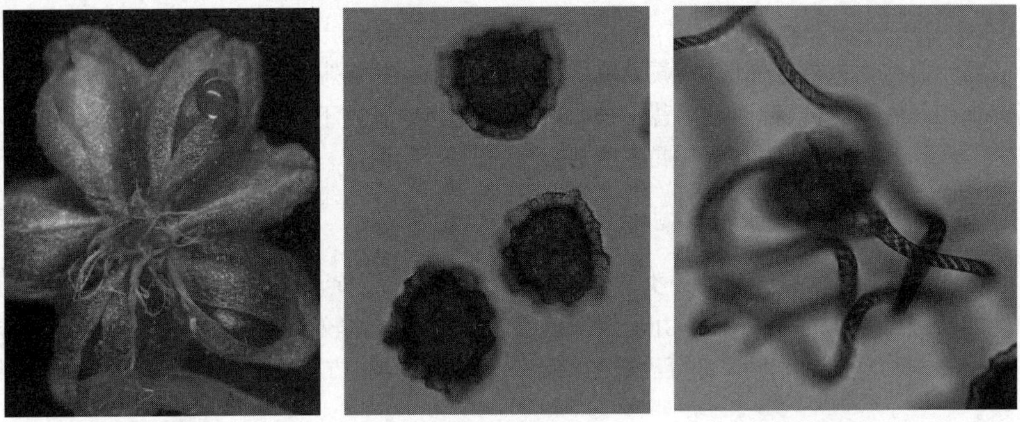

(a)雌器托　　(b)孢子　　(c)弹丝

图 4.8　地钱的雌器托(覆面观)、孢子和弹丝(李树美,刘晓燕摄)

在图 4.8(a)中是地钱雌器托的覆面观,本来是指状或星芒状的雌器托,由于颈卵器中的合子发育为孢子体,卵形肥大的孢子体胀破了雌器托。打开孢子体,里面充满了孢子和弹丝,如图 4.8(b)和(c)所示,弹丝较长,呈卷曲状态,每根弹丝由两股丝(细胞)螺旋缠绕而成。

如图 4.9(a)所示,由于在制片过程中,切片前需要对材料进行染色和脱水,所以照片中的弹丝成为片段状,同时螺旋缠绕的弹丝显得很松散。

藓纲植物的孢子体较复杂,重点观察孢蒴的结构与组成,去掉蒴帽和蒴盖后的蒴齿结构,见图 4. 9(b),在蒴齿下面充满了孢子。

藓纲植物青藓属(*Brachythecium*)孢蒴去掉蒴盖后,在环境扫描电子显微镜下进行观察,发现青藓孢蒴具有 2 层蒴齿,见图 4. 10(a)。纵切孢蒴后,孢蒴的蒴齿形态见图4. 10(b)。

请问内层膜质的蒴齿有什么作用？根据图 4.10(b)，请在野外或实验室内观察蒴齿自动散发孢子的现象，并分析和研究蒴齿以“掷铅球”式散发孢子的运动机理。

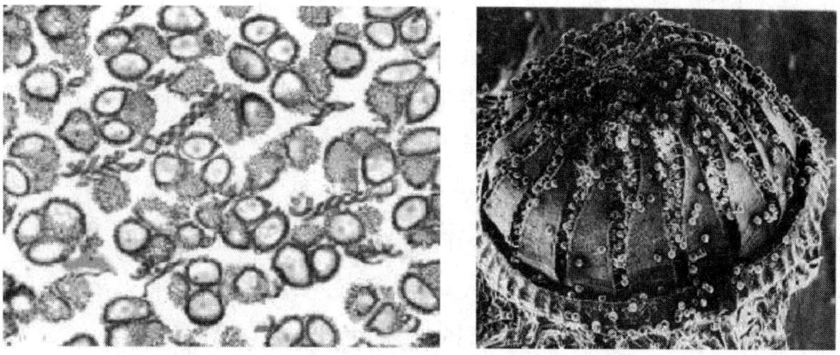

(a) 孢子和弹丝　　(b) 藓类的蒴齿

图 4.9　地钱的孢蒴横切

(a) 为切片标本(沈显生摄)；(b) 引自 Cecie Starr

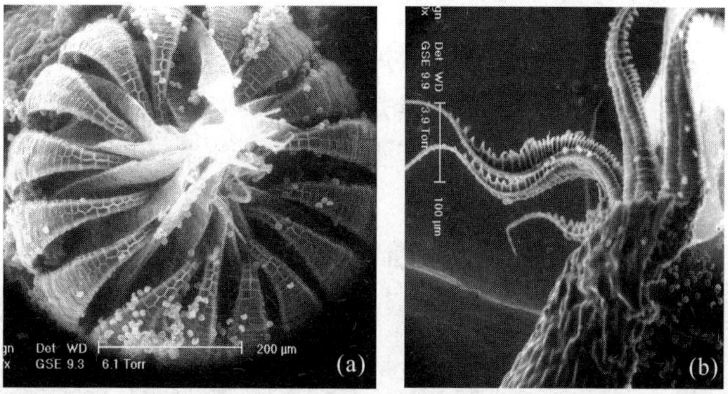

图 4.10　青藓属的蒴齿电镜照片(沈显生，俞斐摄)

在实习结束回到学校后，再对采集的苔藓植物进行系统的整理和鉴定。由于标本鉴定工作花费时间长，任务较重，难度较大，并需要一定的专业知识和专业书籍，建议可利用大学生研究计划项目来实施。

苔藓植物的鉴定，新的有效的参考资料不多，主要有《中国高等植物图鉴》(第 1 册)和胡人亮的《苔藓植物生物学》等。苔纲植物的鉴定因种类少，比较容易，而藓纲植物的鉴定需要观察叶片结构与细胞特征，并要绘出草图，以便于检索和鉴定复查。

二、蕨类植物区系的调查

蕨类植物的孢子体和配子体是各自独立生活的，由于物种的鉴定是靠孢子体，所以，在采集植物标本时就要采集孢子体。全世界蕨类植物约 12 000 种，我国约有 2 600 种。分为：水韭亚门(纲)、石松亚门(纲)、松叶蕨亚门(纲)、楔叶蕨亚门(纲)和真蕨亚门(纲)。在大别山，除了石松亚门外，这些亚门(纲)的代表植物都有，其中真蕨亚门(纲)最多，总共 100 余种。

在采集具有地上茎的蕨类植物标本时，要采集完整植珠，有茎和叶。同时，要注意叶或枝上的孢子囊(穗)一定发育成熟，仅具营养叶的标本没有什么价值。对于具有营养叶和生殖叶(两型叶)的蕨类植物，要分别采集营养叶和生殖叶标本，或一同采集。

在采集真蕨纲蕨类植物标本时，一定要采集具有孢子囊的完整的叶片，并注意两型叶，而它们的茎往往位于地下，一般不需要采集地下茎。蕨类植物的孢子生于孢子囊内，由孢子囊组成孢子囊群或孢子囊穗，有些孢子囊具有囊群盖。不仅蕨类植物的孢子形态各异，而且孢子囊群的形状以及囊群盖的形态，都是分类学的重要特征。通过体视镜和显微镜(或电镜)对孢子进行观察，其研究结果可以作为分类学的佐证。

在压制标本时，由于蕨类植物标本较大，其压制方法与种子植物相同。在野外如何鉴别各种蕨类植物呢？除了依据营养体的形态特征差异外，还要注意孢子囊群(或孢子囊穗)的形态和着生部位、囊群盖的有无和形态特征、鳞片的有无和结构特征，以及植物体的颜色和质地特征。在实验室鉴定蕨类植物标本时，除了要根据上述特征外，还要在体视显微镜下观察孢子囊群和孢子囊的结构。孢子囊的壁是由 1 层细胞组成的，属于薄囊蕨亚纲；而由两层以上的细胞组成的，则属于原始厚囊蕨亚纲。同苔藓植物相比，蕨类植物标本的分类鉴定工作要容易得多。

例如，问荆(*Equisetum arvense*)的孢子叶穗和孢子叶的形态特殊，在每个孢子囊内具有孢子和弹丝，过去人们以为问荆的 4 根弹丝是孢子表面附属物。我们通过环境扫描电子显微镜对不同发育时期的孢子囊进行观察，发现孢子是被两根螺旋状卷曲的弹丝所包裹，每根弹丝末端扁平膨大，见图 4.11。

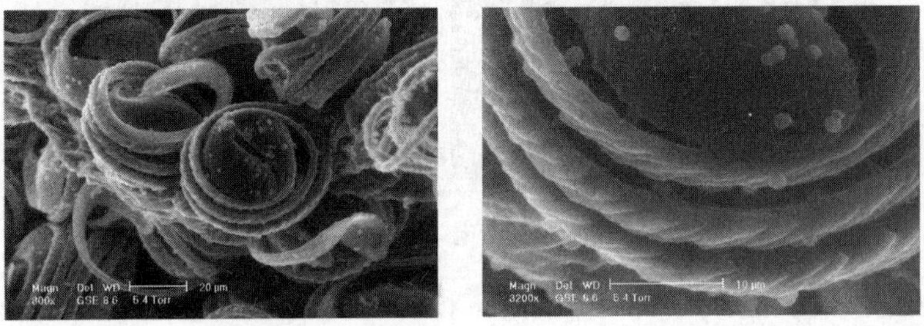

(a) 弹丝包裹孢子　　(b) 弹丝螺旋状卷曲

图 4.11　问荆的孢子和弹丝的环境扫描电子显微镜照片(沈显生，俞斐摄)

水生蕨类植物是蕨类植物中的高级类群，有苹科、槐叶苹科和满江红科。孢子体高度特化，具异形孢子，分为大小孢子果，在孢子果内着生孢子囊。对水生蕨类植物的繁殖器官的研究，可以作为野外实习教学的重要内容，并可从中学到许多知识。

例如，槐叶萍(*Salvinia natans*)漂浮水面，没有真正的根，3 列叶片，其中 2 列漂浮水面的叶片似槐树叶而得名，另 1 列叶片沉于水中，形似根，并分叉，大小孢子果生于假根上。大孢子果中具 8 个大孢子囊，小孢子果中有许多小孢子囊。槐叶萍的小孢子囊，以及大孢子囊中是雌配子体，见图 4.12。

再如，满江红(*Azolla imbricata*)浮于水面，个体小，容易和浮萍(单子叶植物)相混淆。满江红具细根，在茎上生 2 列叶片，交替互生。每个叶片 2 裂，上裂片浮于水面并覆盖根状

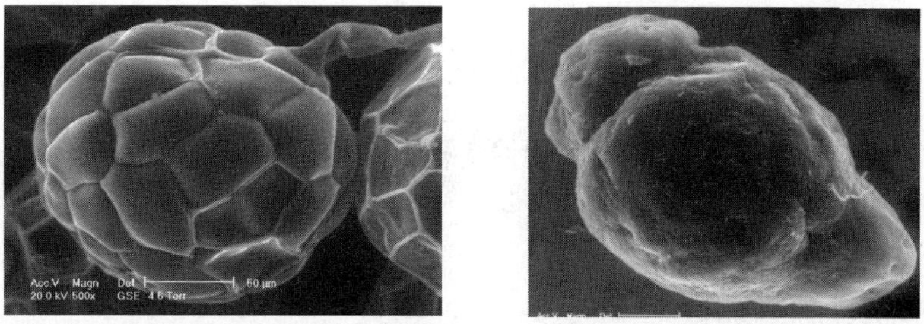

(a) 槐叶萍的小孢子囊　　(b) 槐叶萍的大孢子囊内的雌配子体

图 4.12 槐叶萍的小孢子囊和雌配子体的环境扫描电子显微镜照片(沈显生,俞斐摄)

茎,下裂片沉于水中,大小孢子果生于下裂片上。满江红叶片非常薄,表面细胞向外突出,没有发现气孔,见图 4.13(a)。在叶缘处,具 1 列分泌细胞,有许多方形结晶体,见图 4.13(b)。根据野外观察,满江红叶片的颜色,在强阳光下是红色,在弱光下或生长过密而被遮盖时则是绿色的。

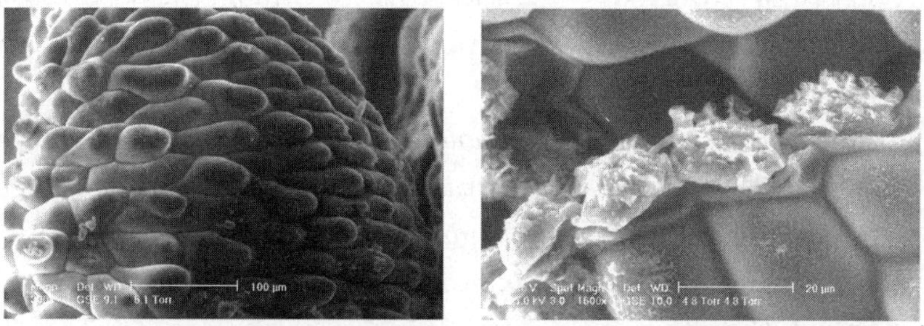

(a) 满江红幼叶表面　　(b) 叶缘细胞的分泌物

图 4.13 满江红叶片的环境扫描电子显微镜照片(沈显生,俞斐摄)

三、裸子植物区系的调查

大别山的裸子植物区系研究得比较深入,安徽省、湖北省和河南省的大别山各主要山峰,近些年来都有人进行过研究,已经发表的研究论文也不少。这里不再赘述,详细情况可参见本书后面的参考文献。在鉴定大别山的裸子植物标本时,地方植物志是非常重要的资料,像《大别山植物志》、《安徽植物志》、《湖北植物志》和《河南植物志》等。

在大别山的松科植物中,天然分布较广的有马尾松(*Pinus massoniana*)和黄山松(*P. taiwanensis*),前者一般分布在 900～1 000 m 以下,而后者分布在 1 200 m 以上,两者的特征区别较为明显。然而,在 900～1 200 m 这个过渡带却出现了杂交的黄松(*P. massoniana* × *P. taiwanensis*),外貌特征介于两者之间,有时给野外的鉴别工作带来困难。通过不同海拔连续取样,看看哪些解剖学特征出现了连续变异?这是一个很好的生态学基础性研究工作。

第五节　被子植物的资源调查

一、中草药植物资源的调查

大别山植物种类繁多，其中许多都具有药用价值。中国科学技术大学97级几位同学曾经考察了天堂寨山区，并采集到具有药用价值的植物166种。在166种药用植物中，以根入药的共31种，如三七（*Pannax notoginsang*）、丹参（*Salvia miltiorrhiza*）、白头翁（*Pulsatilla chinensis*）、刺五加（*Acanthopannax senticosus*）、茜草（*Rubia cordifolia*）、威灵仙（*Clematis chinensis*）、乌药（*Lindera strychnifolia*）、桔梗（*Platycodon grandiflorum*）、商陆（*Phytolacca acinosa*）等。

以根茎入药的有20种，如天南星（*Arisaema heterohyllum*）、天麻（*Grastrodia elata*）、虎杖（*Polygonum cuspidatum*）、苍术（*Atractylodes lancea*）、七叶一枝花（*Paris chinesis*）、鬼臼（八角连 *Dysosma bersipellis*）等。

以果实入药的有21种，如五味子（*Schisandra chinensis*）、牛蒡（*Arctium lappa*）、地肤（*Kochia scoparia*）、吴茱萸（*Evodia rutaecarpa*）、金樱子（*Rosa laebigata*）、鸦胆子（*Brucea jabanica*）、木通（*Akebia quinate*）、覆盆子（*Rubus chingii*）等。

以种子入药的有11种，如车前（*Plantago asiatica*）、决明（*Cassia obtusifolia*）、青葙（*Celosia argentea*）、菟丝子（*Cuscuta chinensis*）等。

以花入药的有10种，如芫花（*Daphne genkwa*）、忍冬（*Lonicera japonica*）、羊踯躅（*Rhododendron molle*）、结香（*Edgeworthia chrysantha*）、夏枯草（*Prunella vulgaris*）等。

以叶入药的有11种，如三尖杉（*Cephalotaxus fortunei*）、石韦（*Pyrrosia lingua*）、石楠（*Photinia serrulata*）、枸骨（*Ilex cornuta*）、大叶冬青（*Ilex latifolia*）等。

以茎皮入药的共5种，如刺楸（*Kalopanax septemlobus*）、楝（*Melia azedaraeh*）、白蜡树（*Fraxinus chinensis*）、臭椿（*Alianthus altissima*）等。

以木质藤茎入药的有2种，如大血藤（*Sargentodoxa cuneata*）、卫矛（*Euonymus alatus*）。

以茎叶入药的共45种，如千里光（*Senecio scandens*）、大蓟（*Cirsium japonicum*）、龙葵（*Solanum nigrum*）、白英（*S. lyratum*）、绞股蓝（*Gynostemma pentaphyllum*）、石斛（*Dendrobium nobile*）、灯芯草（*Juncus effusus*）、茵陈（*Artemisia capillaries*）、海金沙（*Lygodium japonicum*）等。

以子实体入药的菌类植物有马勃（*Lasiosphaera fenzlii*）、灵芝（*Ganoderma lucidum*）、紫芝（*Ganoderma sinense*）等。

二、淀粉植物资源的调查

淀粉植物的简易鉴定方法，直接观察块根、块茎或鳞茎的断裂面，一般凸凹不平，有粉状物，可能有淀粉。另外，可用简易的化学鉴定方法，用1%的碘化钾溶液滴在样品断面上，再加1滴1%的盐酸溶液，如果呈现蓝色，说明有淀粉存在。根据颜色深浅，可以断定淀粉含量的多少。至于淀粉是否可食用，要向当地群众了解，或送有关部门鉴定，以防中毒。

淀粉植物资源主要指在种子和块根及块茎中含有淀粉的植物。山区群众曾经开发利用过的植物，以种子作为开发对象的主要是壳斗科栗属（*Castanea*）和栎属（*Quercus*）植物，前者是各种栗子，后者是各种橡子，俗称是橡栎粉。以根茎作为开发对象的主要是蕨和葛，产品是蕨粉和葛粉。

淀粉植物资源开发加工程序是：选料—洗净—粉碎—过滤—澄清—倒去上清液，加水再澄清，重复3～5次—取出淀粉—晒干。在开发淀粉植物资源时，要注意对水环境的保护，不要污染水源。

果实含有淀粉和糖，也可做果酒，其工序与用粮食酿酒相同。工序是：选料—粉碎—压榨—果汁—亚硫酸杀菌—发酵—沉淀分离—原酒—调配—陈酿—过滤—果酒；压榨后的果渣—发酵—蒸馏—果子白酒；蒸馏后的残渣做饲料或提取有机酸。

在大别山，淀粉植物资源还是比较丰富的，许多植物资源没有得到开发和利用。例如，豆科、薯蓣科、百合科、葫芦科、菊科和天南星科的植物。

各种淀粉在显微镜下的鉴定工作，也是很有意义的。不同植物的淀粉粒，根据脐点的位置和数量，以及轮纹形态，可以进行鉴定。

三、纤维植物资源的调查

纤维植物资源是很普遍的，如何鉴别呢？在野外，主要靠感官来鉴别。通过摘取植物的茎、茎皮、叶或根皮部分，用手揉搓、扭拉，拉断后，查看断面上的丝状物。观察这些纤维束的长短粗细，可初步确定为纤维植物。在实验室，可通过显微镜来鉴别。在显微镜下，比较单位面积内纤维束的多少、纤维细胞腔的大小、纤维细胞壁的厚度、纤维束外观的曲直。一般来说，纤维束的数量多的、纤维细胞的细胞腔小于细胞壁厚度的、纤维束的外观较直的，认为是较优质的纤维植物。

纤维植物的加工方法，一般是在新鲜状态下，剥取茎或枝条的皮。根据植物的生物学特性，可采取砍树剥皮或活树环剥，甚至割枝条，总之，采取的方法要利于资源的可持续利用。然后，用竹刀刮去树皮外面的周皮和皮层，晒干，捆扎起来，即可出售。如果需要加工成洁白的纤维，需要进行脱胶、捶打和洗晒处理，使纤维素与其伴生的果胶、木质素、鞣质等杂质溶解分离。以下是常见的两种处理方法：

1. 简易脱胶法

浸水脱胶法：其工序由选料捆扎—浸料（浸泡）—捶打（捶揉）—洗晒—储藏或加工等环节组成。你见过红麻的生产加工过程吗？红麻的生产就是浸水脱胶法。

石灰蒸煮脱胶法：选料捆扎（适合木本植物）—浸料（浸泡）（在池中分层排放原料，每层间都要撒上生石灰，按100 kg原料用生石灰10～20 kg，每隔5～8天，上下翻动1次）—蒸煮（在锅里用10%～20%石灰水，对原料进行蒸煮3～5 h）—捶打（捶揉）—洗晒—储藏或加工。

你见过用竹子生产草纸(民间在清明节烧的纸,有的是用竹子制作的)的过程吗?该过程即是用简易脱胶法来处理的。

2. 人造棉的土法加工方法

加工工序是:选料—浸料—碱煮—皂化—浸酸—漂白—油化—梳弹。

主要介绍几个重要的生产环节:

碱煮按 100 kg 原料用烧碱 4～7 kg,先溶于 70 ℃温水中,加热煮沸后放入原料,煮 3～5 小时,每隔半小时翻动 1 次。

皂化是用肥皂和纯碱来继续处理,按原料质量的 2%～3%的肥皂,切碎放入 13 倍体积的水中,加入 2%～3%的纯碱,全部溶解后,放入经过碱煮的原料,再煮 1 小时。

浸酸是用按原料质量的 0.2%～0.3%的硫酸,慢慢加入 10 倍于原料的温水(30 ℃)中(注意:不能先倒入硫酸,后倒入水,以免发生烫伤事故),将原料放入搅拌,浸泡 20 分钟后捞出来。最后,用清水洗 1 次。这个工序主要是清除上个工序中附在原料上的余碱。

漂白是增加原料的色泽,一般分两次漂白。第一步是初漂:先用原料重量的 5%的漂白粉,放入能够浸透原料的温水(30 ℃)中,搅拌,等生成的碳酸钙沉淀于缸底时,取出上面的清液,将清液倒入原料中浸泡,盖上盖子。半小时后取出原料。然后,用原料的 4%的小苏打,用热水配制成溶液,倒入原来的漂白液中,搅匀,再放入原料,浸漂 20 分钟后,取出,洗净,挤干。第二步是脱氯:用原料重量的 3%的硫代硫酸钠,溶于 8 倍的温水(40 ℃)中,完全溶解后,将上述原料浸入,半小时后取出,用清水洗 2 次,挤干水分。

油化是用原料的 3%的中性太古油(土太古油制法:蓖麻油 1 份、菜油 2 份、花生油 3 份、浓硫酸 1 份,先将 3 种油混合,慢慢滴入浓硫酸,搅匀,变为红色;再滴入氢氧化钠溶液,直到无色为中性,澄清,下层为硫酸钠溶液,上层就是土太古油),倒入原料重量 6.5 倍的温水(50 ℃)中,搅匀,再将原料撒入溶液中浸泡,3～5 小时后取出,挤干水分。

梳弹是最后一道工序,用铁钉制成的木梳对原料进行刮梳和摊松处理,晒干后就是人造棉。

在大别山,纤维植物资源还是比较丰富的,主要有荨麻科、桑科、榆科、瑞香科、豆科、梧桐科、椴树科、棕榈科,以及禾本科的竹子等。目前,我国市场上已经出现利用竹纤维纺织的衬衣和毛巾等。

四、芳香油植物资源的调查

在大别山有许多有重要经济价值的芳香油资源植物,主要存在于芸香科、樟科、伞形科和菊科等植物中。在野外鉴别芳香油植物的方法,主要靠嗅觉。用手将材料揉碎,放在鼻下看有无香气或臭气。经过嗅觉检查如果有特殊气味,可采集样品带回实验室进行含油量分析。一般取 200 g 新鲜材料,经破碎后,置于 1 000 mL 的蒸馏瓶中,加水约 2 倍于材料,装上挥发油测定器(索氏提取器)和回流冷凝器,加热蒸馏。最后检查索氏提取器上的芳香油油面指示的刻度,即为含量。

笔者于 1986 年在大别山北坡金寨县进行过芳香油植物资源的调查,利用水蒸馏法和溶剂(石油醚)萃取法,研究了十几种芳香油植物。水蒸馏法和溶剂萃取法两种装置见

图 4.14。注意，在溶剂萃取法中，一定要在蒸馏瓶中放上沸石（即细瓷片），防止沸腾的溶液喷出伤人。

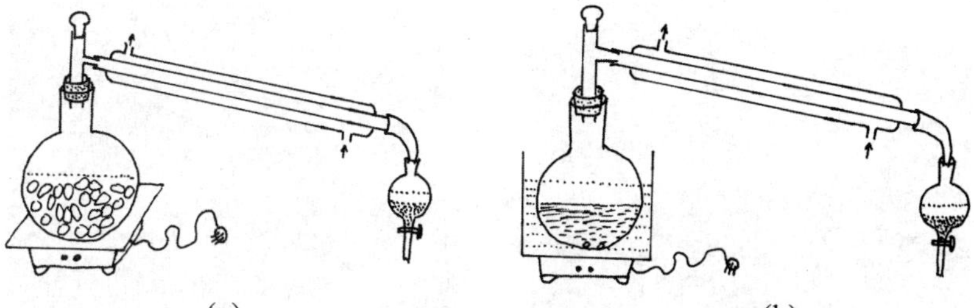

图 4.14 水蒸馏法(a)**和溶剂萃取法**(b)**装置示意图**(沈显生绘)

特别值得一提的是樟树（*Cinnamomum camphora*），它有两种化学型，一种是油樟型，在水蒸馏时从冷凝管中出来的是液体精油；另一种是萘樟型，在水蒸馏时没有精油，而出现的是附在冷凝管中的白色固体萘粉。这两种化学型的樟树在形态学上是没有差异的。有意思的是，在油樟型植物体上，从茎和叶中所蒸馏出来的液体精油比水轻，浮在分液漏斗的上部；而从根中所蒸馏出来的液体精油却比水重，沉在分液漏斗的底部。通过这两种情况生产的樟树精油，其化学成分肯定不同。

在农村生产芳香油时，常采用金属蒸馏器和木甑蒸馏器。这种土法生产的精油含水量大，需进一步提纯。

目前，我国对可食用的芳香油植物资源的开发与利用非常重视，市场前景广阔。调查大别山野生芳香油植物资源，对于发展当地经济具有重要的意义。

五、木炭资源的调查

木炭有着广泛的用途，如在冶金工业、渗碳剂的制造、二硫化碳生产、木炭砖的压制和活性炭的生产等。木炭的加工制作过程，实际上是木材燃烧氧化的结果。不同的木本植物，烧制出来的木炭在外观上是不同的，但并不是所有的木本植物都适合制作木炭。例如，泡桐和杉木等，都不适合制作木炭。在烧制后的木炭上有很多小的狭缝，有的狭缝又大又长。木炭上的狭缝，实际上就是木射线。参见图 4.15 木炭的照片，注意观察木炭上的狭缝即木射线。为什么会出现许多狭缝呢？原来是树干上的射线被完全氧化了，而木质部却保留下来了。

参观大别山农民烧木炭的土窑，也能增长许多知识。土窑的结构和燃烧的顺序，见图 4.16。如果几个窑门不是按照(b)～(e)顺序进行逐个封闭，而是按照(e)～(b)顺序进行逐个封闭，其结果会如何？燃烧结束以后，烟囱不冒烟了，将所有窑门全封闭。然后从远离烟囱端的窑门开始，逐个打开，用铁钩掏出炽热的木炭用湿沙掩埋，即成木炭。如果在燃烧结束后，窑门不立即封起来会加速氧化。目前可采用高温炭化技术制炭。

木炭的质量与树种有关，最好的木炭是用壳斗科植物烧成的，即平时所说的“栎炭”。毛竹也可烧制木炭，质量较好，而用枫香（*Liquidambar formosana*）烧出来的木炭，其质量较差。如果是用速生树种泡桐(*Paulownia* spp.)烧制的木炭,其质量可想而知。

(a) 木炭表面观　　(b) 木炭横截面观

图 4.15　木炭的照片(材料是栎树 *Quercus* sp.)(沈显生摄)

(a) 窑的剖面　(b) 窑门(1)　(c) 窑门(2)　(d) 窑门(3)　(e) 窑门(4)

图 4.16　木炭土窑的结构和燃烧顺序示意图(沈显生绘)

白色窑门为打开的,黑色窑门为封闭的

六、野生花卉植物资源的调查

在大别山,野生花卉植物资源是相当丰富的。我们根据实际需要,可以有目的地选择宿根类植物、观叶类植物、赏花类植物和藤本植物等进行引种培养。也有学者将野生花卉植物资源分为:野生观赏蕨类、野生观赏草本花卉、野生观赏木本花卉和野生观赏竹类。在调查过程中,要认真分析每种植物的观赏价值和习性,做好详细记录。

深秋季节的大别山,满山红叶,色彩迷人,真可谓"霜叶红于二月花"。像大别山的枫香和槭树的叶片,有深红、紫红和大红色,而三桠乌药的金黄色叶片,不仅叶形奇特,而且叶色胜过银杏。由于大别山属于酸性土壤,如果把这些红叶植物引种到城市里作为观赏植物,可能会因城市土壤多为碱性,会影响叶片的颜色。

七、树脂与植物胶资源的调查

关于树脂与植物胶的鉴别是比较容易的。首先要分清树脂与植物胶,两者都是从植物体中分泌出来的胶状物质。将它们取出后放入水中,一般遇水后膨胀,如果有黏性且溶解,则为植物胶;如果无黏性,也不溶解,即为树脂。至于所采集的树脂与植物胶是否有价值,需要做进一步的研究工作。

植物胶类型较多,有树胶(如桃胶、阿拉伯胶)、果胶(如苹果胶、西番莲胶)、种子胶(如田菁胶、皂荚胶)、根和块茎类植物胶(如魔芋胶、白芨胶),以及海藻多糖类植物胶(如琼胶、卡拉胶)。

树脂与树胶植物资源的利用,主要是采收和加工。方法主要是采割法和溶剂浸提法。在大别山山区,当地群众常从事割松树脂或割漆汁的生产活动。开发植物胶的具体方法参见张卫明的《中国植物胶资源开发研究与利用》。

八、单宁与橡胶植物资源的调查

单宁(鞣质)大部分存在于植物的根、皮、果实和种子等部位。在野外如何确定野生单宁植物资源呢?首先,用刀切取材料后,刀上有蓝黑色斑迹,说明有单宁。其次,在野外剥开根皮或块根,发现显示红色,则一定含有单宁。如果将材料带回实验室,可将材料切成薄片,或压榨出汁水,然后滴加10% $FeCl_3$溶液和少许Na_2CO_3,出现蓝色,说明含有单宁。也可以将压榨出的汁水加水稀释,再加入明胶溶液,如果有白色沉淀,说明含有单宁。含单宁丰富的植物有番石榴科、柿树科、壳斗科、胡桃科和金缕梅科等。

野生橡胶植物,我们所熟悉的是杜仲(*Eucommia ulmoides*),其他野生橡胶植物资源如何鉴定呢?常见的方法是:

① 切断植物的根后,有黏液流出,或在皮层中有黏液胶丝,表明可能含橡胶;

② 叶片揉碎后,有白色乳汁液,并带有弹性,说明可能含橡胶;

③ 将器官破碎后,有耐力大、弹性强的密集白色丝状物存在,则一定有橡胶,如杜仲的皮;

④ 将茎、枝浸泡在水中,伤口处有胶质黏液物质,且滑腻,表明可能含橡胶;

⑤ 将植物的某器官切开,伤口或断面有白色乳汁,或兼有丝状物,可将乳汁收集于手掌中,加以摩擦后,剩余物有弹性,证明可能含橡胶。菊科和虎耳草科的某些植物,含有橡胶。

另外,利用未成熟的柿子所含单宁发酵生产的柿漆,可用于制作纸伞、油纸和浆渔网等,是很好的防腐涂料,不会污染环境,值得开发。

九、天然色素植物资源的调查

天然植物色素作为食品的着色剂,已有悠久的历史。目前,天然植物色素用途越来越广泛,已经开发的产品有叶绿素铜钠、β-胡萝卜素、甜菜红色素和越橘红等。

在大多数植物体中都含有天然色素。按照溶解性分,有水溶性的和脂溶性的。按照结构划分,有4类:吡咯色素(叶绿素)、多烯色素(胡萝卜素类,叶黄素类)、酚类色素(花青素类,花黄素类)、酮、醌色素类。水溶性的色素较多,如叶绿素、花青素类、花黄素类和姜黄色素等;脂溶性的较少,如胡萝卜素,溶解于丙酮、石油醚。黄酮类既溶于水,又溶于乙醇,但不溶于石油醚。在鼠李科的冻绿属(*Rhamnus*)植物茎皮中,含有绿色色素。在虎杖(*Polygonum cuspidatum*)的根中,有黄色色素。茜草(*Rubia cordifolia*)、紫草(*Lithospermum erythrohizon*)和栀子(*Gardenia jasminoides*)都是富含色素的资源植物。

水溶解性的色素用水提取,而脂溶解性的色素需要用乙醇、石油醚或丙酮来提取。方法主要有:

① 浸提法:原料采集—筛选—水洗—干燥—提取—浓缩—干燥—粉末化—制品化;

② 粉碎法:原料采集—筛选—水洗—干燥—粉碎—提取—制品化;

③ 酶反应法:原料采集—筛选—水洗—干燥—提取—酶反应—重提取—浓缩—干燥—粉末化—制品化。

十、野菜植物资源的调查

野菜植物是指不是人工栽培的可食用植物,其实,可食用的植物很多,只是我们没有尝试过。在《救荒本草》中已经记载了黄淮地区414种可食用的植物,在后来的有关植物学和农学的书中,还有许多可食用的植物被记载。由于山区群众在长期的生产实践中积累了丰富的经验,他们知道,哪些植物人可以吃,哪些植物可以做饲料,因此,要虚心向群众学习。

中国科学技术大学生命学院1997级的几位同学通过调查和走访天堂寨山区当地部分山区群众,证实有优质野菜植物共40余种,除了蕨类植物的蕨菜(龙头菜,拳菜)(*Pteridium aquilinum*)和紫萁(薇菜)(*Osmunda japonica*)外,其余均为被子植物,并有10余种已经开发成为旅游商品。现就几种富有特色的且已被开发的优质野菜,加以介绍。

(1) 异叶败酱(将军菜,苦菜)(*Patrinia heterophylla*)

吃嫩叶,味苦。采嫩茎,叶在开水中煮1 min,再用清水泡一夜,可炒食,凉拌,或做汤;也可晒干储藏(因当年红军常食用而得名)。异叶败酱具清热解毒功能;根状茎和根入药,有燥湿、止血功效;主治崩漏、赤白带等症。

(2) 黄檀(*Dalbergia hupeana*)

吃其幼嫩枝芽,当其幼芽长至8~10 cm时,采下用开水烫后晒干即可。色泽为深褐色,与肉同煮食,可以代替酱油。煮后的肉和檀苗非常可口。

(3) 豆腐柴(腐婢)(*Premna microphylla*)

叶加适量水揉碎,过滤后,加入草木灰澄清的水,即可成为晶莹绿色的豆腐。主要由于叶片中含有大量果胶质,可制豆腐。根、茎、叶入药,清热解毒、消肿止血,主治毒蛇咬伤、无名肿痛、创伤出血等症。

(4) 桔梗(苦桔梗,桔梗草)(*Platycodon grandiflorous*)

根可食用,在安徽亳州一带当地人用它来制酱菜。根还可入药,具有散寒、祛痰的功效;主治外感咳嗽、胸满肋痛。其花大美丽,可供观赏;种子可榨油。

(5) 蕺菜(鱼腥草)(*Houttuynia cordata*)

幼嫩根茎可作蔬菜,直接食用。植株晒干后可去掉腥味,全草入药,有轻毒,能清热解毒。干叶可泡茶,防暑降温;亦可用于洗澡,祛痱止痒。

(6) 襄荷(*Zingiber mioga*)

嫩花序、嫩叶可作蔬菜食用。大别山当地人用花制作酱菜,味道爽口。根状茎性温、味辛,温中理气、消肿活血,并可解草乌中毒;花序可以治疗咳嗽。

(7) 葛藤(野葛,粉葛,葛根)(*Pueraria lobata*)

花或花序可食,将刚开放的葛花采下,经开水烫过之后,便可掺入面粉做成饼或晒成干菜;根富含淀粉,也可供食用。根产淀粉可供工业用;根及花可入药;茎皮可织麻袋、搓绳。在过去,山区农民穿的草鞋,就是用葛藤的茎编织出来的。

(8) 巨紫荆(乌桑)(*Cercts gigantea*)

可以吃花，也可吃嫩果，还可做酱菜，营养丰富。

(9) 珍珠菜(白鹃梅)(*Exochorda racemosa*)

花蕾和幼叶可食用，经过开水煮 1～2 min 后，再经清水漂洗一下，可直接食用，或晒干储藏。白鹃梅喜生于土壤贫瘠的石崖旁边，喜酸性土，在大别山海拔 1 000 m 以下广泛分布。采摘珍珠菜一定要注意花期，如采摘过迟，花朵开放，影响食用时的口感。

(10) 野土豆(新拟)(*Apios fortunei*)

块根可做菜或煮食，营养丰富，风味独特，也可用于制作淀粉。

(11) 垂盆草 (*Sedum sarmentosum*)

幼嫩茎叶可作蔬菜食用，也可制成干菜。

(12) 小巢菜 (*Vicia hirsuta*)

幼嫩茎叶可作蔬菜食用。

(13) 楤木(*Aralia chinensis*)

嫩芽可作蔬菜食用，也可制成干菜。因老枝上密生棘刺，采摘时多加小心。

(14) 麦瓶草(面条菜)(*Silene conoidea*)

新鲜幼苗可作蔬菜食用。

(15) 马齿苋(*Portulaca oleracea*)

幼嫩茎叶可作蔬菜，宜晒干食用，新鲜植物具较浓的酸味。

(16) 土人参(*Talinum paniculatum*)

幼嫩茎叶可作蔬菜食用。

(17) 藜(灰灰菜)(*Chenopodium album*)

幼嫩茎叶可作蔬菜食用，也可制成干菜。

(18) 青葙(*Celosia argentea*)

新鲜幼苗可作蔬菜食用。

在大别山，野菜资源是相当丰富的，有许多珍贵的资源目前尚未开发利用。

第六节　动物资源的调查

一、昆虫的调查

在大别山，昆虫的种类是丰富的，特别是在夏秋季节，雨天过后，在晚上用灯光诱捕，能捕获到许多不同种类的昆虫。如果要进行这项工作，事先要准备好昆虫标本盒。该工作的困难在于昆虫标本的鉴定，对于昆虫的大类是比较好区分的，但是，到了属种等级的鉴定时，是很麻烦且困难的，因为没有详细的昆虫分种检索表。

在大别山的农田和各种经济林中，时常有各种害虫，有时候，还会出现某种害虫的大面积暴发现象。在野外工作中，一方面要对农业和林业害虫进行调查，另一方面要研究和观察害虫的天敌。如果寻找到了某种害虫的天敌,进一步研究其生物学特性,将来可以利用天敌对害虫进行生物防治。虽然做这方面的工作有一定的难度,但很有意义。

二、淡水无脊椎动物的调查

在大别山的各种水域中,无脊椎动物十分丰富。过去,人们对这方面的研究很少。其原因可能是由于淡水无脊椎动物没有什么经济价值,或者是由于没有可参考的研究资料。淡水无脊椎动物的分布,受到水质、水流、海拔、地形等因素的影响。结合野外实习教学,在教师的指导下,可以开展这方面的基础研究工作。

在大别山北坡,由于这里的河流是淠河和史河的源头,属于淮河水系,而南坡的河流则汇入长江水系。所以,研究大别山淡水无脊椎动物的分布和区系,对于研究长江和淮河水系的生物多样性,具有十分重要的价值。

三、脊椎动物的调查

大别山有着丰富的脊椎动物资源,但在野外实习教学的时候,要想既保证完成教学的目标和任务,又能够做到保护动物资源,应该主动放弃采集脊椎动物标本。因为目前的教学资源是比较丰富的,各高校一般都有或多或少的生物标本、各种光盘和多媒体资料,以及各种黑白和彩色图谱等,完全没有必要在野外实习教学时再去捕杀脊椎动物作为教学标本,对野生动物资源造成不必要的破坏。因此,在大别山进行野外实习教学时,对脊椎动物的实习,建议以野外观察和调查的学习形式进行。

1. 淡水鱼类的调查

在大别山的河流中,野生的淡水鱼类约 25 种。由于当地群众经常采取野蛮的炸鱼和毒鱼的捕鱼方式,使得鱼类资源遭到一定程度的破坏。大多数鱼类往往生活在河流的深潭中,所以,在调查鱼类资源,或用渔网捕鱼时,一定要注意安全。最理想的方法是,请当地有捕鱼经验的人做向导,或让他们帮助捕捞。有时候,在较浅而清澈的河流里也能见到各种小鱼。对鱼类的鉴定,应在教师指导下在野外现场进行,经过观察并拍照后,最好要将活鱼放生。特别是对于孕卵的雌鱼,一定要注意保护。常见的鱼类有马口鱼、中华细鲫、似鮈和泥鳅等。

2. 两栖类动物的调查

在大别山,两栖类动物的资源比较匮乏。据资料显示,两栖类动物约有 10 种。但近年来,人们滥捕大鲵,使得野生资源受到严重破坏。山区的两栖类动物逐渐减少,除了比较容易地观察到蟾蜍、青蛙和蝾螈外,其他两栖类动物则很难观察到。

3. 爬行类动物的调查

爬行类动物资源在大别山也不是很丰富,约 25 种。特别是近些年,人们受到经济利益的驱使大量捕杀蛇和龟,使得爬行类动物资源受到破坏。目前,在野外除了石龙子随处可见外,但蛇和龟却很难观察到。大别山的蛇,多数是游蛇亚科的种类,常见的毒蛇是蝮蛇,其常在夜间活动。

4. 鸟类的调查

大别山鸟类资源比较丰富,据统计约 105 种。但在野外实习教学的时候,由于人多声音嘈杂,会对鸟类的活动干扰较大。所以,在观察鸟类时一定要利用望远镜、变焦照相机、录像机等仪器。同时，观察小组的人数不宜太多，观察时间应多在早晨和傍晚，中午高温时间，鸟类是很少活动的。观察地点应选在河边或灌木丛较多的地方。

5. 哺乳类动物的调查

大别山的哺乳类动物约 30 种，由于 20 世纪 50 年代修建几座大型水库，库区居民往山上搬迁，使得大型野兽的活动空间减少。新中国成立前，大别山里森林茂密，许多地方人迹罕至，豹子经常出没在村庄附近，捕袭羊和猪等。目前，山区常见的大型哺乳动物主要有：野猪、豪猪、豺、黄麂、獾和金猫等。

现在的大别山比较安全，没有袭击人类的大型动物，如豺、狼、虎、豹，只有野猪偶尔袭击人。一般情况下，野猪是怕人的，常在夜晚来村庄附近偷吃庄稼，遇见人或受到惊吓就跑。但是，野猪在两种情况下，可能会主动袭击人：一是当小野猪受到威胁时，母野猪由于要保护幼子，会发起威来袭击人。二是野猪受伤，或因受伤发疯，这时的野猪非常凶猛，往往是见人就咬，会主动袭击人。常见的小型哺乳动物有松鼠、野兔、刺猬和鼬等。

野外实习教学的时候，如果需要观察哺乳类动物，也必须利用望远镜、变焦照相机、摄像机等设备，远距离进行观察。如果人多，声音嘈杂，哺乳类动物觉察后会立即溜走。在野外观察哺乳类动物时，要做好安全防范，需随身带上防身器械，以防大型动物或受伤的野猪等的袭击。

第七节 群落生态学的调查与研究

1. 大别山主要植被类型的调查

大别山地处北亚热带，它的基带植被类型，一般认为是亚热带常绿、落叶阔叶混交林，但也有学者认为，它的南坡是常绿阔叶林。事实上，在大别山的南坡和北坡的山麓，都发育有耐寒性的常绿阔叶林。另外，落叶阔叶林、针叶林、针叶-阔叶混交林、山地矮林、草甸和沼泽等植被类型，在大别山都有分布。当然，由于我们的野外实习的时间很短，这项研究工作在几天之内，一般是难以完成的。但我们可以根据具体的实习地点，有选择性地做些这方面的研究工作。

2. 大别山主要植被类型分布规律的研究

大别山属于山地，大多数的山峰海拔在 1 000～1 700 m 之间，天然植被的垂直分布明显。由于我们实习一般选择在自然保护区进行，每个自然保护区都有 1 个或几个海拔较高的山峰。对一座山峰来说，从山脚到山顶，随着海拔的上升，其植被类型的垂直分布表现出规律性的变化。例如，天堂寨自然保护区的植被垂直分布，十分明显。

在做这项研究工作时，需要海拔仪和望远镜，边走，边看，边记录。在教师的指导下，特别要观察清楚各植被带的交界地段。由于植物对环境反应的可塑性和耐受性，各上下植被带间的交界线，不是一条很清楚的线，而是一条较窄的混杂的植被带。

3. 群落结构与特征的研究

大别山没有原始森林，但有一些发育良好的原始次生林。例如，在天堂寨山区的东边洼和西边洼，以及鹞落坪的仰天窝等地都保存了较好的原始次生林，林内树木参天，遮天蔽日。在这些原始次生林群落中，位于第一层的是高大的乔木层，林相整齐，树干挺拔，为阳生树种；位于第二层的乔木，为一些耐阴树种；林下灌木层种类较丰富，但盖度不大。由于地面上枯枝落叶层较厚，所以，林内的草本植物反而较少。

在大别山，植物群落的类型比较丰富，有阔叶林和针叶林，或常绿林和落叶林。由于野外实习教学的时间较短，根据学生们的研究兴趣，选择耐寒性常绿阔叶林、落叶阔叶林、常绿针叶林、常绿-落叶阔叶混交林、山地矮林、山地草甸和沼泽等其中的一个群落类型，可以用样方法进行研究。

4. 植物群落演替过程的观察

植物群落演替是个相当漫长的过程，而野外实习教学对学生来讲仅是一次机会，所以，不可能去直接观察某一群落的演替过程，而只能观察某一植物群落(无论是从原生裸地或次生裸地发育的)演替的某个具体阶段。在观察时要认真做好详细的记录与描述，为以后对该群落的进一步研究与观察提供重要的参考数据。

对于处于发育早期或中期的群落，如果两次观察的时间间隔长一些，其群落特征的变化就很明显。例如，图 4.17 是大别山天堂寨烂泥坳草甸群落的发育状况，图 4.17(a)是 1984 年的外貌，图 4.17(b)是 2003 年的群落外貌。从同一地点相隔 20 年的两幅照片上看，不仅黄山松长大了，而且草甸的优势种也发生了变化。在 1984 年，这片草甸的优势种是野古草(*Arundinella hirta*)，而目前，其优势种是五节芒(*Miscanthus floridulus*)，并伴生有一些木本植物的小树苗，再过 20 年以后，这里将是一片落叶阔叶林。

图 4.17　大别山天堂寨烂泥坳不同时期的草甸群落外貌(沈显生摄)

在大别山，黄山栎(*Quercus stewardii*)分布在海拔 1 500 m 以上。目前，该群落已经发展为成熟群落，优势度非常明显，群落的盖度已经达到 100%，在群落的内部没有发现实生苗。这说明黄山栎本身不能更新，群落的继续发育将不利于黄山栎的生长，它最终将被别的植物群落所取代。笔者于 2001 年带学生实习仔细研究过天堂寨的黄山栎群落，参见书末的参考文献(项盛祺等，武汉植物学研究，2002)。

5. 群落的季相和外貌的观察

群落的季相和外貌，在同一个季节里是看不出来的。要在一年的不同季节里对同一个植物群落进行观察，才能清楚地看出外貌上的差别。由于野外实习的时间短，不适合观察同一群落的季相。但是，可以利用各种资料或图片，给学生讲解有关群落的季相和外貌的变化，也可以观察不同海拔下的群落外貌的差别。例如，春天里的杜鹃（*Rhododendron simsii*）、映山红（*Rh. mariesii*）和蜡瓣花（*Corylopsis sinensis*）等植物的花期，是从山下向山上依次开放的，正如“人间四月芳菲尽，山寺桃花始盛开”所描写的物候现象。而秋天里的枫香、槭树、三桠乌药和山胡椒等植物的红叶和黄叶的形成，则是从山顶向山下依次进行的。

6. 群落中叶片面积变化规律的研究

在森林群落内部，由于光照、水分、温度、风速等在空间上都有差异，因此，这些因子会影响到群落内各层植物叶片面积的变化。从理论上讲，森林群落各层植物叶片面积是自下向上按照“小—大—小”的规律变化。中国科学技术大学2000级的几位同学，曾在大别山天堂寨做过这方面的研究，发现这不是普遍规律。这个规律只在热带雨林中才能得到验证。在大别山发育比较良好的森林群落内部，各种草本植物非常茂盛，研究影响其叶片面积变化的生态因子是很有意义的。

7. 群落内各个种群生态位的研究

自然发育成熟的群落，其内部的各个种群之间，在生态位上是相互衔接和相互避让的，形成协调统一的整体，任何两个种群绝对不会占有完全相同的生态位。在大别山，仔细观察一个发育充分的森林群落，对其地被层、草本层、灌木层和乔木层，以及附生植物，从各个生态因子方面去研究，最后分析各个种群的生态位。

在大别山，约有20种珍稀濒危植物。研究它们的致濒因子和繁殖策略具有重要意义。在大别山因取材较方便，可以考虑对领春木（*Euptelea pleiospermum*）、连香树（*Cercidiphyllum japonicum*）、青钱柳（*Cyclocarya paliurus*）、蓝果树（*Nyssa sinensis*）和独花兰（*Changnienia amoena*）等进行研究。例如，多年来，我们发现天堂寨的领春木和连香树每年春季都花开满树，可前者几乎不结果，连香树虽偶尔结果，但在树林下始终找不到它们的实生苗。目前，领春木主要靠树干基部萌发枝进行繁殖，而连香树的萌生能力弱，树干基部没有萌发枝。所以，可以研究和探索连香树和领春木的致濒原因，是否与种群生态位的变化有关。

濒危植物的分类学地位有的较原始，多数属于第三纪孑遗植物，而有的则属于较高级类群。其致濒原因是复杂的，可能是由多方面原因造成的。研究稀濒危植物的致濒问题，哪怕在某些方面做点基础工作，也可为后人的研究工作提供有意义的参考，对它们的保护和开发利用都是十分有价值的。

8. 群落优势种和伴生种重要值的计算

在研究群落的特征时，对单一因子的研究往往是不全面的，必须要综合考虑问题。因此，重要值在群落特征的研究中常被应用。一般来讲，重要值是将相对密度、相对频度和相对优势度3个因子进行综合考虑的，取其平均值，计算公式是

$$\text{重要值}(IV)=(\text{相对密度}+\text{相对频度}+\text{相对优势度})\div 3$$

通过计算重要值，将组成群落的物种按照重要值大小排序，可直观地反映出各种群对群落的贡献大小。

9. 群落内各种群间相关性的研究

群落内各种群间种间关系的研究是生态学研究的重要内容之一。在天然植被的发育过程中，组成植被的任何两个物种间可能存在着正相关性，也可能它们之间根本不存在相关

性,物种的出现完全是随机的。我们可以通过研究种间相关系数,来确定群落内各种群间相关性。除了运用《普通生态学》教材上的计算种间相关性系数的公式外,还有其他的方法。例如,中国科学技术大学2000级的几位同学,运用生物地理统计方法——距离法,研究天堂寨烂泥坳草甸中的费菜(*Sedum aizoon*)和拂子茅(*Calamagrostis epigejos*)间的相关性。最后,他们发现两者是随机分布的。在相关性的研究中,要注意多采用几种方法或多采集些样本,这样才能得出相对准确的数据和结论。

10. 群落生物量的研究

研究群落生物量,可以从几个不同层次水平上去研究。首先,不同的植被类型,其生物量是有差别的;其次,同一植被类型在不同环境(地形、海拔、地域位置)下,其生物量也是有差别的;第三,通过人工管理和调控,对植物群落生物量的影响是非常明显的。

群落生物量的季节变化很明显,通过研究,可获得不同类型群落生物量的变动曲线。

群落生物量的研究方法,在《普通生态学》教材上都作了介绍,主要有收割法和称重法。在野外实习时,对于群落生物量的研究,选择草本植物群落会方便些。另外,如果某种植物的芽鳞痕明显,通过树枝的芽鳞痕可以判断每年的生长量。中国科学技术大学1999级和2000级的几位同学,曾研究了天堂寨黄山栎(*Quercus stewardii*)的枝条年生长量,其结果与对应年份的降水量成正相关。

11. 森林群落木材积蓄量的分析

木材积蓄量的研究与树木木材体积的计算有关。树木的木材体积,是由胸高(1.3 m)横截面积,乘以树干高度,再乘以削尖系数(不同的树木其削尖系数不同,林业部门有专门的削尖系数表)得到的。如果要研究木材的年生长量,可以通过树干胸高横切面上的年轮线,求出新增面积,再计算木材的年生长量。

12. 植物传粉生物学特性的观察

在传粉生物学中,昆虫和虫媒花两者协同进化,达到了高度统一。在大别山,虫媒花植物很多,有些是高度特化的植物,在花的形态和结构上发生独特变化,如兰科、唇形科、萝藦科和马兜铃科等。特别是桑科的榕属(*Ficus*)植物,它的隐头花序的结构和榕小蜂的传粉行为,配合得十分默契,见图4.18。在大别山,除了无花果(*F. carica*)外,还有珍珠莲(*F. sarmentosa* var. *henryi*)等,我们可以选定某几种植物对其传粉生物学特性进行

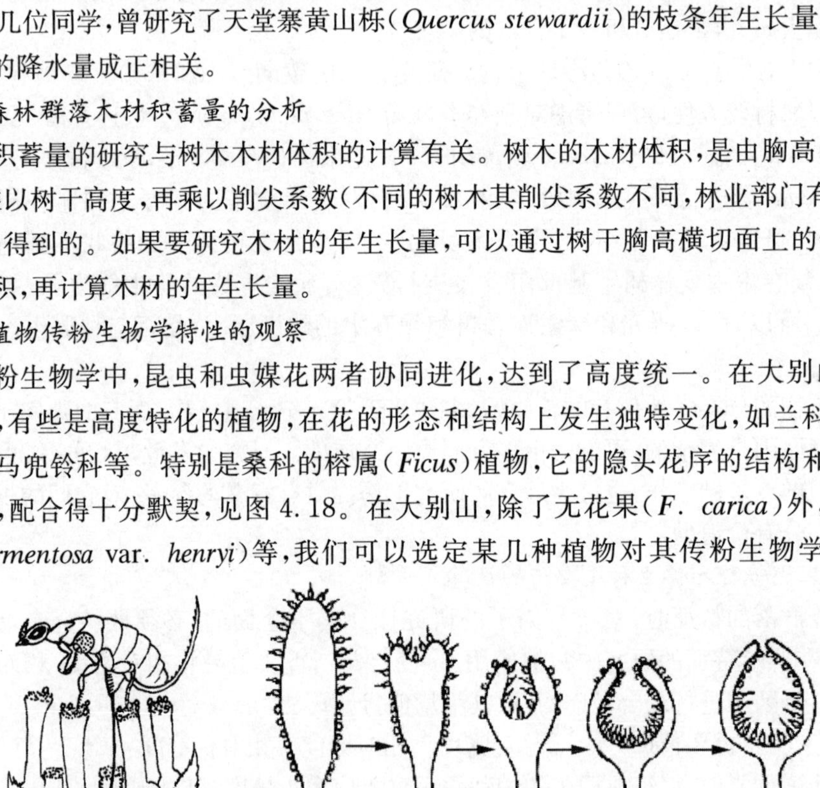

(a) 榕小蜂产卵　(b) 由肉穗花序通过顶端内凹发育成的隐头花序的过程

图4.18　榕小蜂的传粉行为和隐头花序内部结构(沈显生绘)

观察。

一种植物的传粉机制与花朵的结构是相关的。酢浆草的雌蕊和雄蕊结构见图4.19，雄蕊10枚，为5长5短，而雌蕊柱头5枚，分别从花丝基部伸出。这样的结构对昆虫传粉是有好处的。此外，在大别山，马兜铃也很常见，其奇特的花朵结构与昆虫传粉有关系。因此，观察植物的传粉生物学可作为野外实习教学的内容。

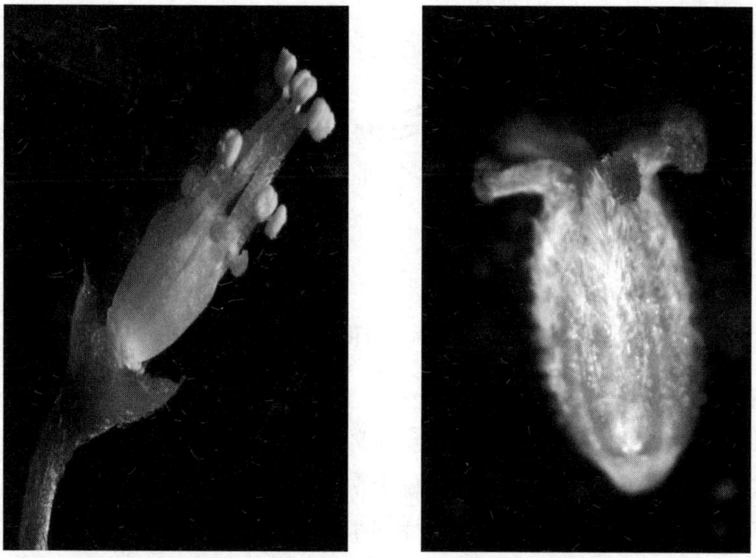

(a) 雄蕊(长短2组)和雌蕊(仅伸出柱头)　　(b) 剥去雄蕊后的雌蕊

图4.19　酢浆草的雌蕊和雄蕊结构(崔煜文摄)

13. 外来物种入侵事件的调查

近些年来，随着交通条件的改善和经济建设的发展，大别山与外地的联系日趋密切，许多外来生物有意或无意地被带进大别山。这些外来入侵生物，其种群动态以及对地方物种的影响，都是很值得调查研究的。如待霄草(*Oenohera oderata*)、车轴草(*Trifolium*)和野茼蒿(*Gynura crepidioides*)，在各个保护区的缓冲区都已经成为入侵植物。

第八节　植物形态解剖学和分类学的研究

1. 植物器官变态的观察

植物器官的变态现象非常普遍，在学习植物解剖学时，经常会遇到有些器官变态后简直无法判断其来源的情况。野外实习时，可以很好地研究植物的同功器官和同源器官。例如，日本小檗(*Berberis thunbergii*)和柘(*Cudrania tricuspidata*)植物棘刺的发育就是同功器官很好的例子。

在大别山,还可以观察到一些有趣的变态现象。例如,植物的花或花序一般是生长在叶腋处,但在大别山有一种四照花科的落叶灌木植物青荚叶(*Helwingia japonica*),它的花和果实是生长在叶片的主脉上的,见图 4.20。青荚叶的叶腋有腋芽吗?建议对其叶柄进行横切,观察它的维管束是如何分布的。你能分析出是什么原因吗?

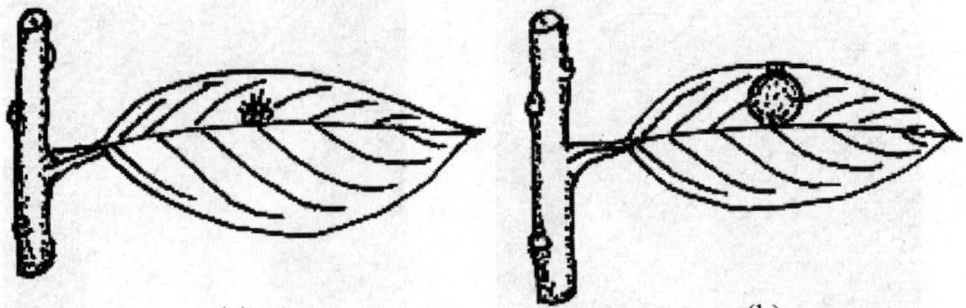

(a)　　(b)

图 4.20　生于青荚叶叶片主脉上的花(a)**和果实**(b)**示意图**(沈显生绘)

无独有偶,在庭院栽培的植物中,有一种百合科常绿植物假叶树(*Ruscus aculeatus*),它的花和果实也是生长在叶片的主脉上,见图 4.21。乍看起来,它与青荚叶十分相似,可仔细观察,在叶片的基部下方有个小苞片。通过观察叶柄横切面,可研究它的维管束是如何分布的。它与青荚叶的叶片生花现象,有着怎样的本质区别呢?以上两个问题,可以作为野外实习的小课题。

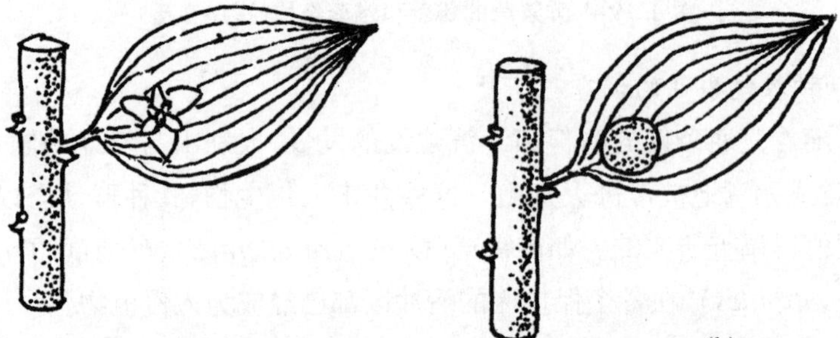

(a)　　(b)

图 4.21　生于假叶树叶片主脉上的花(a)**和果实**(b)**示意图**(沈显生绘)

食虫植物的形态结构变化也大,主要是叶片变态为捕虫器官,食虫植物都有一个独特的捕虫器官,结构巧妙。在大别山,有一种食虫植物黄花狸藻(*Utricularia aurea*),为沼生或水生的小型草本植物,叶细裂如丝,无根,花生于短枝上,突出于水面。在沉水的叶上生有捕虫囊,囊口具膜瓣,其构造是让小虫许进不许出,一旦小虫游进囊内就无法逃脱,被囊内所生之毛分泌一种酵素将其消化为营养,见图 4.22。野外实习教学时可以对食虫植物黄花狸藻的捕虫囊进行解剖,并可在野外实地观察它是如何捕获昆虫的。

图 4.22　食虫植物黄花狸藻的捕虫囊(煜文摄)

2. 海拔高度对植物形态特征影响的观察

同种植物在不同海拔高度下的形态特征不同。例如,中国科学技术大学 2002 级学生对天堂寨毛华菊(*Dendranthema vestitum*)进行了研究,他们观察了不同海拔高度下的形态特征,例如,节间长度、叶片大小、头状花序大小等,同时测试了部分环境因子,分析了植物形态与环境因子间的关系。

另外,观察与分析同一植株的营养体形态变化与贮存营养之间的关系。例如,白术(*Atractylodes macrocephala*)是多年生草本植物,在大别山比较常见,它的叶片变化规律是:基生叶是羽状裂,中部的叶裂片减少,上部的叶趋向全缘,头状花序下的几枚叶片都是全缘的。白术的根状茎,分为上下两个部分,下半部分是肥大的块状根,上半部分是细长的根茎,被形象地称作"鹤颈"结构。想一想其中的道理。

3. 光照强度对叶片形态影响的观察与分析

光对于植物的形态建成,具有重要作用。特别是叶片的形态变化,与光照情况关系密切。观察同一种植物在不同光照下的叶片形态变化,如图 4.23 所示的是生长在大别山天堂

图 4.23　安徽杜鹃叶片在不同光照下的形态变化(海拔 1 700 m)(沈显生摄)

寨山顶上的安徽杜鹃(*Rhododendron anwheiense*)的枝条,图 4.23(a)是位于林下比较阴暗处的枝条,图 4.23(b)是位于树冠顶部直接暴露在阳光下的枝条,从叶片的颜色、宽度、是否反卷、顶芽分化等方面,都能清楚地看出它们的差别。注意,这两个枝条是采集于同一株植物。光照强度对叶片形态的影响,这种塑造作用在大别山比较常见。

4. 叶片气孔分布规律的观察

植物叶片上的气孔分布规律,是十分科学的。不同生境下的植物,叶片上气孔的数量、分布式样和气孔器结构,都不相同。例如,挺水植物、浮水植物和沉水植物的气孔,区别较大。我们知道,许多陆生植物,气孔主要分布于叶片的背面,可是在背面的分布也是不均匀的。值得注意的是,裸子植物条形叶的气孔带,其分布规律独特,它们是对耐旱机制的适应。

另外,我们研究了许多叶片背面和腹面的气孔数量和表皮细胞的形态。研究发现,对绝大多数气孔只分布于背面的植物来讲,腹面的表皮细胞的交界线比较平直,或弯曲度很小;而分布气孔的背面,其表皮细胞的交界线弯曲度大。

5. 阳生植物和阴生植物的观察

阳生植物与阴生植物由于生长环境的不同,在叶片的形态结构也不同。可以在山体的南坡与北坡,或在林冠的表层与林下的草灌层中,采集有关植物的叶片,先从外观上进行观察,然后观察内部的结构,仔细比较两者间的差异,并将其差异与生境特点紧密联系起来进行分析。

上述的阳生植物和阴生植物,是指不同的物种,由于它们的生物学特性不同,对光的需求不同,在形态结构上产生了差异。如果同一种植物,生长在不同环境里,光因子对形态建成也会产生明显的影响。例如,构树(*Broussonetia papyrifera*)的二年生幼苗,一株生于树阴下,靠散射光进行光合作用,结果叶片大且全缘;另一株生于路边水泥地缝中,阳光非常充足,其叶片呈羽状深裂。可见,光对其叶片形态建成的影响是非常明显的。通过不同生境对植物叶片形态的塑造作用,可以理解植物是如何协调利用阳光和保持水分这对矛盾的。

6. 特殊生境下的植物形态结构的观察

有些植物生长在特殊的生境里,它们对某些生态因子的耐受幅度很窄。在山区,有些植物专门生长在岩石上,像景天科植物,它们耐高温、耐干旱、耐贫瘠、耐寒冷和忍耐昼夜巨大的温差变化。这些植物除了具有肉质叶、白天气孔关闭、夜间气孔开放和体内进行景天酸代谢途径外,还有一些独特的形态变化或生理上的适应机制。

而另一些植物,生长在非常阴湿的环境里,像天南星科的滴水珠(*Pinellia cordata*),专门生长在瀑布旁边,它们不需要直射光,甚至喜欢定居在“水帘洞”里。它们对这种阴凉、潮湿和弱光环境具有良好的适应能力。

还有一个例子是菊科的橐吾(*Ligularia* spp.),大型多年生草本(高为 70～100 cm),生长的林下阴湿的水沟边。按照一般规律讲,树林下面的植物叶片是小的,有利于通风和昆虫传粉。而橐吾成片生长,形成纯的种群。由于叶片大(直径为 50～80 cm),覆盖度大,在橐吾的下面寸草不生。在这样的条件下,橐吾自身的传粉也遇到了问题。它们只好将花序总梗高高举起,远远高出叶片,头状花序着生在总状或聚伞状总花序梗上,便于昆虫传粉。像这样的生长于森林下的大型叶片,在形态结构上必然有其独特之处。

最后看看百合科的荞麦叶大百合(*Cardiocrinum cathayanum*),它的确是一个“与世无争"的植物。这种植物生长在落叶阔叶林下(常绿林下绝对不生长),一生当中大部分时间是以鳞茎深埋于土中进行休眠。当秋季来临,由于乔木层开始落叶,阳光可以直射地面了,荞麦叶大百合便开始生长,从土中钻出来,迅速生长,高达 1 m 多,几枚大叶片(直径为 20～30 cm)抓紧时间进行光合作用,在冬季里开花,到了第二年的初春果实即可成熟,地下鳞茎也得到了良好发育,然后叶片枯黄,地上部分死去。这时正好是乔木层树种发芽长叶的时候,林下的阳光慢慢地被截留了。荞麦叶大百合的生物学特性,是理解群落中种群的生态位的一个很生动的例子。

7. 竹子的地上茎和地下茎形态特征的观察

竹子的地下茎分枝有 3 种方式,见图 4.24。单轴散生型的竹子地下茎长,每隔一定的距离后才生长一棵竹笋,例如,毛竹和刚竹。合轴丛生型的地下茎非常短,看不到明显的竹鞭,在竹笋的基部萌发新的竹笋,例如,慈竹和箭竹。复轴混生型的,既有明显的横生竹鞭,又有短缩丛生地下茎,如茶杆竹。

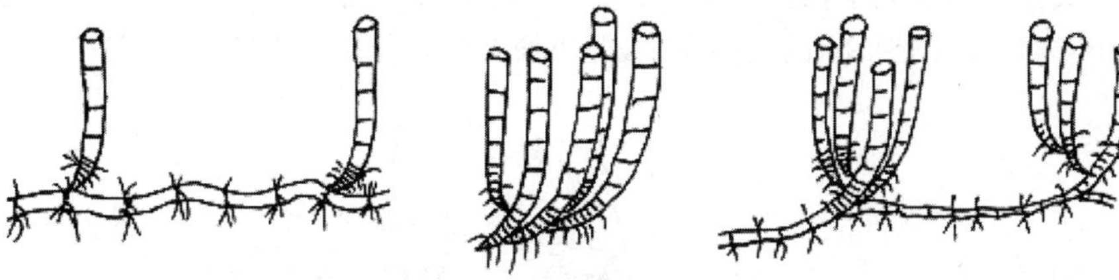

(a) 单轴散生型　(b) 合轴丛生型　(c) 复轴混生型

图 4.24　竹子的地下茎分枝方式示意图(沈显生绘)

在大别山,竹子的资源还是比较丰富的。在竹子抽笋的季节,可以进行这方面的观察工作。竹子的变异是很常见的,只要芽一旦产生变异,获得了新的性状,就会通过营养繁殖保留下来。另外,竹子的竹鞭和箨叶,非常适应于各种环境。在地上和地下,它们的形态发生了很大的变化(图 4.25),可将它们的功能与环境联系起来进行分析,从而更好地理解"功能决定形态,形态适应功能"的生物学法则。

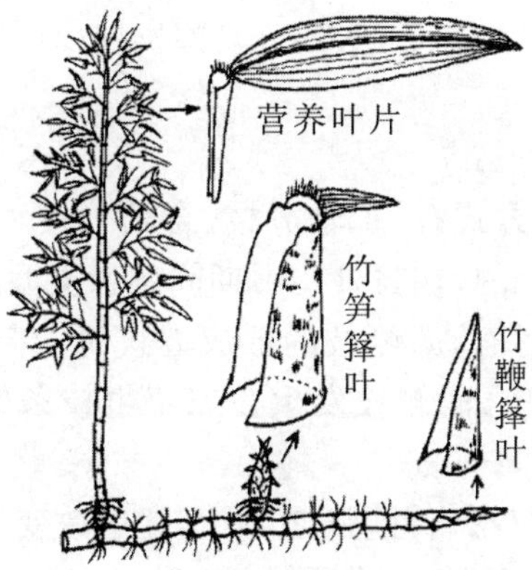

图 4.25　竹子的营养叶、箨叶和竹鞭上的叶鞘(沈显生绘)

8. 环境胁迫和环境饰变现象的观察

生物有机体在环境的胁迫下,往往在形态上和生理上发生一些变化。当这些胁迫的条件去除后,这些变化随之慢慢消失了。这种由于环境的影响或胁迫,使得生物有机体发生不可遗传的特征变化,可称为环境饰变,它包括了形态饰变和生理饰变。

例如,在大别山,黄山栎和黄山松(*Pinus taiwanensis*)都有比较明显的环境饰变现象。如果它们生长在土壤肥厚、阳光充足、地势低洼的地方,两者的树干笔直,是非常典型的乔木特征。如果它们生长在山顶或山脊上,由于土壤贫瘠、水分少、风大、温差大,两者的株高明显变矮,树干的削尖度大,甚至主干不明显,往往形成山地矮林的景观。

最有趣的例子,是生长在山区小路上的小画眉草(*Eragrostis poaeoides*)。当它们生长在路边时,由于干扰小,一般不会被人踩踏,可以长到 20～30 cm 高。但是,当它们生长在小路上时,天天有行人踩踏它们,这些小草会利用路面上的小石子来保护自己,它们把株高变矮,并有匍匐地面的倾向,高度只有 3～5 cm,见图 4.26。这样,行人走路时鞋子落在石子上,小草的茎尖生长点受到了保护,当然有许多叶片会因伸出过高而被踩伤,正是这种生存压力,迫使小草将节间缩短,圆锥花序变小,但小穗结构和花果是正常的。

图 4.26　生长在山区小路上的画眉草(沈显生绘)

此外,木本植物的树干的削尖系数,与生长环境有关系。在大别山,你会发现,生长在山岗上的树木,树干低矮,削尖系数小(削尖度大);而同种植物,生长在山坳里,树干通直,削尖系数大。但这都不是稳定性状。我们通过野外观察发现,对生物体形态特征的形成,环境饰变的作用不能低估。

9. 植物分枝习性的观察与思考

在植物学中,植物分枝的方式有:单轴分枝、合轴分枝和假二叉分枝。这种分枝类型是根据顶芽的活动状态来划分的,在野外实习期间各种类型的分枝方式都很容易观察到。分枝习性往往决定着树冠的形态,而侧枝的形成方式对于树冠形态也起着重要作用。例如,香椿(*Toona*)属于单轴分枝,而侧枝发生在二年生枝条的中部,即侧枝远离上下两个芽鳞痕。

另外,分枝角度的大小不仅影响树冠形态,而且也会改变枝条的内部结构。根据分枝角度大小,可将分枝角度大致分两类,一类是像松(*Pinus* spp.)、南洋杉(*Araucaria*)和雪松(*Cedrus deodara*)这些植物,侧枝与树干保持垂直,即夹角近似是直角的;另一类是大多数乔木的分枝,侧枝与树干成锐角,见图 4.27。通过观察,你会发现这两种枝条的髓心的位置是不同的。在侧枝与树干保持垂直的树上，侧枝的髓心严重偏上；而在侧枝与树干的夹角成锐角的树上，侧枝的髓心位于中央。

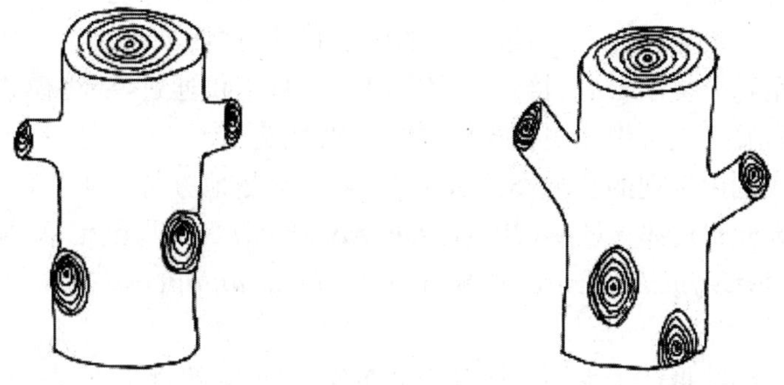

(a) 水平分枝　　　　(b) 斜向分枝

图 4.27　树干分枝的角度与枝条的年轮线的分布样式(沈显生绘)

在侧枝与树干保持垂直的树上，侧枝髓心下方的部分受力较大，从而形成了细胞壁结构十分特殊的压力木，可在电子显微镜下观察其结构。具有压力木的枝条，弹性和柔韧性较大。

10. 种子植物的分类与鉴定方法

种子植物的分类与鉴定，是许多高校野外实习的重点内容，往往规定学生认识多少种植物和背多少科特征作为实习的要求与目标。建议在野外实习时，注意下列方面内容的学习：

① 学会采集和制作合格的植物标本的一整套技术方法。

② 掌握种子植物的自然科和一些重要科(指在进化上和经济上)的识别特征。

③ 牢固地掌握某一个分类系统的整体框架(例如，被子植物 4 大分类系统：恩格勒系统、哈钦森系统、克朗奎斯特系统和塔赫他间系统，任选一个，最好由教师决定)。

④ 围绕某一分类系统，有针对性地鉴定和识别有代表价值的一些科、属和种，目的是让学生建立起“进化树”的概念，这对于拓展学生的知识面以及从整体认识植物类群是很重要的。

⑤ 要有意识地让学生认识一些有经济价值的植物，并了解其用途和用法，培养学生对植物学的兴趣。

⑥ 要充分利用当地的教学资源，带领学生参观农业科技示范区或含高新技术的农业生产活动，例如，特种经济林、食用菌和高附加值的养殖场等。目的是让学生了解生产原理，以及在生产中是否还存在着技术问题，拓展他们的学习空间，培养解决实际问题的能力。

11. 植物新分类群的研究

新分类群的研究不能作为野外实习的目的，否则，野外采集标本活动成了到处去寻找新物种了。发现新种是可遇不可求的事情。如果在野外仔细观察，认真采集，再具备良好的分类学基础，是有可能发现新的物种或种下的新分类群的。

在标本鉴定过程中，如果发现根据“地方植物志”不能确定其分类学名，或勉强符合某种学名，但某些性状有较大的偏差，这时就要查阅《中国植物志》的相关资料。如果查阅了《中国植物志》后，仍然不能很准确地确定其分类学名，就有可能是新的分类群。最好的办法是将标本或照片送给研究该科植物的专家进行确认。因为研究专科专属的专家所见的标本多，对种的变异幅度了解也多。经过专家确认后，就可以对其进行进一步研究，查阅该属的国内外文献，确定它的近缘种，明确与近缘种的区别特征，然后进行拉丁文描述和撰写特征简介，将稿件寄往植物分类学专刊，接受专家审稿。一旦审稿通过，要将模式标本寄往国内的大型标本馆收藏，并在论文中注明模式标本的存放地点。

近些年来，在大别山发现的新分类群有不少，大多数是地方特有种。例如，大别山五针松（*Pinus dabeshanensis*）、都支杜鹃（*Rhododendron shanii*）、白马鼠尾草（*Salvia baimaensis*）、金寨山葡萄（*Vitis jinzhaiensis*）、皖郁金香（*Amana anhuiensis*）、珠芽酢浆草（*Oxalis bulbillifera*）等。

另外，近些年来陆续报道了大别山地理新分布资料，记载的就是过去在该地区没有发现分布记录的植物。例如，《植物资源与环境学报》2004 年第 2 期报道了天堂寨伞形科的地理新分布 5 种，即直立茴芹（*Pimpinella smithii*）、城口茴芹（*P. fargesii*）、尖叶藁本（*Ligusticum acuminatum*）、黑水岩茴香（*L. ajanense*）和椴叶独活（*Heracleum tiliifolium*）。

12. 高等植物专科专属的研究

专科专属的研究，是针对一定地域范围进行的植物亲缘关系和系统的研究，需要该地域内的大量标本和文献资料。这样的研究工作适合研究生做毕业论文。在时间、精力和经费等条件许可时，本科生可以在小的范围内，做某科的几个属或某属的几个种之间的形态结构方面的研究。

在大别山的被子植物中，有一些大属和多种属，例如，槭树属（*Acer*）、五加属（*Acanthopanax*）、忍冬属（*Lonicera*）、苔草属（*Carex*）、茄属（*Solanum*）、荠苧属（*Mosla*）、杜鹃属（*Rhododendron*）和过路黄属（*Lysimachia*）等，也可以对其营养器官或生殖器官进行解剖学的研究，分析其结果是否与形态学分类一致，以及属内进化生物学问题。

13. 种子植物花粉粒形态的观察

关于种子植物花粉粒形态的电镜和显微镜观察，已经获得了不少研究成果，参考资料也比较多。为了进一步掌握种子植物小孢子和成熟花粉粒形态与结构，了解不同种类植物的花粉粒形态结构的差异，利用野外实习的机会专门进行这方面的观察研究，是一项很好的小课题。做好这项工作关键是要根据植物的花期及时采集花粉材料，如果在野外来不及观察，可将材料带回学校再进行研究。

14. 裸子植物的大孢子叶球结构的观察

在学习裸子植物和被子植物的生殖器官结构时，许多学生不清楚两者在本质上的区别。首先，裸子植物的大孢子叶球和被子植物的聚合果在形态上很相似，参见图 4.28，把裸子植物松（*Pinus*）的大孢子叶球（松球果或松塔）与被子植物荷花玉兰（*Magnolia grandiflora*）的聚合果进行仔细的比较，然后，从“球果”的来源、结构、性质和种子着生情况加以分析，以便正确理解植物生殖器官的进化过程与系统发生。

在野外实习期间，可以采集不同发育时期的松球果，仔细解剖观察后，通过对松树枝条与荷花玉兰枝条的观察和比较，发现它们各自在营养体结构和生殖结构之间的联系。你能否指出它们各部分所对应的同源器官？

其次，裸子植物的银杏与被子植物的核果，虽然在外形上很相似，但在结构和发育上有着本质的区别，参见图 4.29。通过仔细观察和对比图中各果实和种子的结构关系，就可掌握大孢子叶(或心皮)和胚珠的发育过程。

图 4.28　松的大孢子叶球(a)**与荷花玉兰的聚合果**(b)(沈显生摄)

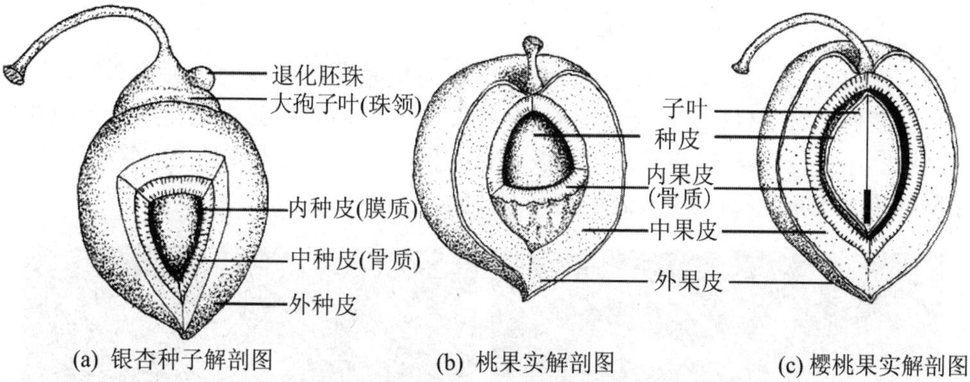

图 4.29　裸子植物的种子和被子植物果实的结构比较(沈显生绘)

15. 植物向光运动和背向地性的观察

在大别山，观察植物的向光运动和背向地性的例子很多。例如，唇形科的动蕊花(*Kinostemon*)，本应该按照该科的关键特征："茎四棱，叶对生(交互对生)"，但是，当动蕊花生长在公路内侧的陡坡上时，由于上面有乔木、灌木和大型草本植物遮挡了阳光，它只好沿着水平方向伸向公路。动蕊花的叶片本来是交互对生，可沿水平方向生长后，叶片的表面会与阳光光线平行。为了能够更多的捕获阳光，动蕊花的叶柄进行扭曲，使得所有叶片排列在同一平面上，并与光线垂直，参见图 4.30。位于叶腋里的花序，在正常状态下，与茎秆保持平行，直立生长。当动蕊花沿着水平方向生长时，叶腋里的花序受背向地性的影响，结果所有花序都保持直立姿势，并与其茎秆垂直。从这个例子可以看出，植物是多么主动地、积极地适应环境的。

图 4.30　动蕊花的向光性和花序的背向地性(沈显生摄)

16. 向日葵头状花序结构的观察

向日葵(*Helianthus annus*)的头状花序很大,可能是菊科中最大的头状花序,其结构十分典型,是我们理解菊科特征的最好材料,参见图 4.31。向日葵的头状花序是无限花序,外层是舌状花,中央是管状花,自外向里开放,请见图 4.31(a)。图中靠外围的管状小花已经凋谢,中间部位的正在开放,正中央的小花尚未开放。

图 4.31　向日葵的头状花序与瘦果的排列方式(沈显生摄)

图 4.31(b)是成熟的向日葵果盘(注:正中央的小花本来未落,是笔者摘除的)。因为是无限花序,中央的小花还未发育完全。请仔细观察瘦果的排列方式,发现什么规律?为什么要这样排列?还有更佳的排列方式吗?

数学家发现,植物的叶、花和果实的形状和排列等,往往都符合一定的数学公式。其中,植物的萼片、花瓣和果实的数目,以及其他方面的特征,非常吻合于一个奇特的数列:1,2,3,

5,8,13,21,34,55,89,…,从3开始,每个数都是其前面的两个数之和。这个著名的数列就叫斐波那契数列。

向日葵瘦果的排列方式,就是一个典型的斐波那契数列。再仔细观察图4.31(b),你会发现瘦果排列的两组螺旋线,一组按照顺时针方向旋转,另一组则按照逆时针方向旋转,并且两组螺旋线彼此完全镶嵌。研究发现,虽然在不同的向日葵品种中,瘦果排列的顺时针、逆时针的方向和螺旋线的数量有所不同,但是,一般不会超出34和55、55和89,或89和144这3组数字。这3组数字,每组都是斐波那契数列中相邻的两个数。其中,如果前一个数字是顺时针方向旋转的线数,而后一个数字则是逆时针方向旋转的线数。

据说,在1979年,英国科学家沃格尔用大小相同的许多圆点代表向日葵花盘中的瘦果,根据斐波那契数列的规则,尽可能紧密地将这些圆点挤压在一起。他用计算机来进行模拟实验,如果螺旋线的发散角小于137.5°,那么,圆盘上就会出现间隙,并且只能看到一组螺旋线。如果螺旋线的发散角大于137.5°,圆盘上也会出现间隙,而此时看到的是另一组螺旋线。只有当发散角等于黄金角,即137.5°,圆盘上才会出现彼此完全镶嵌的两组螺旋线。因此,他认为,向日葵在生长发育过程中,只有选择这种数学模式,花序盘上瘦果的空间利用才最为有效,花序盘也变得最坚实,并利于昆虫传粉,提高结实率。如果你对此问题感兴趣,不妨验证一下。

17. 种子和果实传播方式与途径的观察

在自然界中,植物主动地传播果实和种子的途径和方式各种各样。像蒲公英、凤仙花、苍耳和鬼针草等植物的传播方式,大家已耳熟能详了。在大别山,只要留心仔细观察,你还会发现许多植物在主动传播果实和种子方面,各有绝招。除了常见的鲜艳的果肉、黏液毛、钩刺、倒刺和翅等,还有许多意想不到的细微结构。例如,酢浆草(*Oxalis corniculata*)是常见的野生植物,笔者曾仔细观察过它奇妙的散发种子的机制。当酢浆草的蒴果成熟时,果柄才开始明显地伸长(居间生长),将果实高高直立举起。在果实裂开的那一瞬间,蒴果里面的种子是靠假种皮迅速外翻所产生的弹力撒播出去的,速度特别快。为了解释这种运动机制,笔者将其种子和假种皮的微观结构做扫描电镜观察,见图4.32。

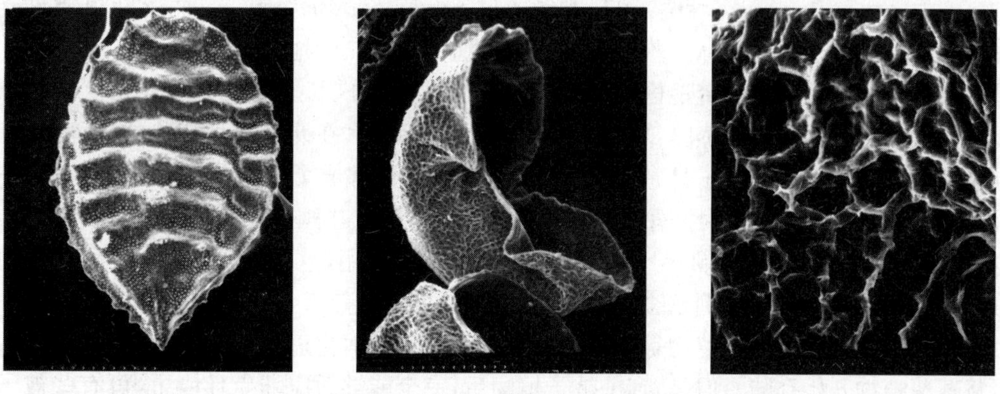

(a) 种子　(b) 假种皮(已外翻,散发种子后的状态)　(c) 假种皮局部放大(内面观)

图4.32　酢浆草种子利用假种皮散发种子的机制(沈显生,李凡庆摄)

通过观察发现，酢浆草种皮表面具有突出的横向齿状条纹，而包在种子外的假种皮，外表面较平滑，而内表面（与种皮接触的一面）呈网眼状深陷，紧紧套在种子上。正是凭借这种摩擦力，使假种皮迅速外翻产生的弹力将种子弹射出去。

有些植物的假种皮非常艳丽，吸引动物帮助传播种子，这种现象在自然界是相当普遍的。例如，海桐的蒴果具有十分诱人的鲜红色假种皮。

18. 被子植物性状特征进化趋势的观察与思考

大自然充满了无数的科学奥秘，每一个奥秘都等待我们去探索和发现。被子植物是植物界最高级的类群，在约28万种植物中，从生物进化的角度来看，哪些性状是原始的呢？

(1) 在植物的习性方面

同草本植物相比，木本习性是原始的。因为木本植物的寿命较长，有的能生活几十年、几百年，甚至上千年，个体大，它们从种子萌发，到性成熟，需要几年或几十年，如果遇到非常恶劣的环境，整株植物可能会死亡，不能留下任何繁殖体。而草本植物为一年生或多年生，个体小，在较短的时间内就能够完成生活史，比较适应多变的环境，特别是那些短命植物。

同藤本植物相比，直立习性是原始的。因为直立的植物都是靠自身占据空间，从苔藓植物到裸子植物，除了蕨类植物海金沙（*Lygodium japonicum*）外，几乎都是直立的。而缠绕的植物多为被子植物，它们凭借自己特殊的攀援或缠绕器官，为自己争得生活空间，有的还把所攀附的植物杀死。在我国亚热带地区的落叶阔叶林中，钻地枫（*Schizophragma integrifolium*）是个绞杀植物，它能够攀援到20多米高的树顶，由于它的叶片大，生长茂盛，能把所攀附的大树全部覆盖起来，一般几年以后，大树就被活活"饿死"了。再过几年，枯树倒下，它再去"寻找"其他大树。植物的缠绕方向是稳定的遗传性状，例如，葎草（*Humulus scandens*）是按顺时针方向（从顶部向下观察）缠绕的，而牵牛（*Pharbitis purpurea*）是按逆时针方向缠绕的。

同落叶植物相比，常绿植物是原始的。因为常绿植物生长在冬季比较温暖的地方，所以，在北半球的南亚热带以南的地区，常绿植物茂盛；在北亚热带，还能生长一些耐寒的常绿植物，例如，女贞（*Ligustrum* sp.）和某些青冈（*Cyclobalanopsis* spp.）。而落叶植物只有在夏季才生长旺盛，也叫夏绿林。落叶植物分布在温带和亚热带地区，比较适应恶劣环境。因为同热带相比，温带和亚热带地区的环境变化较大，四季分明。一般认为，常绿植物是原始的，落叶植物通过落叶减少蒸腾，更能够适应于环境。然而，在北极那种特殊的环境中，柳树变成铺地的小灌木，并且叶子是常绿的，就连草本植物也都成了常绿的。在北极，没有一年生植物。因为在北极，夏季时间短（冬季全为黑夜），如果通过种子发芽，或落叶植物发芽，当年不能完成生活史，只有常绿叶片，一见阳光就能光合作用，这样才能保证当年开花结实。从这个现象看，常绿植物反倒是进化的，因为它们既能适应热带，又能适应北极。

同水生植物相比，陆生植物是原始的。因为在植物界演化过程中，植物由水生向陆生发展，从苔藓植物开始登陆。但是，到了被子植物后，完全能够适应陆生环境了，可有些被子植物又回到了水生环境，特别是湖泊和海洋中的沉水植物，它们以各种进化的特征去适应水环境。

同一年生植物相比，多年生植物习性是原始的。因为多年生植物适应恶劣环境的能力不及一年生植物，因为一年生植物生长周期短，以种子形式度过不良环境，果皮和种皮有利于对胚芽的保护。另外，种子含有较少的水，呼吸作用降低。但是，在良好的环境里，多年生植物的适应能力优于一年生植物。例如，在热带雨林中，是没有一年生植物的。因为在热带雨林中，温度、水分和阳光等资源丰富，一年四季都能生长，没有必要用种子休眠。同时，在热带雨林中，植物间竞争激烈，当一年生植物死亡后，其空间就会被周围其他植物占据。

(2) 在植物体的形态方面

同单层芽鳞或裸芽相比，具多层芽鳞的性状是原始的。因为芽鳞是叶的变态，具多层芽鳞的芽在发育时，需要较多的叶参与，所需时间较长，最终保护其中的生长点，这是属于比较怕冷的植物。而具一层芽鳞的芽，所需叶片数量少，耗能少，形成时间短，是次生的性状。特别是裸芽植物，干脆不要芽鳞，以非常幼小的嫩叶傲霜斗雪。

同具顶芽的枝条相比，无顶芽枝条是原始的。因为枝条上无顶芽的植物不能对环境变化做出敏感的反应，当日照渐短，秋季来临，它们还在生长，没有形成顶芽来御寒，结果到了冬天，幼嫩的枝头被冻死，第二年只好通过侧芽来代替顶芽。例如，柳(*Salix*)和枸杞(*Lycium*)。而有顶芽的植物，在夏秋季节生长，到了秋末，在枝头顶端生长出有鳞的芽，通过多层芽鳞保护顶端生长点。最不怕冷的是忍冬科植物，“忍冬”顾名思义，就是能够忍耐冬天的寒冷。它们的顶芽和侧芽都没有芽鳞，幼叶直接暴露在空气中。

同复叶相比，单叶全缘是原始的。因为单叶和复叶相比，单叶结构简单是原始的，而各种复叶是次生性状。从结构上分析，在枝条上形成单叶要比复叶简单，叶是外起源，由原套的表层细胞产生，位于枝条内部的叶迹是由中柱分化而来的，叶脉是通过叶柄散布在整个叶片中的。在复叶中，由于叶轴反复分支，叶脉最终进入小叶，所以，在结构上很复杂。从发育上看，先有单叶，后有复叶。我们观察了枫杨(*Pterocarya stenoptera*)和刺槐(*Robinia pseudoacacia*)的种子萌发过程，这些具复叶的植物，种子萌发出来的第一片真叶都是单叶，然后，小叶的数量慢慢增加，最后，复叶的小叶数目稳定下来。从落叶过程看，单叶的落叶虽然有利于对枝条水分的保护，但落叶过程简单。而复叶在落叶时，先落小叶，当小叶落完后，再脱落叶轴，所以，落叶时间较长。这样，对于复叶的延长光合作用和营养物质的转运，以及对叶痕伤口的修复等，都有好处。

同对生叶序相比，互生叶序是原始的。互生叶序实际上是叶片在枝条上螺旋状着生的，按照叶镶嵌的规则，以最大限度地利用阳光资源。在互生叶的枝条中，叶迹和枝迹的结构简单，中柱比较完整。而对生或轮生叶，在同一节上着生两片以上叶片，因为枝迹和叶迹较多，结构非常复杂。对生或轮生叶，对枝条能起到很好的平衡作用，在利用阳光资源方面，也更有优势。从芽原基分化来看，互生比对生简单。但是，据多年观察榆树实生苗的叶序发育过程，发现对生是原始的，而互生是次生的。另外，还有些植物的叶序是随环境而变的。

(3) 在植物体的结构方面

同导管相比，管胞是原始的。管胞是靠细胞壁上的纹孔实现导水的，导水功能弱。而导管是靠细胞两端的穿孔实现导水的，所以，导水效率高。在裸子植物中几乎全部以管胞导水，只有少数比较高级的裸子植物才有导管出现。而在被子植物中，原始的种类是以导管为主，只有少量管胞。但是，在高级的被子植物中没有管胞。值得注意的是，在被子植物叶片脉稍末端，有一个管胞用以调控水分散失。

在各种类型的导管中，环纹和螺纹导管是原始的。因为在被子植物中，原始种类的木质部，以及原生木质部的导管常常是环纹的和螺纹的；而高级种类的木质部，以及后生木质部的导管常常是网纹和孔纹的。不同类型导管的口径不同，环纹的和螺纹的导管口径小，两端的穿孔也小；网纹和孔纹导管的口径大，两端的穿孔也大。在植物体中，导管的口径的大小要与叶片的大小相适应，例如，泡桐（*Paulownia* sp.）的叶片大，其导管口径也大。设想一下，假如把泡桐和松树（*Pinus* sp.）的叶片互相移植一下，其结果是显而易见的。

(4) 在植物体的营养方式方面

在植物界，同异养植物相比，自养植物是原始的。因为绿色自养植物是植物界发展的主流，是区别于动物和真菌的基本特征。在藻类、苔藓植物（配子体）、蕨类植物和裸子植物中，都是自养的绿色植物（有些藻类的颜色被其他色素所遮盖）。但是，进化到了被子植物后，它们分布更广，适应能力更强，营养方式也多样化了，其中，寄生和腐生都是次生性状。在寄生植物中，首先出现的是半寄生植物，它们把根插入宿主的根或茎上，在吸收宿主营养的同时，自己的叶绿素保留着，正常地进行光合作用，这是“双保险”式的生活方式。例如，桑寄生科和檀香科的植物就是半寄生的。在寄生植物与宿主之间的进化过程中，随着“安全系数”越来越高，寄生植物就“放心”地失去叶绿素，过着全寄生的生活方式。这种生活方式的确立，要以宿主分布广、寄生植物的种子数量多为前提条件。例如，蛇菰科和旋花科的菟丝子（*Cuscuta*）都是全寄生的。在动物中有重寄生现象，植物中也有重寄生的。例如，在墨西哥有一种寄生植物 *Phoradendron scabberimum* 却会寄生在同属的另一种寄生植物 *Ph. longifolium* 上，两者的叶片都是绿色的，均属于半寄生。

腐生植物是以死的有机体为营养源的。由于腐生植物本身仅具有合成作用，没有分解作用，因此，它们要依靠真菌来帮助自己。真菌也很“辛苦”，它们要不断地分解枯枝落叶，把生物大分子变成生物小分子，而且要把这些生物小分子运输到腐生植物体内，重新合成所需要的生物大分子。所以，腐生植物没有根，用真菌的菌丝或菌索代替了根。

无论是寄生植物还是腐生植物，都不是被动地适应环境的，而是主动地、积极地去寻找宿主，或寻找伙伴，有时还带有“欺骗”性。例如，天麻（*Gastrodia* sp.）与蜜环菌的结合，开始的时候，蜜环菌特别喜欢“吃”天麻的“皮”，当天麻用“皮”把蜜环菌“喂”“肥”了，反过来，天麻就开始要“吃”菌了，它们向真菌索要营养，真菌只好去分解枯枝落叶。对于真菌来说，真是占了小便宜，却吃了大亏。在蜜环菌的两端，一个是天麻，另一个是枯木。因为天麻无止境地索要营养，这些蜜环菌不能像其他的伙伴那样，有过剩的营养结出会发出荧光的子实体进行繁殖，而只能在菌柴上生长出褐色粗大的反复分枝的菌索。

(5) 在植物花的结构与组成方面

花单生是原始性状还是花序更加原始呢？这个问题与相信真花学说还是假花学说理论有关。例如，以 A. Cronquist 为代表的学派认为花单生是原始的，他们以真花学说理论为基础，相信木兰科和毛茛科是原始的。但是，以 A. Engler 为代表的学派认为葇荑花序类植物是原始的，他们以假花学说理论为基础，相信杨梅科和杨柳科是原始的。同花单生叶腋相比，花单生枝顶是更原始的。因为花是枝条的变态，由枝条顶芽发育为花比腋芽更容易，见图 4.33。枝条的某一个节间发育为花梗，而此节间以上的枝条（含 n 个节）便压缩为花托，枝条上的叶片根据位置进行相关变态，发育为花的各部分。

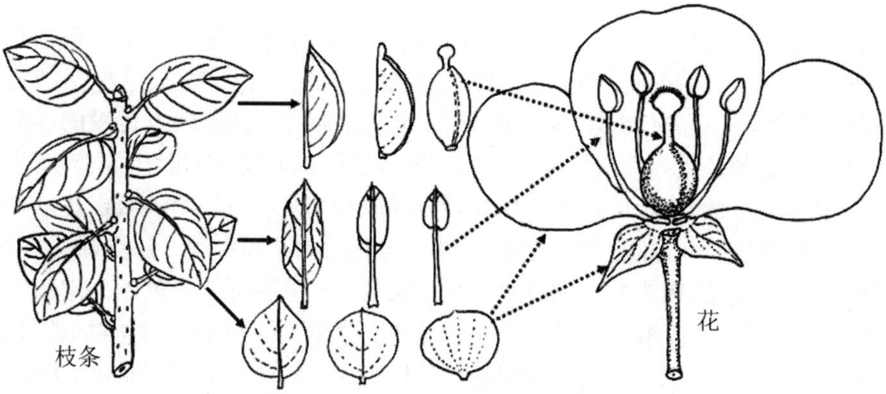

图 4.33　枝条和花在结构上的对应关系(沈显生绘)

同有限花序相比，无限花序是原始的。因为无限花序的小花开放顺序是自下向上，或自外向里，花序轴不停生长，消耗能量多，花期时间长，花与果同期相遇。有时候因气候、竞争或营养的关系，无限花序顶部的小花分化不完全，造成能量的浪费。而有限花序的小花开放顺序是自上向下，或自里向外，第一朵小花的开放就决定了花序轴的发展空间，消耗能量少，花期较整齐。

同两侧对称的花相比，辐射对称的整齐花是原始的。由枝条演变成为辐射对称的整齐花是一个较简单的过程。而两侧对称的不整齐花，因大多数有距、爪、龙骨瓣、翼瓣和唇瓣等结构，并在传粉机制方面也发生特殊变化，所以，这样的花形成过程较复杂，往往故意去模仿某些昆虫的形态。

在花器官的排列方式上，螺旋状排列是原始的。因为花器官都是排列在花托上，花托实际是枝的高度压缩的结果，对于螺旋状排列的花，花托必定较长，呈圆锥状或棒状，也就是说压缩程度低，是原始的性状。而花器官轮生的花，因其花托较短，枝的压缩程度高，导致花的各轮器官贴生得很近，应该是较进化的性状。

而在花器官的数量上，数量越多越原始。因为原始的花，各部器官的数量多，且无定数，这样的植物消耗能量太多。例如，木兰科植物的花，花被有 9～15 枚，雄蕊有 30～60 枚，心皮有 30～40 枚。我们可以设想一下，这样的一朵花如果发育成枝条，那该有多长！较高级的花朵，一般各部器官有一定的基数，单子叶植物是 3，双子叶植物是 4 或 5。所以，高级的花朵其各部的数量一般不会超过基数的两倍。

同两被花相比，单被花是原始的。单被花也称同被花，是指无花萼与花冠之分的花。因为像这样的花，由枝条上的叶片演变出类似的花被片是比较容易的，所以，我们认为是原始的性状。两被花是指具有花萼与花冠之分的花，虽然花萼的质地与叶片相似，但是花冠的质地和颜色同叶片的差异非常明显，并常具独特的形态，这无疑增加了叶片的变异难度。

根据花瓣的发育情况，离瓣花是原始的。因为花瓣是由叶片变态而成的，而花又是由枝条变态而成的，所以，花瓣是离生的花属于原始的类群。而花的各部器官是合生的，则属于高级的类群。因为尽管这些器官如花萼、花冠、雄蕊和雌蕊，也都是叶片的变态，但要求形成花冠的一轮叶片相互结合起来，部分地或全部地愈合，这当然是一个比较复杂的发育过程。

根据花的性别类型判断，两性花是原始的。两性花与单性花哪个更原始？这个问题也与真花学说和假花学说理论有关。花是枝条适应于繁殖作用的变态结果。根据真花学说，枝条变成两性花是比较容易的，所以该性状是原始的。而由枝条变成单性花，则需要仔细“设计”，是雌雄同株还是异株？单性花如何保证有效的传粉机制，以及传粉的媒介等，都要与单性花植物所处的环境相适应。例如，葇荑花序类植物都是单性花，风媒传粉，所以，它们选择在春季花先叶开放，以免叶片阻挡传粉，并正好与春季气团运动相吻合，这是高级性状。

根据植物的性别分化，雌雄同株是原始的。雌雄同株是原始的？还是雌雄异株是原始的？这个问题比较复杂，因为植物的性别决定因素很多，有的由性染色体决定性别，有的由性染色体与常染色体的比例决定，还有的是营养状况决定。一般来讲，雌雄同株显然不是由性染色体决定的，因同一株植物具有相同的染色体组成。而雌雄异株的植物，大孢子和小孢子分别在不同的植株上发育，说明它们的性染色体出现了差异，可以看成是次生性状。

根据植物对子房的保护程度，子房上位是原始的。因为花是由枝条变态而成的，雌蕊是由心皮（变态叶）发育的，子房上位是心皮在花托上直接形成雌蕊的简单过程。当心皮向花托里内陷，把子房埋入花托中，这是次生性状。在子房由上位向下位发育过程中，经历了半下位阶段。

按照花粉发育的形态，单孔或单沟花粉粒是原始的。因为花粉粒细胞壁的发育与一般细胞发育的方向不同，细胞壁是由外向里发育的，而花粉粒细胞壁的发育是由里向外逐层增厚的。单沟或单孔的花粉粒，花粉管萌发时，只有一处可以生长；而对于多孔或3沟花粉粒，花粉管萌发时，有多处可供选择，一般选择贴近柱头表面的地方生长花粉管。然而，单子叶植物和风媒花植物，多为单孔或单沟的花粉，这与它们的进化地位是不相称的。

根据植物传粉的效率和途径，花粉粒散生是原始的。因为花粉粒散生的植物在花药裂开后，主要靠风媒传粉，花粉资源浪费大，是原始的性状。而像兰科和萝藦科等植物形成花粉块，将各花药室里的花粉“打包”，再由药隔发育为黏腺。黏腺基部具柄，将“打包”的花粉块粘牢，传粉昆虫的腿一触黏腺，可将一个或一对花粉块提走，这是高级的性状，因为这样传粉非常经济、高效、安全。当然，这种传粉方式对昆虫有严格的要求，昆虫一定要讲究“信誉”，不能把花粉块送到那些不相干的植物上。

同花传粉和异花传粉相比，前者是原始的。而开花受精与闭花受精相比，后者是次生性状。例如，饭包草（*Commelina benghalensis*）是大别山常见的杂草，分布在海拔600 m以下，常生于玉米地里。据农民反映，生于玉米地里的饭包草很难清除干净。在长期人工除草的选择下，给饭包草造成很大的环境压力。在生殖策略上，饭包草产生了进化，它的花已经进化为地上花和地下花两类（图4.34）。生于地上的花属于正常的花，开花受精，花萼3枚，花瓣3枚，雄蕊6枚，其中3枚不育，子房3室不等大，其中1室仅具1枚较大的种子，另外2室各具2枚较小的种子。而生于地下匍匐茎上的花，在土中闭花受精，几乎每节1朵，具短柄，花被白色，膜质，雄蕊6枚，雌蕊的子房3室，每室仅具1粒种子，其中1粒较大，种子具网纹。饭包草的地下花为了节约能量，提高授粉率和安全性，6枚雄蕊依次发育成熟，一旦先成熟的雄蕊接触到柱头完成受精后，其他雄蕊便立即停止发育。

同单一胚珠或少数胚珠相比，子房内的胚珠数越多越原始。因为胚珠受精后发育为种

(a) 地上正常的花　　(b) 土中的花和花枝　　(c) 土中的果实与种子

图 4.34　饭包草在土壤中的闭花受精现象(沈显生，崔煜文摄)

子，胚珠多必然种子多，这样的植物面对的常是恶劣的环境，对种子和幼苗进行大量的淘汰，只能保证少数植株成活，繁殖下一代。胚珠少的植物，种子萌发率高，幼苗成活率高，竞争能力强，需要较少的种子可节约能量。但是，许多野生的草本植物常具有较多且小的种子，是由于啮齿类动物的压力，如果种子较大，啮齿类动物就会感兴趣。在自然界中，很小的种子可逃脱啮齿类动物捕食的压力。

胎座的类型反映了心皮(变态叶)的数量和结合方式，边缘胎座和中轴胎座都是原始的。构成雌蕊的叶片称为心皮，心皮的两边对折并愈合起来，形成了胎座，胚珠就生长在胎座上。边缘胎座是 1 枚心皮 1 个子房室的结构，当然是最简单的。中轴胎座是由多枚心皮在中央处愈合，形成多室，可以看成是多个边缘胎座的聚合。特立中央胎座是由中轴胎座演化而来的，通过中轴胎座的各子房室之间的隔壁细胞凋亡消失，并且位于中央的由数条腹缝线组成的“柱子”顶端的细胞凋亡，最终形成一个长满胚珠的柱状胎座。侧膜胎座同中轴胎座相比，形成过程更复杂些。因为它是由多枚心皮凭借边缘相互愈合，形成 1 个子房室的结构。

(6) 在植物果实的结构方面

在被子植物中，果实分真果和假果。同假果相比，真果是原始的性状。果实是被子植物特有的器官，是由子房发育而成的。这是被子植物区别于裸子植物的基本特征。而假果是由子房下位的花形成的，它们对种子的保护更加“细心”，除了子房壁外，还需要花萼筒或花托参与保护种子。这样，可能对种子度过不良环境、扩大传播途径、增加萌发时的营养等都有好处。

同聚花果相比，单果和聚合果是原始的。因为单果和聚合果是由一朵花发育的，而聚花果是由整个花序形成的。这两类果实到底哪个更原始？这要取决于花的起源理论，是相信真花学说还是假花学说。这与前面讨论花单生和花序两个性状的关系是类似的。对于单果和聚合果来讲，聚合果更原始，尤其是多心皮合生的单果，肯定比聚合果高级。

同无胚乳的种子相比，种子具胚乳是原始的。因为被子植物的胚乳是来自受精的中央细胞，$3n$、$5n$ 或 $9n$ 的胚乳，是双受精的产物，多倍体的胚乳为被子植物所特有。如果种子具胚乳，说明受精卵和受精的中央细胞各自独立发育，种子形成过程较简单。如果种子没有胚乳，说明在种子发育过程中，把胚乳的营养分解后转运到胚中，临时储存在子叶中。在种子萌发时，由子叶提供营养要比胚乳更加迅速、可靠。

同种子具1枚子叶相比，具2枚子叶是原始的。因为子叶的数目在裸子植物中往往是多枚的，发展到被子植物只有2枚或1枚，明显地反映出子叶数目减少的进化趋势。所以，在被子植物中，2枚子叶、胚小、直伸是原始的。2枚子叶在出土时，子叶可保护胚芽，但阻力较大。而子叶1枚、胚弯曲的种子，子叶1枚，并特化为吸收器官，另一个退化，以减少萌发时的阻力；胚弯曲，可更有效地保护胚芽。在失去子叶的保护后，胚芽外面形成管状胚芽鞘，也是进化已久的性状。另外，弯曲胚的发育过程要比直伸胚复杂。

总而言之，我们不能片面地、孤立地看待植物的某一性状，而要全面地、综合地评价某一性状在进化上的地位与意义。因为植物各器官的进化速率不是同步的，在同一种植物体可能同时存在着原始的和高级的性状，即使是同一性状，在不同类群植物中的进化意义也是不同的，性状进化与环境密切相关。

19. 植物形态结构变异的观察

被子植物分为单子叶和双子叶两大类，在区分这两类植物时，除了子叶数、根系类型、脉序类型、花粉形态等特征外，花基数也是个重要特征。但是，在自然界中，植物的花基数也有发生变异的。例如，百合科的风雨花（*Zephyranthes grandiflora*）的基数可以由3变异为4，从花被、雄蕊和雌蕊都为4基数。像这样花被8枚、雄蕊8枚和雌蕊的心皮4枚，是典型的双子叶植物的特征。

在自然界中，植物的形态结构会有许多变异，但我们很少能够发现它们。因此，在野外考察或野外实习教学的时候，一定要仔细观察，处处留心皆学问。例如，酢浆草的小叶是3枚，可其变异的叶片小叶4枚（有人称幸运草），这与水生蕨类植物四叶苹的叶片相似。

目前，根据分子生物学研究，通过拟南芥（*Arabidopsis*）基因缺失突变体的研究结果，对花器官的基因调控理论提出了ABC模型，以及随后发展的ABCD、ABCDE和四聚体模型，说明花器官的形成是A、B、C等多个基因共同作用的结果。在园艺上，一般重瓣品种的花瓣都是由雄蕊变成的，甚至有些重瓣品种的雄蕊全部变成了花瓣。这是符合ABC模型的。根据这个模型，如果油菜的雄蕊变成花瓣，其花瓣数最多只有10枚。但是，近年来，安徽省阜阳油菜研究所从自然变异中选育出具有稳定性状的3心皮和4心皮油菜，并且还选育出具9～13枚花瓣的重瓣油菜，其雄蕊数仍是6枚，且是四强雄蕊。这种重瓣油菜花瓣的数量和来源不符合ABC模型，值得进一步研究。

以上所列相关野外实习的教学内容，仅供师生们参考。

附 中国科学技术大学生态学研究型实习实例。

多年来，笔者一直在大别山进行生态学研究型野外实习教学，所有实习报告都严格按照科研论文规范格式的要求撰写。

现将我们的部分实习小组的研究小课题列出，仅供参考。

2000级（时间：2001年9月18日～2011年9月23日）课题为：

① 安徽省天堂寨黄山栎群落的初步研究；

② 大别山天堂寨自然保护区混合式防火带的营造模式初探；

③ 北亚热带落叶阔叶林植株高度对叶片表型及结构的影响；

④ 距离法估计草甸群落待测样方密度的验证；
⑤ 大别山天堂寨草甸群落种-面积曲线的初步探讨；
⑥ 皖西天堂寨植被和地被层对水土保持及旅游景观的影响。

1999 级和 2001 级(时间:2002 年 9 月 20 日～2002 年 9 月 26 日)课题为:
① 安徽省天堂寨领春木群落结构与生长规律的研究；
② 大别山天堂寨黄山松群落初步研究；
③ 草本群落样方-面积曲线在不同模式下的验证与讨论；
④ 涡虫的生境调查及其环境因子的分析；
⑤ 大别山天堂寨秋季野生担子菌资源的初步调查；
⑥ 大别山天堂寨草甸植物群落的初步研究；
⑦ 附生地衣对黄山栎生长量影响的初步研究。

2002 级(时间:2003 年 9 月 17 日～2003 年 9 月 23 日)课题为:
① 各种生态因子对毛华菊生态型的影响；
② 安徽省天堂寨青冈群落的初步研究；
③ 皖西天堂寨草甸群落种间的相关性研究；
④ 安徽省天堂寨山区黄山栎群落发育状况调查；
⑤ 安徽省大别山天堂寨山区植物群落的相似性研究；
⑥ 皖西天堂寨 3 种防火树种的防火性能比较；
⑦ 大别山天堂寨东边洼森林生态系统物种多样性及种群特征的研究。

2003 级(时间:2004 年 10 月 18 日～2004 年 10 月 24 日)课题为:
① 人为干扰对天堂寨植被影响的初步探究；
② 天堂寨黄山松群落结构初步研究；
③ 生态因子对蚯蚓分布影响的初步调查；
④ 密度制约引起种内拥挤和自疏作用的 $-3/2$ 法则的验证；
⑤ 安徽省天堂寨华箬竹入侵式生长的初步研究；
⑥ 黄山松生长曲线的初步研究；
⑦ 植物群落边缘效应的验证及其产生机制的初步探讨。

2009 级(时间:2011 年 8 月 21 日～2011 年 8 月 27 日)课题为:
① 气孔大小、密度及分布与叶片形态建成相关性的初步研究；
② 花和花粉粒的形态结构与传粉方式适应性的初步研究；
③ 不同类型群落地表碳排放量及排放速率的初步研究；
④ 几种植物的生殖价和生殖策略的初步研究；
⑤ 几种苔藓植物营养与繁殖器官显微结构的观察；
⑥ 几种蕨类植物营养与繁殖器官显微结构的观察。

2010 级(时间:2012 年 8 月 24 日～2012 年 8 月 31 日)课题为:
① 大别山鹞落坪鸟类多样性的调查；
② 鹞落坪国家级自然保护区昆虫多样性的调查；
③ 对不同蚂蚁物种间和种群间的关系初步研究；

④ 安徽省鹞落坪不同群落草本植物分布格局的分析；
⑤ 大别山五针松与其他同属植物叶片的差异比较；
⑥ 不同植物群落 CO_2 浓度日变化规律的初步研究；
⑦ 黄山松的生物量对气候变化的响应；
⑧ 鹞落坪地区不同生态环境下植物含水率的变化；
⑨ 不同植被类型下土壤类型的差异；
⑩ 水体富营养化污染与流域人口密度的相关性的探讨；
⑪ 鹞落坪不同群落土壤腐殖质含量垂直分布初探；
⑫ 调查外来入侵物种对鹞落坪本地生物多样性的影响；
⑬ 探究红叶现象对温度变化的适应。

第五章　植物分类检索表

第一节　检索表的概念与使用方法

生物学的野外研究工作，首要问题是识别物种、鉴别和认识研究对象。由于生物类群丰富，物种多样，如何准确地识别物种呢？这就需要生物学野外工作的必备工具——检索表，英文称为Key。

检索表是一种专门为方便分类鉴定而编制的逐行引导式的特征区别表，又称二歧分类检索表。这种检索表把需要分类鉴别的所有动物或植物，根据一对或几对相对性状的区别，分成相对应的两个分支；紧接着，再根据另一对或几对相对性状，把上一级的各个分支再分成相对应的两个分支，好像树的二歧式分枝一样，如此逐级排列，直到最后就编制出了可以鉴定所需全部对象的检索表。

根据检索表的形式，在生物分类学中，所使用的检索表常分为定距式、平行式和连续平行式3种类型。而依据检索的对象和内容，可划分为：分科检索表、分属检索表和分种检索表。下面以植物界分门为例，逐一介绍3种不同形式检索表的结构与特点。

1. 定距式检索表

定距式检索表编排的特点是：每组性状所使用的两个序号必须相同；序号依次递增，绝不重复使用；每一对序号无论间隔多少行，都要编排在距页面左侧同等距离的地方；当每增加一级序号时，要比上一级序号需要向右退移一个空格（即缩回1格）。照此编排下去，直到编制结束。整个检索表的右侧很整齐，而左侧像锯齿状。例如，以传统的植物界分为6个门的检索表为例进行示范：

1. 植物体无根、茎、叶的分化，无胚。
　2. 植物体非共生体。
　　3. 自养植物，具叶绿素和其他色素 ………………………… 藻类植物门
　　3. 异养植物，无叶绿素和其他色素 ………………………… 菌类植物门
　2. 植物体为复合体，由藻类和菌类所组成 ………………………… 地衣植物门
1. 植物体有根、茎、叶的分化，有胚。
　4. 植物体无维管束 ……………………………………………… 苔藓植物门
　4. 植物体具维管束。
　　5. 具孢子，配子体自养 ………………………………………… 蕨类植物门

5. 具种子，配子体寄生 …………………………………………………… 种子植物门

在植物分类学中，习惯使用定距式检索表。

2. 平行式检索表

平行式检索表编排的特点是：每组性状使用相同的1对序号，序号均在页面左侧顶格；每对序号依次逐级递增；每一行的结尾，是不会出现句号的，要么是被检索到的目标，要么是提示下一步的检索路径。从形式上看，整个检索表的左侧非常整齐，序号成双依次排列，两两平行；右侧也整齐，有时以序号提示检索路径。仍以传统的植物界分为6个门的检索表为例进行示范：

1. 低等植物，无根、茎、叶的分化，无胚 ………………………………………… 2
1. 高等植物，有根、茎、叶的分化，有胚 ………………………………………… 4
2. 由藻类和菌类所组成的共生体 ……………………………………… 地衣植物门
2. 非藻类和菌类所组成的共生体 ……………………………………………… 3
3. 自养植物，有叶绿素或其他色素 …………………………………… 藻类植物门
3. 异养植物，无叶绿素或其他色素 …………………………………… 菌类植物门
4. 植物体有茎、叶，具假根 …………………………………………… 苔藓植物门
4. 植物体有根、茎、叶 ……………………………………………………… 5
5. 具孢子，配子体自养 ……………………………………………… 蕨类植物门
5. 具种子，配子体寄生 ……………………………………………… 种子植物门

3. 连续平行式检索表

连续平行式检索表编排的特点是：将一组性状分别用两个不同的序号表示，其中后一个序号需加括弧，以表示它们是相对应的一组性状。例如，低等植物和高等植物为一组性状，下面使用了1和6两个序号，在检索表中写成1.(6)和6.(1)的形式，表示是一组性状。查阅检索表时，如果其性状符合1，就向下查2。如果不符合1就查相对应的序号6，以此类推。从形式上看，整个检索表左侧整齐，第1纵列的序号依次排列，逐行递增；而第2纵列序号(指放在括号中的数字)是为提示下一步检索路径，显得混乱，没有顺序和规律可循。连续平行式检索表右侧也整齐，但无序号。还是以传统的植物界分门检索表为例进行示范：

1. (6) 低等植物，无根、茎、叶分化，无胚。
2. (5) 植物体不为藻类和菌类所组成的共生体。
3. (4) 植物体内有叶绿素或其他光合色素，营独立生活……………… 藻类植物门
4. (3) 植物体内不含叶绿素或其他光合色素，营寄生或腐生生活…… 菌类植物门
5. (2) 植物体为藻类和菌类的共生体 ………………………………… 地衣植物门
6. (1) 高等植物，具根、茎、叶分化，有胚。
7. (8) 植物体有茎、叶和假根……………………………………………… 苔藓植物门
8. (7) 植物体有根、茎和叶。
9. (10) 孢子繁殖，配子体自养 ……………………………………… 蕨类植物门
10. (9) 种子繁殖，配子体寄生 ……………………………………… 种子植物门

在动物分类学中，人们比较习惯使用平行式检索表或连续平行式检索表。

在编制检索表时，首先，要全面细致地研究将要被编制在检索中的植物或动物，反复比

较各种形态特征，找出一些关键的性状特征（注意：一定要选择极其明显的而不能存在过渡的特征）；其次，每编制好一组特征后，所检索对象就被分为两支，需要对各支所含对象再次全面研究，寻找出新的关键特征，作为下一级的区分特征。如果遇到某一支检索对象无法分为两组的，可以采取逐一排除法进行编制。另外，如果遇到某一特征难以对某个（或某群）具体的检索对象进行区分的，可将暂时该检索对象分别放在两个分支中，等待利用下一级性状进行区分。这就是为什么我们发现有些检索对象在检索表中多处出现的原因。编制检索表是没有固定的标准答案的，对于同一群检索对象，不同的人所编制的检索表各不相同，关键是要简洁、准确、快速，使用方便。

在使用检索表时，无论是哪一类检索表，都必须从第1条性状开始检索，不能从检索表的中间开始查阅，以免误入歧途。在具体查阅检索表时，每组性状要反复比对，不能只看一个性状，在比对后最终确认所符合的性状。如果某一步不小心查错了，则会“差之毫厘，廖以千里”，其中的道理不言而喻。

在野外实习时，应该将检索表的编制和查阅作为一项主要教学内容，不仅要让学生学会查阅各类检索表（还包括分科检索表、分属检索表和分种检索表），而且还要让他们学习编制简单的检索表。因为这是生物分类学研究中的一种基本技能。

第二节 野外常见被子植物分科检索

1. 乔木、灌木、半灌木或木质藤本植物。（次项见第107页）
  2. 寄生或半寄生的绿色植物。
    3. 半寄生在其他植物根上；核果，具细棱，顶端有4枚叶状苞片 ………………………………………………… 檀香科(Santalaceae)
    3. 寄生在其他植物茎枝上；多浆果，叶正常或退化 ………… 桑寄生科(Loranthaceae)
  2. 自养的绿色植物。
    4. 叶退化或极端退化，或叶片极小，呈鳞片状。
      5. 茎枝扁化；叶片退化，托叶鞘退化仅剩横线痕状；单被花，簇生，雄蕊8枚 ……………………………… 蓼科 Polygonaceae（竹节蓼属 *Homalocladium*，栽培观赏）
      5. 茎枝正常，纤细；叶退化呈鳞片状，无托叶；两被花，两性，总状或圆锥花序顶生，雄蕊4枚或5枚 ………………………… 柽柳科 Tamaricaceae
    4. 叶片正常，或叶片退化而叶柄呈叶片状。
      6. 荚果，或不开裂的节荚。
        7. 花辐射对称；花瓣镊合状排列，中下部常合生；雄蕊占多数 ……………………………… 豆科(Leguminosae(含羞草亚科 Mimosoideae))
        7. 花两侧对称；花瓣覆瓦状排列；雄蕊有定数。

8. 花瓣在芽中呈上覆瓦状排列(最上方的花瓣位于最内方);雄蕊10枚,分离 ……………………………………… 豆科 Leguminosae (云实亚科 Caesalpinioideae)

8. 花瓣在芽中呈下覆瓦状排列,蝶形花冠;雄蕊10枚,常二体,稀单体或分离 ……………………………………… 豆科 Leguminosae (蝶形花亚科 Papilionoideae)

6. 非荚果,非蝶形花冠。

9. 茎秆具实心的节和中空的节间,地下具根状茎;叶具叶片和叶鞘,叶片披针形,具平行脉,包着竹秆的叶鞘(箨鞘)常革质,具明显的叶舌和叶耳 ……………………………………… 禾本科 Gramineae (竹亚科 Bambusoideae)

9. 茎和叶非上述性状。

10. 花序具佛焰苞1枚或多枚。

11. 茎直立,粗壮不分枝,上端有残存纤维状的不易脱落的老叶鞘;叶丛生茎顶,叶大型,掌状或羽状分裂,或深裂 ……………………………… 棕榈科 Palmaceae

11. 攀援或蔓生藤本;叶大型,常羽状深裂,或具多孔,叶柄具膜质叶鞘,叶互生,2列 ……………………………… 天南星科 Araceae (龟背竹属 *Monstera* 栽培观赏)

10. 花序不具佛焰苞。

12. 花和果实生于叶片主脉上。

13. 常绿灌木;叶(枝变态)长达4 cm,基出弧形脉 ……………………………………… 百合科 Liliaceae (假叶树属 *Ruscus*,栽培观赏)

13. 落叶灌木;叶片长10~15 cm,羽状脉 ……………………………………… 山茱萸科 Cornaceae (青荚叶属 *Helwingia*)

12. 花和果实生于叶腋内或枝端。

14. 冬芽被包埋于膨大的叶柄基部内(叶柄基部膨大,套着冬芽)。

15. 藤木;浆果 ……………………………………… 猕猴桃科 Actinidiaceae

15. 乔木;球形聚花果1~3个,生于二年生枝上 ……………………………………… 悬铃木科 Platanaceae(栽培)

14. 叶柄基部正常,冬芽生于叶腋内。

16. 植物体具卷须,或叶柄代替卷须,木质藤本,或稀蔓状草本。

17. 叶柄缠绕代替卷须 …………… 毛茛科 Ranunculaceae(铁线莲属 *Clematis*)

17. 具卷须,非叶柄所代替卷须。

18. 卷须和花序与叶交互对生,卷须有时变为吸盘;两被花 ……………………………………… 葡萄科 Vitaceae

18. 卷须生于叶柄的两侧;单被花 …… 百合科 Liliaceae (菝葜属 *Smilax*)

16. 植物体无卷须。

19. 萼片花瓣状,无花瓣,雄蕊多数;瘦果多数,集成头状,成熟时花柱伸长呈羽毛状;多为木质藤本 …… 毛茛科 Ranunculaceae(铁线莲属 *Clematis*)

19. 花和果实非上述性状。

20. 叶对生、轮生或近似对生。(次项见第101页)

21. 叶为各种复叶。

22. 叶由3～7枚小叶组成的掌状复叶。
23. 乔木;枝圆柱形;花瓣离生,雄蕊5～9枚 ………… 七叶树科 (Hippocastanaceae)
23. 灌木或小乔木;枝四棱形;花瓣合生,唇形,雄蕊常4枚 …………………………………………………………………………… 马鞭草科 (Verbenaceae)(牡荆属 *Vitex*)
22. 叶为三出复叶或羽状复叶。
24. 双翅果,两翅展开 ……………………………………………………… 槭树科 Aceraceae
24. 非双翅果,或有时为单翅的翅果。
25. 子房下位,花药外向开裂;髓粗大,皮孔明显 …………………………………………………………………… 忍冬科 Caprifoliaceae(接骨木属 *Sambucus*)
25. 子房上位。
26. 花瓣离生。
27. 花常两性,心皮2枚或3枚 ……………………… 省沽油科 Staphyleaceae
27. 花常单性,心皮4枚或5枚………………………………… 芸香科 Rutaceae
26. 花瓣合生,如果花瓣离生,则雄蕊2枚。
28. 雄蕊2枚,花冠基部合生,或少有离生 …………………… 木犀科 Oleaceae
28. 雄蕊4枚,二强雄蕊,花冠漏斗状,具5枚开展的裂片 ……………………………………………………………………………… 紫葳科 Bignoniaceae
21. 叶为单叶,全缘、具齿或深裂。
29. 两被花,花冠合生。
30. 子房下位。
31. 具托叶 ………………………………………………………… 茜草科 Rubiaceae
31. 无托叶 ………………………………………………… 忍冬科 Caprifoliaceae
30. 子房上位。
32. 雄蕊2枚,有时具不育雄蕊。
33. 无不育雄蕊 …………………………………………………… 木犀科 Oleaceae
33. 具不育雄蕊2枚或3枚。
34. 落叶乔木或灌木;花萼不整齐,无副花冠 …………… 紫葳科 Bignoniaceae
34. 附生常绿矮小半灌木(似草本状);花萼整齐,具副花冠 …………………………………………………………………………… 苦苣苔科 Gesneriaceae
32. 雄蕊4枚或5枚。
35. 植物体具乳汁。
36. 具副花冠和花粉块,花药合生 ……………………… 萝藦科 Asclepiadaceae
36. 无副花冠和花粉块,花药离生 ……………………… 夹竹桃科 Apocynaceae
35. 植物体无乳汁。
37. 常绿攀援状灌木、半灌木或藤本,如为后者,植物体具腺点。
38. 常绿攀援状灌木或藤本;雄蕊与花冠裂片互生 ………………………………………………… 马钱科 Loganiaceae(蓬莱葛属 *Gardneria*)
38. 常绿半灌木;具匍匐根状茎;叶、花、果均具腺点;雄蕊与花冠裂片对生

…………………………………………………………………………… 紫金牛科 Myrsinaceae

37. 落叶植物。

39. 花辐射对称，花萼和花冠均4裂，雄蕊4枚，等长 …… 醉鱼草科 Buddlejaceae

39. 花常两侧对称，花冠常5裂，雄蕊4枚或5枚。

40. 灌木，幼枝光滑；花萼叶质，雄蕊等长 …………… 马鞭草科 Verbenaceae

40. 乔木，幼枝被星状绒毛；花萼革质，雄蕊2长2短 ………………………
…………………………………………………………………… 玄参科 Scrophulariaceae

29. 裸花或单被花，若两被花，则花被离生。

41. 双翅果，果翅呈"八"字形开展 ……………………………………………… 槭树科 Aceraceae

41. 非双翅果，可以是具单翅的翅果。

42. 裸花、单被花，或花冠退化为鳞片，而萼片变成花瓣状。

43. 具长枝和短枝，短枝密生环纹；叶在一年生长枝上对生，在短枝上互生；花单性，雌雄异株，裸花 ……………………………… 连香树科 Cercidiphyllaceae

43. 习性非上述性状。

44. 裸花，芳香，苞片近三角形，雄蕊1～3枚，合生，花丝极短；叶集生顶端 ………
………………………………………………………………… 金粟兰科 Chloranthaceae

44. 单被花，或退化的两被花。

45. 花被片多数，螺旋状排列，花药外向开裂 ………… 蜡梅科 Calycanthaceae

45. 花被片4枚或5枚，或两被花的花冠退化为鳞片状。

46. 花被离生。

47. 叶片分裂或有齿，基出脉；子房1室，雄蕊与花被片同数且对生 ………
………………………………………………………………… 荨麻科 Urticaceae

47. 叶全缘，羽状脉；子房3室，雄蕊与花被片同数且互生……………………
…………………………………………………………………… 黄杨科 Buxaceae

46. 花被合生，或花冠退化为鳞片状或缺。

48. 雄蕊4枚或5枚，子房2～4室…………………… 鼠李科 Rhamnaceae

48. 雄蕊8枚，两轮，生于花被筒上，子房1室 …… 瑞香科 Thymelaeaceae

42. 两被花。

49. 子房上位，有时花盘发达使得子房藏于花盘内。

50. 雄蕊多数，具副萼片4枚 ………… 蔷薇科 Rosaceae（鸡麻属 *Rhodotypos*）

50. 雄蕊4枚或5枚，或10枚，无副萼片。

51. 蒴果，种子具红色假种皮 ……………………………… 卫矛科 Celastraceae

51. 核果…………………………………………………………… 鼠李科 Rhamnaceae

49. 子房下位或半下位。

52. 具副花冠；叶常具3～9条基出脉 ………………… 野牡丹科 Melastomataceae

52. 无副花冠。

53. 花萼肉质肥厚，萼筒5～7裂，萼齿宿存，花瓣5～7枚，生于萼筒内，具皱纹；

浆果上部6室，下部3室，具肥厚革质的果皮 ………… 石榴科 Punicaceae

53. 花和果实非上述性状。

54. 多体雄蕊，雄蕊无定数，花丝细长，基部连结成数束，雄蕊稍不整齐 ……
…………………………………… 金丝桃科(藤黄科) Hypericaceae

54. 非多体雄蕊。

55. 常绿植物。

56. 叶全缘，叶常有腺点，基出脉明显；两性花 …… 桃金娘科 Myrtaceae

56. 叶有齿；单性花，雌雄异株 …………………… 山茱萸科 Cornaceae

55. 落叶植物。

57. 雄蕊4枚，与花瓣互生 ………………………… 山茱萸科 Cornaceae

57. 雄蕊8～10枚，或更多。

58. 花组成花序，花梗短，雄蕊10枚，或更多 …………………………
………………………………………… 虎耳草科 Saxifragaceae

58. 花单生或簇生叶腋，花梗细长，花下垂，雄蕊8枚 ………………
………… 柳叶菜科 Onagraceae(倒挂金钟属 *Fuchsia*，栽培观赏)

20. 叶互生，或簇生于枝顶或短枝上。(次项见第98页)

59. 叶为各种复叶。(次项见第102页)

60. 藤本植物；掌状或三出复叶，或羽状复叶。

61. 叶片基部对称；浆果，3～12枚心皮轮生，常多数不育 ……………………
……………………………………………………… 木通科 Lardizabalaceae

61. 叶片基部不对称；许多浆果组成球状聚合果 ……… 大血藤科 Sargentodoxaceae

60. 乔木、灌木，或蔓生灌木。

62. 两被花，花冠合生，雄蕊2枚 ……… 木犀科 Oleaceae(茉莉属 *Jasminum*，栽培)

62. 单被花和裸花，或两被花，其花冠离生。

63. 子房下位。

64. 单被花，单性，雌雄同株，雄花为柔荑花序 …………… 胡桃科 Juglandaceae

64. 两被花，两性。

65. 花托壶状，雄蕊多数，雄蕊和花瓣共同着生于花托筒边缘；梨果 …………
……………………………… 蔷薇科 Rosaceae(苹果亚科 Maloideae)

65. 花托非壶状，雄蕊与花瓣同数；核果或浆果…………… 五加科 Araliaceae

63. 子房上位，有时花盘发达包埋着子房。

66. 二回三出复叶；花大，单朵或数朵顶生，或同时腋生，花瓣5枚至多数，雄蕊多数，心皮2～7枚，蓇葖果 ……………………………… 芍药科 Paeoniaceae

66. 非二回三出复叶。

67. 掌状三出复叶；单被花，单性，雌雄异株，子房常3室，稀4室 …………
……………………………………………………… 大戟科 Euphorbiaceae

67. 多为羽状复叶；花常两性。

68. 单身复叶，或羽状复叶，叶具透明油点；全株含挥发油；花盘发达，药隔

末端常有油点；柑果或蓇葖果 ………………………… 芸香科 Rutaceae

68. 非单身复叶，多为羽状复叶；叶片内无透明油点。

69. 雄蕊和花瓣共同着生于壶状和杯状花托筒的边缘；雄蕊多数，花丝基部多少合生 ……………………………………………………………

… 蔷薇科 Rosaceae(绣线菊亚科 Spiraeoideae；蔷薇亚科 Rosoideae)

69. 雄蕊有定数，4～10 枚，非上述着生方式。

70. 花瓣 5 枚，不等大，外面 3 枚大，内侧 2 枚小，常 2 裂；雄蕊 5 枚，外面 3 枚不育，内侧的 2 枚与小花瓣对生 ………………………………………

………………………… 清风藤科 Sabiaceae(泡花树属 *Meliosma*)

70. 花瓣或花被片等大，雄蕊非上述性状。

71. 雄蕊数常为花瓣 2 倍，雄蕊花丝合生成管状，顶端 10～12 裂，10～12 枚花药着生在裂片间的内侧……………………… 楝科 Meliaceae

71. 雄蕊数与花瓣数非 2 倍关系，花丝不合生成管状。

72. 常绿灌木；花药瓣裂，或纵裂 …………… 小檗科 Berberidaceae

72. 落叶灌木或乔木。

73. 偶数羽状复叶。

74. 小叶基部对称；蒴果 …… 楝科 Meliaceae(香椿属 *Toona*)

74. 小叶基部歪斜，不对称；核果。

75. 小叶披针形，顶端渐尖，全缘 …… 漆树科 Anacardiaceae

75. 小叶卵状披针形至长椭圆形，顶端较钝，果基部常有不育的雌蕊 ………………………… 无患子科 Sapindaceae

73. 奇数羽状复叶。

76. 具托叶和小托叶 …………………………………………

…………… 省沽油科 Staphyleaceae(银鹊树属 *Tapiscia*)

76. 无托叶。

77. 二回羽状复叶；蒴果，肿胀中空，膜质，成熟时 3 瓣裂 ………………………………… 无患子科 Sapindaceae

77. 一回羽状复叶；核果或翅果。

78. 树皮常含树脂、乳汁或漆汁；心皮合生，花丝基部光滑 ………………………………… 漆树科 Anacardiaceae

78. 树皮不含分泌汁，但味极苦；心皮多离生，花丝基部有鳞片 ………………………… 苦木科 Simaroubaceae

59. 叶为单叶，全缘、或各种程度的分裂或深裂。(次项见第 101 页)

79. 雄蕊和花瓣共同着生在壶状或杯状花托的边缘。

80. 子房上位。

81. 一枚心皮，核果 ……………………… 蔷薇科 Rosaceae(李亚科 Prunoideae)

81. 多枚心皮，分离，或合生。

82. 托叶发达;聚合瘦果,生于凸或凹的花托上;花萼宿存 …………………………………………………………………… 蔷薇科 Rosaceae(蔷薇亚科 Rosoideae)

82. 常无托叶;聚合蓇葖果,或蒴果…… 蔷薇科 Rosaceae(绣线菊亚科 Spiraeoideae)

80. 子房下位;梨果 ……………………………… 蔷薇科 Rosaceae(苹果亚科 Maloideae)

79. 雄蕊和花瓣非上述着生方式。

83. 具副萼,单体雄蕊,花丝结合成筒状,套在花柱外,花药单室……… 锦葵科 Malvaceae

83. 无副萼,花丝常分离,花药两室。

84. 叶盾状着生;叶若非盾状着生,则花瓣顶端 2 裂;藤本植物 ………………………………………………………………………………… 防己科 Menispermaceae

84. 叶非盾状着生。

85. 花药顶孔开裂,花两侧对称,花瓣 3～5 枚,不等大,中央 1 瓣龙骨瓣状,雄蕊 8 枚,花丝合生,成鞘状 ……………………………………………… 远志科 Polygalaceae

85. 花药非顶孔开裂方式。

86. 全株具银白色或褐锈色盾状或星状鳞片,尤其叶背明显;常为灌木,多有棘刺 ……………………………………………………………… 胡颓子科 Elaeagnaceae

86. 植物体无盾状或星状鳞片。

87. 裸花,或单被花。(次项见第 105 页)

88. 裸花,或至少雄花无花被。

89. 叶片和枝条折断后,有白色纤细黏胶丝相连 …………………………………………………………………… 杜仲科 Eucommiaceae

89. 枝和叶无上述特征。

90. 柔荑花序,或至少雄花为柔荑花序。

91. 雌雄异株,裸花基部有杯状花盘或腺体;蒴果 …………………………………………………………… 杨柳科 Salicaceae

91. 雌雄同株,花无花盘或腺体;坚果或翅果 …… 桦木科 Betulaceae

90. 花序穗状、球状,或簇生于叶腋。

92. 落叶乔木;花 6～12 朵簇生于二年生枝上,早春先叶开放,花两性,雄蕊 6～14 枚;翅果 ……………………… 领春木科 Eupteleaceae

92. 常绿植物;花序穗状,或雌花序球状。

93. 乔木或灌木;叶楔状倒卵形 ………………… 杨梅科 Myricaceae

93. 藤本或蔓生植物;叶卵状披针形 …………… 胡椒科 Piperaceae

88. 单被花。

94. 子房下位,多为柔荑花序,至少雄花为柔荑花序;侧脉常直达叶缘或齿尖。

95. 坚果或翅果,坚果外面被果苞托着或半包着 …… 桦木科 Betulaceae

95. 坚果,生于壳斗内,壳斗具刺或鳞状齿 …………… 壳斗科 Fagaceae

94. 子房上位,稀为柔荑花序。

96. 花被片 1～5 枚,1 轮着生。

97. 花被合生成管状，4 裂或 5 裂，雄蕊 8～10 枚，上下 2 轮，生于花被管中上部，几乎无花丝 …………………………………………………………… 瑞香科 Thymelaeaceae

97. 花被片离生，或花蕾期花被管状，开放时分离。

98. 雄蕊与花被裂片同数，或为其 2 倍，且与之对生。

99. 叶基部歪斜，羽状侧脉较多，直伸叶缘外，常具重锯齿，或基出脉；花单生或簇生成聚伞花序 …………………………………………………………… 榆科 Ulmaceae

99. 叶基部对称。

100. 常具白色乳汁；常具环状托叶痕；隐头花序、柔荑花序、复聚伞花序，或花序球形；聚花果 …………………………………………………………… 桑科 Moraceae

100. 无白色乳汁；单果。半灌木状纤维植物；花柱宿存，瘦果完全为花被管所包裹 …………………………………… 荨麻科 Urticaceae（苎麻属 *Boehmeria*）

98. 雄蕊数与花被裂片无规则的数量关系，且多与之互生。

101. 单体雄蕊，心皮 5 枚；蓇果呈蓇葖果状，成熟时裂开为叶状果瓣，2～5 粒种子生于果瓣基部的边缘；树皮青绿色，光滑，侧枝轮生 …………………………………………………… 梧桐科 Sterculiaceae（梧桐属 *Firmiana*）

101. 雄蕊和果实非上述性状。

102. 常绿植物。

103. 枝常有棘刺；叶卵形，长 4～8 cm …………………………………… 大风子科 Flacourtiaceae（柞木属 *Xylosma*）

103. 茎和枝无棘刺；叶长椭圆形。

104. 叶片长 3～7 cm；蒴果 ………………………………… 金缕梅科 Hamamelidaceae（蚊母树属 *Distylium*）

104. 叶片长 10～15 cm；核果 ……………………… 交让木科 Daphniphyllaceae

102. 落叶植物。

105. 叶片掌状 3～7 裂，掌状脉 5～7 条，托叶线形，红色，早落；蒴果集成球状果序，花柱宿存，针刺状 ………………………………… 金缕梅科 Hamamelidaceae（枫香属 *Liquidambar*）

105. 叶片全缘，稀 3 浅裂；蒴果不集成球状果序。

106. 植物体常具乳汁；具 3 室（稀 2 室）的蒴果，每室 1 粒种子 ………………………………………… 大戟科 Euphorbiaceae

106. 植物体无乳汁；具 1 室的蒴果或浆果，蒴果有多数种子 ………………………………………… 大风子科 Flacourtiaceae

96. 花被片 6 枚，或更多，2 轮或多轮着生。

107. 藤本植物；叶柄常红色；花柄较长，花托在果期延长，稀不延长，具穗状或球状的聚合果 …………………………………………………… 五味子科 Schisandraceae

107. 乔木或灌木。

108. 枝条在节处具针刺，短枝上的叶簇生 ……………………… 小檗科 Berberidaceae

108. 枝条在节处无针刺，叶互生，或簇生于枝顶端。

109. 花药瓣裂；雌蕊2枚或3枚心皮，合生；叶常具基出脉，揉碎有香味 ……………………………………………………………… 樟科 Lauraceae

109. 花药非瓣裂；雌蕊多枚心皮，离生。

110. 枝具环状托叶痕；花单生枝顶，心皮多数，雄蕊和心皮均螺旋状排列在棒状花托上；蓇葖果聚合成穗状 …………………………… 木兰科 Magnoliaceae

110. 枝无环状托叶痕；花单生叶腋，心皮5～21枚，轮状排列，1轮；蓇葖果排列成星芒状 ……………………………………………… 八角茴香科 Illiciaceae

87. 两被花，花冠合生或离生。（次项见第103页）

111. 子房上位。（次项见第106页）

112. 花冠离生。

113. 单体雄蕊，花丝连成管状，顶端5裂，每两裂片间具3枚雄蕊，子房有柄 ………………………………………………………… 梧桐科 Sterculiaceae

113. 花非上述性状。

114. 树皮汁液具强烈臭味；叶先端内凹；圆锥花序顶生，不育花的小花梗伸长，其上被有开展的紫色羽毛状长柔毛 …………………………………………………………………… 漆树科 Anacardiaceae(黄栌属 *Cotinus*)

114. 树皮和花序无上述特征。

115. 雄蕊4枚或5枚，有时具退化雄蕊；当雄蕊10枚时，花丝基部多少合生。

116. 雄蕊10枚，常有5枚退化，花丝基部合生；花5基数，花瓣正常；花柱同型 ………………………………………………………… 亚麻科 Linaceae

116. 雄蕊4枚或5枚，花丝分离。

117. 雄蕊与花瓣互生。

118. 花丝常于药室下有毛；柱头4裂 …………… 茶茱萸科 Icacinaceae

118. 花丝无毛；柱头非4裂。

119. 叶片散生细小油点；花单性，雌雄异株，雄花为总状花序，每花具1大型苞片；花4基数；蒴果 …………………………………………………… 芸香科 Rutaceae(日本常山属 *Orixa*)

119. 叶片无细小油点。

120. 叶簇生于枝端，倒卵形；花瓣常向外反卷，侧膜胎座；蒴果3瓣裂 ………………………………… 海桐科 Pittosporaceae

120. 叶散生枝上；果非上述性状。

121. 花具发达的花盘；蒴果或翅果，种子多有红色假种皮 ……………………………………… 卫矛科 Celastraceae

121. 花无发达的花盘；浆果状核果 ……… 冬青科 Aquifoliaceae

117. 雄蕊与花瓣对生。

122. 植物体无刺；花瓣大小不一，内方2枚，常较小…… 清风藤科 Sabiaceae

122. 植物体常有刺；花瓣大小一致，花瓣生于萼筒内，比花萼短，常与雄蕊等长 ……………………………………… 鼠李科 Rhamnaceae

115.雄蕊6枚至多数。

123.植物体具乳汁;叶柄上端具2枚腺体;子房2~5室,每室1粒胚珠 ……………………………………… 大戟科 Euphorbiaceae(油桐属 *Aleurites*)

123.植物体无乳汁;叶柄上端无腺体。

124.花具2枚小苞片,常对生于萼下。

125.花单生或簇生叶腋;萼片和花瓣常5枚,雄蕊多数 ……………………………………………………… 山茶科 Theaceae

125.穗状或总状花序:萼片和花瓣均4枚,雄蕊8枚 ……………………………………………………… 旌节花科 Stachyuraceae

124.花无小苞片,或具1枚小苞片,有时花序轴具1枚大型舌状苞片。

126.叶3~5基出脉;花序轴偶具1舌形苞片;花瓣基部具1枚腺体,有时花瓣比萼片小 ……………………………………… 椴树科 Tiliaceae

126.叶多为羽状脉;花序轴绝无舌形苞片。

127.常绿乔木;花瓣比萼片稍短或近等长,上部浅裂;核果或蒴果 …………………………………………………… 杜英科 Elaeocarpaceae

127.落叶植物;花瓣比萼片大或稍长;蒴果。

128.由3~6枝总状花序组成顶生的圆锥花序;花瓣顶端微缺 ……………………………………………… 山柳科 Clethraceae

128.圆锥花序顶生或腋生;花瓣有爪,内卷,边缘具齿或波状皱缩;叶序对生不整齐 ……… 千屈菜科 Lythraceae(紫薇属 *Lagerstroemia*)

112.花冠合生。

129.叶片、花萼和果实上均有腺点 ……………………………… 紫金牛科 Myrsinaceae

129.叶片、花萼和果实上均无腺点。

130.常具刺蔓状灌木;花丝基部有毛环;浆果 …… 茄科 Solanaceae(枸杞属 *Lycium*)

130.植物体无刺;花丝基部无毛环。

131.雄蕊与花冠裂片同数或2倍,花药常有芒状附属物,顶端孔裂,花粉常为四分体 ……………………………………………… 杜鹃花科 Ericaceae

131.雄蕊非上述性状。

132.花萼裂片、花冠裂片和雄蕊数均为5枚(典型的5基数花)。

133.花常组成大型花序;核果或小坚果 ……………… 紫草科 Boraginaceae

133.花常单生,或腋外生;浆果,种子多数 ………………… 茄科 Solanaceae

132.花萼裂片、花冠裂片和雄蕊数非都均为5枚。

134.单性花,稀杂性;花萼深裂,果期增大宿存;浆果 …… 柿树科 Ebenaceae

134.两性花,稀杂性;花萼浅裂,果期宿存,不增大;核果或蒴果 …………………………………………………… 野茉莉科 Styracaceae

111.子房下位,或半下位。(次项见第105页)

135.花冠离生,但有时花瓣在蕾期合生,开放时离生且反卷。

136.植物体具棘刺;叶簇生;花萼合生,肉质肥厚,花瓣生于萼筒内,有皱纹,雄蕊多数,

不等长；浆果，果皮革质 ………………………………………… 石榴科 Punicaceae

136. 植物体无棘刺；花非上述特征。

137. 花序轴具关节；花瓣与萼片同数，线形或舌形，在蕾期结合成管状，开放时离生且反卷 ……………………………………………………… 八角枫科 Alangiaceae

137. 花序轴无关节；花瓣在蕾期不合生，或与花萼合生成一帽状体。

138. 叶常具透明腺点；花瓣形成帽状体 ………………………… 桃金娘科 Myrtaceae

138. 叶无透明腺点。

139. 常绿植物。

140. 乔木或灌木；花萼、花瓣和雄蕊数均为5枚；蒴果，2瓣裂 ………………………………………………… 虎耳草科 Saxifragaceae（鼠刺属 *Itea*）

140. 藤本植物；具气生根 …………… 五加科 Araliaceae（常春藤属 *Hedera*）

139. 落叶植物。

141. 叶片全缘。

142. 单性花；球状花序顶生，或聚伞状总状花序 ……… 紫树科 Nyssaceae

142. 两性花；伞房状聚伞花序顶生 ………………… 山茱萸科 Cornaceae

141. 叶缘具齿。

143. 伞形或球状花序 ……………………………………… 五加科 Araliaceae

143. 常总状花序，花稀单生或簇生。

144. 植物体具星状毛；木质蒴果 …………… 金缕梅科 Hamamelidaceae

144. 植物体常无星状毛；浆果，常有宿存的花萼 ………………………………………………………… 虎耳草科 Saxifragaceae

135. 花冠合生。

145. 有长枝和短枝之分；花冠筒内面近花药处有1束糙毛，具副花萼 ……………………………………………………………… 铁青树科 Olacaceae

145. 无长枝和短枝之分；花非上述性状。

146. 雄蕊与花瓣裂片同数或2倍，雄蕊着生于花盘基部，花药顶端孔裂，常有芒状附属物，花粉常为四分体 ……………………………………………… 杜鹃花科 Ericaceae

146. 花药非孔裂，药隔顶端无芒状附属物，花粉不为四分体。

147. 植物体常具星状毛或鳞片；雄蕊为花冠裂片2倍，整齐，或5枚长5枚短，花丝基部常合生成筒；核果或蒴果，花萼裂片常脱落 ………… 野茉莉科 Styracaceae

147. 植物体常具绒毛或柔毛；雄蕊多数，参差不齐，花丝分离或合生成几组；浆果状核果，顶端具宿存的萼裂片 ………………………………… 山矾科 Symplocaceae

1. 一年生或多年生草本植物，或草质藤本植物。（次项见第97页）

148. 非绿色的寄生或腐生草本植物，叶常退化；有时茎为绿色，但叶绝非绿色。

149. 寄生缠绕性草质藤本植物，花冠合生，雄蕊5枚，花簇生呈球状 ……………………………………… 旋花科 Convolvulaceae（菟丝子属 *Cuscuta*）

149. 直立的草本植物。

150. 寄生于其他植物根上。

151. 花单性,单被花,花被片离生 ………………………… 蛇菰科 Balanophoraceae
151. 花两性,两被花,花冠合生 ………………………………… 列当科 Orobanchaceae
150. 腐生草本植物。
152. 叶退化成鞘状鳞片,生于块茎的节上;具大型总状花序;花被合生成壶状,歪斜 ………………………………………… 兰科 Orchidaceae(天麻属 *Gastrodia*)
152. 叶为鳞片状,在茎上互生;非大型总状花序。
153. 小型草本,高 10~20 cm;花单生茎顶,或 3~8 朵成偏向一侧的总状花序 ……………………………………………………………………… 鹿蹄草科 Pyrolaceae
153. 大型草本,高 50~100 cm;大型总状圆锥花序 …………………………………………………………………… 兰科 Orchidaceae(珊瑚兰属 *Galeola*)
148. 绿色草本植物。
154. 食虫草本植物;叶具捕虫器官。纤细草本,沼生;叶基生,线形或匙形,长 1 cm,基部有捕虫囊,花期萎缩消失;花冠合生,唇形 ………………… 狸藻科 Lentibulariaceae
154. 非食虫草本植物;叶片无捕虫器官。
155. 水生植物,有时具两型叶,其中挺水植物为具两型叶者。
156. 漂浮水面的微小叶状体,直径 0.5~10 mm;无茎;具不分枝的不定根,或无根 ………………………………………………………………………… 浮萍科 Lemnaceae
156. 具根、茎、叶的植物。
157. 叶片圆形,大型,盾状着生,挺出水面;根状茎肥厚,具气道 ……………………………………………………………………… 睡莲科 Nymphaeaceae
157. 叶片非盾状着生。
158. 叶柄中部呈球形膨大,内具海绵状气腔。
159. 浮水叶菱状三角形,具齿,沉水叶细裂;果实具 2~5 枚尖角 …………………………………………………………………………… 菱科 Trapaceae
159. 叶片宽卵形或卵状心形,全缘 ……………… 雨久花科 Pontederiaceae
158. 叶柄粗细均匀,不膨大;或无叶柄。
160. 花序自佛焰苞中抽出,或雄花序具佛焰苞。
161. 浮水植物;叶倒卵状楔形,簇生,皱缩,具绒毛 ……………………………………………………… 天南星科 Araceae(大漂属 *Pistia*)
161. 沉水植物;叶线形或披针形;常雌雄异株,子房下位 ……………………………………………………………… 水鳖科 Hydrocharitaceae
160. 花序无佛焰苞。
162. 叶片一至数回分裂,或分叉,叶同型或异型。
163. 叶互生。
164. 叶三至四回三出细裂;花被片离生 ……………………………… 毛茛科 Ranunculaceae(水毛茛属 *Batrachium*)
164. 叶二至三回羽状分裂;花冠合生 ……… 狸藻科 Lentibulariaceae
163. 叶对生或轮生。

165. 同型叶，或仅花序的苞叶异型；沉水植物。

166. 叶轮生，一至二回二歧分叉，裂片细而圆，有刺突；果实具3～5枚刺 …………………………………………………………… 金鱼藻科 Ceratophyllaceae

166. 叶对生，叉状反复分裂，裂片条形，扁平；果实光滑 …………………………………………………… 莼菜科 Cabombaceae（水盾草属 *Cabomba*）

165. 具两型叶（营养叶为异型叶）。

167. 叶背面具腺点 ……………………………………… 玄参科 Scrophulariaceae

167. 叶背面无腺点 ……………………………………… 小二仙草科 Haloragidaceae

162. 叶片不分裂。

168. 叶狭条形，有齿或刺，无柄，具托叶鞘；沉水植物；雄蕊1枚。

169. 叶对生…………………………………………………………… 茨藻科 Najadaceae

169. 叶3枚或4枚轮生 ………………………………… 角果藻科 Zannichelliaceae

168. 叶片边缘常无刺，有叶柄，无托叶鞘。

170. 球状花序1～4个，腋生，有或无总梗；每花具膜质苞片3枚；花丝基部宽扁，稍合生 ……………………………… 苋科 Amaranthaceae（莲子草属 *Alternanthera*）

170. 非球状花序。

171. 叶片卵形、圆形或肾形，基部心形。

172. 叶柄粗壮，基部具鞘 ……………………………… 雨久花科 Pontederiaceae

172. 叶柄细长，基部无鞘，叶圆形或肾形。

173. 叶片背面中央有海绵状漂浮组织，较厚，叶片四周较薄 ……………………………………………………………… 水鳖科 Hydrocharitaceae

173. 叶片背面中央无海绵状漂浮组织。

174. 掌状脉序；花单生，花5基数 ………………… 睡菜科 Menyanthaceae

174. 弧形脉序；大型圆锥花序或总状花序，花3基数 ………………………………………………………………………… 泽泻科 Alismataceae

171. 叶基部非心形。

175. 叶具平行脉；花芽外面包有托叶鞘，或每花具苞片。

176. 叶矩圆形，具细长柄；花被片2枚；穗状花序单生花葶顶端 ………………………………………………………………… 水蕹科 Aponogetonaceae

176. 叶线形或条形，常具叶鞘；花被片4～6枚，常具爪，稀无花被 …………………………………………………………… 眼子菜科 Potamogetonaceae

175. 叶具羽状脉；花芽外面无托叶鞘。

177. 单性花；雄蕊1枚……………………………… 水马齿科 Callitrichaceae

177. 两性花；雄蕊2～12枚。

178. 叶互生……………………… 柳叶菜科 Onagraceae（水龙属 *Jussiaea*）

178. 叶对生 ……………………… 胡麻科 Pedaliaceae（茶菱属 *Trapella*）

155. 陆生植物，偶具单型叶的挺水植物。

179. 叶退化为膜质鳞片、刺，或缺，或不育枝上的叶与花葶上的叶两型。

180. 肉质草本植物，或根状茎肉质，扁平。叶常退化或缺，鳞片状叶的叶腋生刺；茎肥厚，扁或圆；雄蕊多数 …………………………… 仙人掌科 Cactaceae（栽培观赏）

180. 非肉质草本植物。

181. 叶退化为膜质鳞片，叶状枝线形或针形，1 至数枚簇生于退化叶的叶腋；具数个纺锤形块根；蔓生植物或藤本 ……… 百合科 Liliaceae(天门冬属 *Asparagus*)

181. 叶退化仅存膜质叶鞘；茎不分枝，簇生，常湿生或沼生。

182. 叶鞘开裂；由单花组成聚伞或圆锥花序，生于花序总梗的中上部 …………………………………………………………………… 灯心草科 Juncaceae

182. 叶鞘闭合；由小穗组成聚伞花序，或小穗单生，常具地下球茎 …………………………………………………………………… 莎草科 Cyperaceae

179. 叶具正常的叶片。

183. 由管状花和舌状花，或全由管状花或舌状花组成的头状花序，花序外由 1 至数层总苞片组成的总苞围绕，即头状花序；雄蕊 5 枚，花药聚合；柱头外伸，2 裂 ……… …………………………………………………………………… 菊科 Compositae

183. 花序和花非上述性状。

184. 荚果或不开裂的节荚；花多数为蝶形花冠，雄蕊多数 10 枚，二体雄蕊，或 4 枚雄蕊。

185. 雄蕊 4 枚；花冠镊合状排列，辐射对称 …………………………………………… ……………………………… 豆科 Leguminosae(含羞草亚科 Mimosoideae)

185. 雄蕊 10 枚，二体雄蕊或分离；蝶形花冠 ……………………………………… ………………………… 豆科 Leguminosae(蝶形花亚科 Papilionoideae)

184. 非荚果，非二体雄蕊。

186. 角果；花冠十字形，花瓣具爪，四强雄蕊 ……………… 十字花科 Cruciferae

186. 花和果实非上述性状。

187. 伞形或复伞形花序；双悬果；叶柄基部具鞘抱茎；植株具辛香气 ………… …………………………………………………………………… 伞形科 Umbelliferae

187. 花序、果实和叶柄均非上述性状。

188. 具膜质或草质的筒状托叶鞘；瘦果；花被呈花瓣状，常宿存 ………… …………………………………………………………… 蓼科 Polygonaceae

188. 无筒状托叶鞘。

189. 具卷须的藤本植物。

190. 卷须与叶对生，多分叉；子房上位 ………………… 葡萄科 Vitaceae

190. 卷须生于叶腋，或与叶柄成 90°角。

191. 卷须与叶柄成 90°角；子房下位，瓠果 …… 葫芦科 Cucurbitaceae

191. 卷须生于叶腋。

192. 卷须单一不分枝，叶柄顶端有 1 对腺体；副花冠为 1 至数轮丝

状体，具雌雄蕊柄 ………………………………… 西番莲科 Passifloraceae（栽培）

192. 卷须 2 叉，为腋生聚伞花序的最下面 1 对花柄发育而成，叶柄无腺体 …………
………………………………… 无患子科 Sapindaceae（倒地铃属 *Cardiospermum*）

189. 直立或匍匐草本，或无卷须的藤本植物。

193. 缠绕的草质藤本植物。

194. 叶片盾状着生。

195. 枝和叶柄有倒向钩刺，叶片三角形；托叶草质，圆形穿茎 … 蓼科 Polygonaceae

195. 枝和叶柄无刺，叶片近圆形，无托叶。

196. 花小，不明显，雌雄异株 ……………………………… 防己科 Menispermaceae

196. 花大而艳丽，花萼具 1 枚长距 ……… 旱金莲科 Tropaeolaceae（栽培观赏）

194. 叶片非盾状着生。

197. 叶互生。

198. 植物体常具乳汁。

199. 单叶，全缘或各种深裂；蕾期花冠扭旋，花期花冠呈喇叭状
……………………………………………………… 旋花科 Convolvulaceae

199. 单叶或复叶，不裂；蕾期花冠不扭旋，花期花冠呈钟状 ……………………
……………………………………………………… 桔梗科 Campanulaceae

198. 植物体无乳汁。

200. 单性花。

201. 掌状脉序；花瓣顶端 2 裂；核果 ……………… 防己科 Menispermaceae

201. 弧状脉序；有时中上部的叶片对生，或基部 3 或 4 片轮生；蒴果具 3 枚纵向棱翅 ……………………………………………… 薯蓣科 Dioscoreaceae

200. 两性花。

202. 叶片 3～5 掌状分裂；花两侧对称，蓝紫色；萼片呈花瓣状，上萼片高盔状，花瓣具长爪；心皮离生 ……………………………………………………
………………………… 毛茛科 Ranunculaceae（乌头属 *Aconitum*）

202. 叶和花非上述性状。

203. 肉质藤本；茎绿色或紫红色；叶片肉质；穗状花序腋生，子房上位；浆果紫色或黑色……………………………… 落葵科 Basellaceae（栽培）

203. 非肉质藤本植物。

204. 花单生叶腋，两侧对称；蒴果 ………… 马兜铃科 Aristolochiaceae

204. 聚伞花序腋生，或腋外生，花辐射对称；浆果 ……………………
………………………………… 茄科 Solanaceae（茄属 *Solanum*）

197. 叶对生。

205. 三出复叶或羽状复叶；若为单叶，则花丝两侧有长柔毛；叶柄常变态为攀援器官；心皮离生，柱头宿存，毛状 ………………………………………………
……………………………… 毛茛科 Ranunculaceae（铁线莲属 *Clematis*）

205. 单叶。

206. 植物体常具乳汁。

207. 叶全缘;花具副花冠;蓇葖果,种子具毛 ………… 萝藦科 Asclepiadaceae

207. 叶具齿;花无副花冠;浆果,种子无毛 ………………………………………………………………… 桔梗科 Campanulaceae(金钱豹属 *Campanumoea*)

206. 植物体无乳汁。

208. 单被花;叶片卵形或肾状五角形,掌状深裂或不裂,叶背面多具黄色腺点 …………………………………………………………………………… 桑科 Moraceae

208. 两被花;花冠合生;叶全缘。

209. 叶片卵状椭圆形;花冠较大,长 2 cm 以上,裂片间有褶 ………………………………………………………………………………………… 龙胆科 Gentianaceae

209. 叶片卵状心形或披针形;叶片多轮生;以对生为主者,其茎叶揉碎后有恶臭味 ………………………………………………………… 茜草科 Rubiaceae

193. 直立、蔓生或匍匐草本。

210. 叶片盾状着生。

211. 蔓生或攀援草本。

212. 植物茎和叶柄有倒向钩刺;托叶圆形穿茎,叶片三角形 …… 蓼科 Polygonaceae

212. 植物体无刺。

213. 叶片心形,3~5 浅裂,近似盾状着生,托叶明显;上方萼片基部具距,并且与花梗合生,花瓣不等大 ……………………………… 牻牛儿苗科 Geraniaceae

213. 叶片圆形,全缘,无托叶;上方萼片基部具距 … 旱金莲科 Tropaeolaceae(栽培)

211. 直立的草本植物。

214. 叶片半月形,边缘密生腺毛,毛顶端膨大,红紫色;食虫小草本 ……………………………………………………………………………… 茅膏菜科 Droseraceae

214. 叶片非上述性状。

215. 植株高大,1 m 以上,多分枝,茎节明显,节间常中空;叶片 5~11 掌状中裂;蒴果外被软刺 ……………………… 大戟科 Euphorbiaceae(蓖麻属 *Ricinus*)

215. 植株中等大小,高常 1 m 以下,不分枝,或无地上茎。

216. 具地上茎;叶 1 枚或 2 枚,4~9 浅裂;无佛焰苞 ……………………………………………………………… 小檗科 Berberidaceae(八角莲属 *Dysosma*)

216. 无地上茎,具地下块茎;叶簇生,具长柄,叶片全缘;肉穗花序具佛焰苞,花单性 ……………………………… 天南星科 Araceae(芋属 *Colocasia* 栽培)

210. 叶片非盾状着生。

217. 叶鞘相互抱合构成粗大的假茎;叶片椭圆形,长 1~2 m,侧出的羽状平行脉 …………………………………………………………………………… 芭蕉科 Musaceae

217. 植物体非上述性状。

218. 茎肉质富含水汁;叶 1 枚或 2 枚,叶柄基部有膜质鞘;肉穗花序外有 1 枚大型佛焰苞,花单性……………………………………………… 天南星科 Araceae

218. 花序外无佛焰苞。

219. 叶多簇生，掌状复叶，具3小叶，互为120°角着生，小叶顶端心形内凹；雄蕊5长5短；蒴果3心皮 …………………………………………………… 酢浆草科 Oxalidaceae
219. 叶非上述特征。
220. 茎具坚韧的韧皮部，多为纤维植物。
221. 掌状复叶，互生，小叶具齿 ……………… 桑科 Moraceae(大麻属 *Cannabis* 栽培)
221. 单叶。
222. 花具副萼，花萼宿存，单体雄蕊，花药单室；蒴果 …………… 锦葵科 Malvaceae
222. 花无副萼；花丝分离，花药2室或4室。
223. 单被花；常单性花。
224. 叶片基部平截，近圆形或心形 ……… 桑科 Moraceae(水蛇麻属 *Fatoua*)
224. 叶片基部楔形，或不对称 ……………………………… 荨麻科 Urticaceae
223. 两被花；两性花。
225. 叶线形至线状披针形，全缘 ……………………………… 亚麻科 Linaceae
225. 叶卵形或剑状披针形，叶缘有齿。
226. 子房3室，稀5室，若5室则叶片基部两侧各有1枚下弯的钻形齿；蒴果多长形，若为球形则表面有疣状凸起和纵棱 ………… 椴树科 Tiliaceae
226. 子房5室；雄蕊5枚，与花瓣对生，或具15枚可育雄蕊；蒴果球形，密生糙毛或星状毛 ……………………………………… 梧桐科 Sterculiaceae
220. 茎不具坚韧的韧皮部，非纤维植物。
227. 半寄生的小型绿色植物，根具吸器。
228. 一年生植物；叶线形至钻形，下部叶对生；子房上位，萼筒具15条纵棱，花冠合生 ……………………………… 玄参科 Scrophulariaceae(独脚金属 *Striga*)
228. 多年生纤细植物；叶互生，条形；子房下位，花被宿存 ……………………………………………… 檀香科 Santalaceae(百蕊草属 *Thesium*)
227. 自养的草本植物。
229. 叶为各种复叶。
230. 叶对生或轮生。
231. 由3～7小叶组成掌状复叶，轮生于茎顶；伞形花序单生于茎顶；具肥大直根，或串珠状块根 …………………… 五加科 Araliaceae(人参属 *Panax*)
231. 羽状或三出复叶。
232. 羽状复叶；复伞房花序；子房下位 …………………………………………………… 忍冬科 Caprifoliaceae(接骨木属 *Sambucus*)
232. 一至二回三出复叶，叶片质地较硬；总状或圆锥花序 …………………………………………… 小檗科 Berberidaceae(淫羊藿属 *Epimedium*)
230. 叶互生、簇生或基生。
233. 偶数羽状复叶；雄蕊与花瓣同数，或为其2倍或3倍；果实为5枚分果瓣组成，每瓣有长短棘刺各1对 ……………………… 蒺藜科 Zygophyllaceae
233. 奇数羽状复叶，或其他复叶类型。

234. 由3～7小叶组成的掌状复叶；花瓣4枚，呈十字形排列；具雌雄柄，花后延长；蒴果……………………………………………… 白花菜科 Capparidaceae

234. 植株非上述性状。

235. 叶片具透明腺点；雄蕊8枚或10枚，具花盘 ……………… 芸香科 Rutaceae

235. 叶片无透明腺点；雄蕊无定数，多无花盘。

236. 花两侧对称，有距。

237. 雄蕊多数，分离；雌蕊离生 ……………………… 毛茛科 Ranunculaceae

237. 雄蕊6枚，合生成2或3束 …… 罂粟科 Papaveraceae(紫堇属 *Corydalis*)

236. 花辐射对称，无距。

238. 叶片基部不对称；伞形花序多数，组成顶生大型圆锥花序；花5基数 ………………………………………………………………… 五加科 Araliaceae

238. 花序非上述性状；叶片基部常对称。

239. 羽状复叶的小叶5～9对，大小相间排列；花药贴合成圆锥体状，花丝分离；具块茎 ……………………… 茄科 Solanaceae(茄属 *Solanum*)

239. 复叶的小叶片大小均匀；花药分离。

240. 具托叶；花托凸起或内凹，雄蕊和花瓣均着生在萼筒边缘，心皮离生，聚合瘦果 …………… 蔷薇科 Rosaceae(蔷薇亚科 Rosoideae)

240. 非上述性状。

241. 单被花，有时萼片呈花瓣状。

242. 雄蕊多数，常具退化雄蕊，多枚心皮，离生 …………………………………………………………… 毛茛科 Ranunculaceae

242. 雄蕊10枚，无退化雄蕊，2枚心皮 …………………………………………………………… 虎耳草科 Saxifragaceae

241. 两被花。

243. 花冠合生，高脚碟状；雄蕊5枚 ……………………………………………………… 花荵科 Polemoniaceae(栽培)

243. 花冠离生；雄蕊多数。

244. 小叶具齿，花小，直径常小于6 cm …… 毛茛科 Ranunculaceae

244. 小叶全缘，花大，直径6～15 cm ……… 芍药科 Paeoniaceae

229. 叶为单叶，全缘、浅裂、深裂或全裂。

245. 花生于鳞片或2枚稃片内，覆瓦状排列构成小穗，由小穗组成各种花序。

246. 茎秆圆柱形，具节，节间中空，叶鞘开裂，具叶舌，叶2列；颖果，稀囊果 ……………………………………………………………………… 禾本科 Gramineae

246. 茎秆三棱形，实心无节，叶鞘闭合，无叶舌，叶3列；小坚果 … 莎草科 Cyperaceae

245. 花序和花非上述性状。

247. 植物体具乳汁。

248. 单性花；裸花；杯状聚伞花序；子房有长柄，3心皮 …………………………………… 大戟科 Euphorbiaceae(大戟属 *Euphorbia*)

248.两性花;两被花;子房无柄。
249.花冠离生,雄蕊多数;植株多具有色乳汁 …………………… 罂粟科 Papaveraceae
249.花冠合生,雄蕊5枚。
250.子房上位,雄蕊着生花冠筒中部;蓇葖果双生 ………… 夹竹桃科 Apocynaceae
250.子房下位,雄蕊着生花盘边缘;蒴果 …………………… 桔梗科 Campanulaceae
247.植物体无乳汁。
251.肉质草本,茎和叶均肥厚肉质。
252.蓇葖果,心皮与花瓣同数,花瓣与雄蕊同数或2倍,每个雌蕊基部具小鳞片1枚 ………………………………………………………………………… 景天科 Crassulaceae
252.蒴果;心皮、花瓣与雄蕊之间无规则的数量关系。
253.萼片2枚;子房1室 ……………………………………… 马齿苋科 Portulaceae
253.萼片4裂或5裂;子房2～6室 ………………… 番杏科 Aizoaceae(栽培观赏)
251.非肉质草本,或仅茎肉质,而叶非肉质多汁。
254.子房上位。(次项见第119页)
255.单被花、裸花,或花被退化为各种形状;若两被花,则花冠为膜质。
256.叶线形或条状披针形,平行脉序;花被无艳色。
257.两被花,花冠膜质;叶常卵形;穗状花序,花冠膜质,无退化雄蕊 ………… ……………………………………………………… 车前草科 Plantaginaceae
257.单被花或裸花。
258.两性花,单被花;叶疏生白色长毛;花簇生或单生,常排成聚伞花序 …… …………………………………… 灯心草科 Juncaceae(地杨梅属 *Luzula*)
258.单性花,裸花或单被花。
259.花紧密排列成蜡烛状或棍棒状的穗状花序 ……… 香蒲科 Typhaceae
259.花紧密排列成球状花序,非上述性状。
260.花序生花葶顶端,雌雄花生于同一花序上 ………………………… …………………………………………… 谷精草科 Eriocaulaceae
260.花序生于茎枝顶端,雌雄花分别生于不同的花序上 ……………… …………………………………………… 黑三棱科 Sparganiaceae
256.叶非线形,或非长条形,网状或弧状脉序;若为线形,则具艳色的花被。
261.两被花,花冠膜质或鳞片状。
262.叶互生与枝上;总状花序,花冠离生 ……………………………………… ………………………… 大戟科 Euphorbiaceae(地构叶属 *Speranskia*)
262.叶簇生于基部;穗状花序,花冠合生,膜质…… 车前草科 Plantaginaceae
261.单被花或裸花。
263.单被花,多具艳色,花被质地正常。
264.穗状、球状或圆锥花序,花被片干膜质;胞果 … 苋科 Amaranthaceae
264.花和果非上述特征。
265.雌蕊由2枚或3枚或更多枚心皮合生组成。

266. 雄蕊4枚；叶有显著的纵脉和横脉 ……………… 百部科 Stemonaceae
266. 雄蕊6枚。
267. 花辐射对称；雄蕊大小一致；具鳞茎、球茎或块茎 … 百合科 Liliaceae
267. 花两侧对称；1枚雄蕊较大 ………………… 雨久花科 Pontederiaceae
265. 雌蕊由单心皮或数枚离生或半合生心皮组成。
268. 蓇葖果；多心皮离生；花被离生 ………………… 毛茛科 Ranunculaceae
268. 瘦果或蒴果；心皮1枚或5枚；花被合生。
269. 叶对生，卵形，节常膨大 …………… 紫茉莉科 Nyctaginaceae(栽培)
269. 叶互生，披针形，节不膨大；聚伞花序偏于花序一侧；雄蕊10枚 …………………… 虎耳草科 Saxifragaceae(扯根菜属 *Penthorum*)
263. 裸花；若为单被花，则花被肉质或膜质，无鲜艳色彩。
270. 裸花，每花仅具1枚小苞片，总状或穗状花序，有时基部具4枚白色花瓣状苞片；托叶贴生在叶柄上；鲜植株常具鱼腥气 ………… 三白草科 Saururaceae
270. 单被花。
271. 雌蕊为1心皮或多心皮合生，子房1室。
272. 花常单性，花丝在花蕾中内曲；瘦果或核果。
273. 叶基部平截，近圆形或浅心形 … 桑科 Moraceae(水蛇麻属 *Fatoua*)
273. 叶基部楔形，或不对称 ……………………………… 荨麻科 Urticaceae
272. 花常两性，花丝在花蕾中直立；坚果或胞果。
274. 一年生匍匐草本，多分枝，节处多生根；叶对生 ……………………………………………………………………… 苋科 Amaranthaceae
274. 直立草本，叶互生 ……………………………… 藜科 Chenopodiaceae
271. 雌蕊为离生的多心皮组成，或由3～5心皮合生，子房3～5室。
275. 雌蕊为8～10枚离生心皮组成；花被4裂；茎常紫红色；肉质直根，圆柱形 ………………………… 商陆科 Phytolaccaceae(栽培，逸为野生)
275. 雌蕊为3～5枚心皮合生，子房3～5室。
276. 叶对生，或轮生 ……………………………… 粟米草科 Molluginaceae
276. 叶互生 …………………………………………… 大戟科 Euphorbiaceae
255. 两被花，花被合生，或离生。
277. 花冠离生。
278. 叶常具叶鞘，或叶基部有鞘状膜质边缘；花3基数；雄蕊常6枚。
279. 叶线形，基生，叶片基部有鞘状膜质边缘，无叶鞘。
280. 常具乳状汁液；伞形花序顶生，花瓣无爪；蓇葖果 ……… 花蔺科 Butomaceae
280. 花序球状；花萼不等大，花瓣具爪；蒴果 ……………… 黄眼草科 Xyridaceae
279. 叶具叶鞘；绝非伞形花序。
281. 叶基生；雌蕊由多枚离生心皮组成；聚合瘦果 ………… 泽泻科 Alismataceae
281. 叶茎生，叶鞘明显；花常蓝色，花冠基部常合生，花丝常具念珠状毛，雌蕊合生；蒴果 ………………………………………… 鸭跖草科 Commelinaceae

278. 叶无叶鞘；花4基数，或5基数。

282. 多年生常绿草本，叶簇生基部；总状花序单生茎顶，花5基数；蒴果，花柱宿存 ………………………………………………………………… 鹿蹄草科 Pyrolaceae

282. 植物体、花和果实非上述性状。

283. 具托叶；花被有时具距，花瓣覆瓦状排列，花具退化雄蕊；蒴果具细长喙，花萼宿存，成熟时果瓣由基部向上反卷，果瓣在上端与花柱相连接，每果瓣有1粒(稀2粒)种子 …………………………………………………… 牻牛儿苗科 Geraniaceae

283. 果实非上述性状。

284. 叶对生或轮生。

285. 植物体常具腺点或黑点；雄蕊多数，花丝细长，基部合生成数束，即多体雄蕊 ………………………………………… 金丝桃科(藤黄科) Hypericaceae

285. 植物体和雄蕊非上述性状。

286. 茎节常膨大；特立中央胎座；花瓣顶端常2浅裂或深裂，或流苏状，稀不裂 ……………………………………………………… 石竹科 Caryophyllaceae

286. 茎节不膨大；中轴胎座；花瓣不裂。

287. 直立草本；花柱1枚，雄蕊5枚以上 …………… 千屈菜科 Lythraceae

287. 匍匐小草本；花柱3枚，雄蕊3枚……………… 沟繁缕科 Elatinaceae

284. 叶互生或簇生。

288. 叶常簇生，无茎，稀有茎，具托叶，宿存；花两侧对称，花萼宿存；子房3心皮，1室，侧膜胎座，种子多数 ………………………… 堇菜科 Violaceae

288. 植物非上述性状。

289. 聚伞花序顶生；花4或5基数，辐射对称；蓇葖果；叶肉质 ……………… ………………………………………………………… 景天科 Crassulaceae

289. 花和果实非上述性状。

290. 花丝分离，花药离生；心皮离生，柱头常宿存；花瓣等大，或缺 ……… …………………………………………………… 毛茛科 Ranunculaceae

290. 花丝合生成鞘状，或花丝上部联合，花药联合包围着雌蕊。

291. 萼片5枚，不等大，无距；花冠中间1片呈龙骨瓣状，顶端具附属体；花药孔裂 ………………………………………… 远志科 Polygalaceae

291. 萼片3枚，背后1枚较大，基部延伸成距；富含水汁的草本 ……… ………………………………………………… 凤仙花科 Balsaminaceae

277. 花冠合生。

292. 叶互生，或簇生。

293. 花冠两侧对称，花冠裂片4或5枚，稍唇形，常二强雄蕊，生于花冠筒上；若辐射对称，其叶仅1或2枚，基生，或花丝具须毛。

294. 具地上茎；叶互生，或兼基生 ……………………… 玄参科 Scrophulariaceae

294. 无地上茎；叶1枚或2枚，或数枚基生，多年生常绿草本；蒴果的果瓣常旋卷 …… ……………………………………………………… 苦苣苔科 Gesneriaceae

293. 花冠辐射对称。

295. 植物体常有糙毛或针刺；顶生二歧分枝蝎尾聚伞花序，或总状或穗状花序，花冠筒喉部有鳞片，花丝等长，具花盘；核果或 4 枚小坚果 ……… 紫草科 Boraginaceae

295. 植物体常无糙毛；非蝎尾聚伞花序。

296. 2 心皮歪斜，浆果，稀蒴果，后者具较长的花冠筒；花为顶生、腋生或腋外生的聚伞花序，或簇生花序，或单生叶腋；花萼宿存 ………………… 茄科 Solanaceae

296. 蒴果，花单生于花葶上，或花葶顶端为伞形花序或总状花序，稀单生叶腋。

297. 子房 3～5 室；花柱 1 枚，顶端裂成 3 条具乳头状凸起的花柱臂 ……………………………………………………………… 花荵科 Polemoniaceae（栽培观赏）

297. 子房 1 室。

298. 胚珠多数；特立中央胎座；花柱 1 枚 ……………… 报春花科 Primulaceae

298. 胚珠 1 枚；花柱 5 枚；宿萼具棱，苞片常呈鞘状 ……………………………………………………………… 蓝雪科 Plumbaginaceae（栽培观赏）

292. 叶对生，或轮生。

299. 花冠辐射对称。

300. 雄蕊 2 枚 ……………………………………………… 玄参科 Scrophulariaceae

300. 雄蕊 4 枚或 5 枚。

301. 花萼裂片、花冠裂片和雄蕊数均为 4 枚 …………………………………………………………………… 马钱科 Loganiaceae（姬苗属 *Mitrasacme*）

301. 花萼裂片、花冠裂片和雄蕊数均为 5 枚。

302. 花冠高脚碟状，多种颜色；雄蕊以不同高度生于花冠筒上，花丝基部扩大并有毛；花盘显著 ……………………………… 花荵科 Polemoniaceae（栽培）

302. 花冠和雄蕊非上述性状。

303. 花萼筒较短；花冠裂片无褶，基部也无腺窝；常早春开花 ……………………………………………………………… 报春花科 Primulaceae

303. 花萼筒较长；花冠常蓝紫色，花冠裂片间常有褶，或裂片基部有腺窝，窝内有鳞片或毛 ……………………………………………… 龙胆科 Gentianaceae

299. 花冠两侧对称。

304. 茎常四棱形；果实为 4 枚小坚果，或蒴果包在宿萼内，成熟后裂为 4 枚带翅的小坚果。

305. 子房深 4 裂，花柱基生；果实为 4 枚小坚果 …………………… 唇形科 Labiatae

305. 子房不裂，花柱顶生；蒴果包在宿萼内，成熟后 4 裂 … 马鞭草科 Verbenaceae

304. 茎常圆柱形；瘦果或蒴果。

306. 瘦果包于萼内，棒状，下垂，有 3 枚萼齿呈芒状沟 …… 透骨草科 Phrymataceae

306. 蒴果，无 3 枚芒状钩的萼齿。

307. 叶常较小，若叶长达 15 cm 者，则花具苞片；花常组成大型花序，若单生叶腋者，则叶较小，近无柄。

308. 花序无艳色苞片；花药 2 室，等高且等大；蒴果内无种钩 ……………………

………………………………………………… 玄参科 Scrophulariaceae

308. 花序常具艳色苞片，小苞片2枚或退化；雄蕊2枚或4枚，花药2室或1室，药室不等大，稀等大，药室不等高，稀等高；蒴果常长椭圆形，有种钩将种子弹出 ……………………………………… 爵床科 Acanthaceae

307. 叶大，长达15～18 cm，椭圆形；叶柄有翅，基部合生成船形，或叶柄无翅；花常单生叶腋，或对生或成球状花序，无苞片。

309. 直立草本，高可达1 m以上；发育雄蕊4枚；蒴果四棱状长椭圆形，或长卵形，室间开裂…………………… 胡麻科 Pedaliaceae(胡麻属 *Sesamum*)

309. 具纤弱匍匐茎的草本；发育雄蕊2枚；蒴果镰刀状 ……………………………………………………………………… 苦苣苔科 Gesneriaceae

254. 子房下位，或半下位。(次项见第115页)

310. 叶对生，或轮生。

311. 花冠合生。

312. 叶常轮生，稀对生，全缘，常具托叶 …………………………… 茜草科 Rubiaceae

312. 叶对生，具齿或羽状裂，无托叶。

313. 聚伞花序，常无苞片；果常具翅 ……………………… 败酱科 Valerianaceae

313. 球状花序，或呈间断的穗状花序，具苞片，顶端芒刺状 ………………………………………………………………………… 川续断科 Dipsacaceae

311. 花被离生，单被花或裸花，稀两被花。

314. 茎四棱，有糙伏毛；叶披针形，基出脉3～9条；球状花序顶生，具副花冠 ……………………………………………………………… 野牡丹科 Melastomataceae

314. 茎常圆柱形；网状脉序；非顶生球状花序，无副花冠。

315. 两被花，花萼筒状，与子房合生，并延伸于外呈萼管状，即所谓托管 ………………………………………………………………… 柳叶菜科 Onagraceae

315. 单被花，或裸花。

316. 植物体直立，茎节明显，无根状茎；裸花，圆锥状、穗状或球状花序 ……………………………………………………………… 金粟兰科 Chloranthaceae

316. 植物体细弱，茎无明显的节，具根状茎；单被花，单生或聚伞花序 ………………………………………………………………… 虎耳草科 Saxifragaceae

310. 叶互生，或簇生。

317. 叶具网状脉，或掌状基出脉；无明显叶鞘。

318. 叶1枚或2枚，基生，心形或肾形；花单生叶腋 ……………………………………… 马兜铃科 Aristolochiaceae(细辛属 *Asarum*)

318. 叶多枚；花组成花序。

319. 茎节明显膨大；叶基部偏斜；花被片4枚，2大2小，对称 ………………………………………………………………………… 秋海棠科 Begoniaceae

319. 茎节不明显膨大；叶基部对称。

320. 花萼杯状，或漏斗状，不向外延伸；常无花瓣 …… 虎耳草科 Saxifragaceae

320. 花萼筒状，与子房合生，并延伸于外，雄蕊生于花瓣上 ………………………………………………………………………………… 柳叶菜科 Onagraceae

317. 叶具平行脉序，叶片常线形、针形或剑形，稀较宽；常有叶鞘。

321. 花具合蕊柱，内轮花被的其中 1 枚呈唇瓣，偶基部延伸成距；种子多数且极小 …………………………………………………………… 兰科 Orchidaceae

321. 花非上述性状。

322. 发育雄蕊 3～6 枚；叶片狭窄，稀较宽。

323. 叶常基生，叶鞘对折套合成 2 列，叶片竖向扁平；聚伞花序，花稀疏 ……………………………………………………………… 鸢尾科 Iridaceae

323. 叶鞘不套合成扁平的 2 列；总状花序或伞形花序。

324. 总状花序；子房半下位 ……… 百合科 Liliaceae(沿阶草属 *Ophiopogon*

324. 伞形花序，稀 1 朵花生于花葶上，具白色膜质苞片；子房下位 ……………………………………………………………… 石蒜科 Amaryllidaceae

322. 发育雄蕊 1 枚，不育雄蕊呈花瓣状；叶片较宽，平行脉常斜伸。

325. 花药 2 室；穗状或圆锥花序由根状茎的节部抽出；花被肉质，萼片合生成管状，或佛焰苞状；植株具辛辣香气 …………………… 姜科 Zingiberaceae

325. 花药 1 室；退化雄蕊呈花瓣状；总状或圆锥花序顶生；萼片离生，花大艳丽，花瓣为退化的雄蕊所发育 ……………………………… 美人蕉科 Cannaceae

第六章 高等植物的鉴别要点

第一节 高等植物鉴别的关键特征

一、苔藓植物

苔藓植物有配子体和孢子体之分，孢子体寄生于配子体上，属于半寄生，这是因为几乎所有的孢子体都是绿色自养的。苔藓植物分为两大类，即苔纲和藓纲。苔纲的植物因数量较少，结构简单，比藓纲植物的鉴定要容易一些。

1. 苔纲植物鉴别的关键特征

苔纲植物的配子体，分叶状体和匍匐的枝状体。对于匍匐的枝状体，一定要注意区分自茎的基部到顶端的两列(或具腹叶的3列)侧叶的排列方式。在自然生长状态下，从上面看，两列侧叶自基部向顶端依次覆瓦状排列，称蔽前式排列，这种排列往往看不见茎。如果两列侧叶自顶部向基部依次覆瓦状排列，称蔽后式排列，这种排列使得茎暴露在外面。

鉴定苔纲植物的另外一些关键特征，是侧叶的背瓣和腹瓣的形态，一般背瓣比腹瓣大，背瓣分前缘和后缘，靠近茎端方向的叶缘叫前缘。另外，叶片是否具肋，在显微镜下叶片细胞边缘是否具三角体和球状加厚，以及有无细胞。

苔纲植物的孢子体结构比较简单。

2. 藓纲植物鉴别的关键特征

藓纲植物的配子体有茎叶分化，鉴定主要依靠叶片的形态和结构。叶片由单层细胞组成，在显微镜下观察叶片的整个形态，对叶片的叶尖、叶边、叶基、叶耳和中肋的细胞形态进行观察，特别是叶片基部的角细胞的形态，最好都需要画出草图，便于以后检索和核对。有些藓类植物的叶片先端腹面具纵向的梳齿状的栉片，有的植物在细胞表面具各种凸起，均要观察记录。

藓纲植物的孢子体分蒴柄、孢蒴和蒴帽。孢蒴分蒴台、蒴壶、蒴轴、蒴齿和蒴盖，也是分类的重要依据。蒴帽却是配子体的颈卵器发育的产物，对于分类鉴定很重要，因为蒴帽的形态多样，是个稳定的遗传特征，但采集标本时容易脱落，所以要注意保存好蒴帽。

二、蕨类植物

蕨类植物的孢子体和配子体是各自独立生长的，由于配子体太小，鉴别蕨类植物只能靠孢子体。首先，蕨类植物孢子体的叶片分为大型叶和小型叶(鳞形叶或刺形叶)，一般来说，具有大型叶的蕨类植物，其茎常位于地下（桫椤除外）；而具小型叶的蕨类植物，其茎位于地上，直立或匍匐；藤本的蕨类植物仅1个种，即海金沙。

其次，蕨类植物的孢子囊分为单生叶腋的、聚生叶背面的，水生蕨类近似生于茎端上的孢子果（由数枚叶片包裹的孢子囊群）。特别是叶背上的孢子囊群的形态、着生位置、有无囊群盖，是分类的重要依据。

再次，蕨类植物的孢子囊是厚壁的，还是薄壁的；孢子囊上的环带是如何分布的？

最后，蕨类植物的孢子是同型的，还是异型的。如果是同型，即没有大小孢子之分，孢子萌发成原叶体后，其上既生颈卵器，又生精子器。如果是异型，即具大小孢子之分，大孢子萌发成原叶体后，其上仅生颈卵器；小孢子萌发成原叶体后，仅生精子器。

另外，少数蕨类植物的孢子体分为生殖叶和营养叶，如东方荚果蕨和紫萁。有些具积聚叶，如槲蕨。鉴定蕨类植物主要依靠叶的形态和生于叶片上的孢子囊（群）。

三、裸子植物

裸子植物种类不多，全球约800种，主要集中在松柏纲，没有草本植物。根据叶形、孢子叶的变态和雌球果（大孢子叶球）的结构，鉴定像苏铁纲、银杏纲、麻黄纲和红豆杉纲都比较容易。最难鉴定的是松柏纲植物。

在松柏纲中，有松科、杉科和柏科。分科检索表如下：

1. 球果的种鳞和苞鳞分离，每个种鳞具2枚种子 …………………………………… 松科
1. 球果的种鳞和苞鳞半合生或完全合生，每个种鳞具1枚或多枚种子。
   2. 叶和种鳞均为螺旋状排列，稀交互对生；每种鳞具2～9枚种子 ………… 杉科
   2. 叶和种鳞均为交互对生或轮生；每种鳞具1枚或多枚种子 ………………… 柏科

在鉴定这3个科的物种时，所依据的关键特征是不同的。

(1) 松科

首先，要区别是否具长枝与短枝、在短枝上叶片着生方式，以及叶片的形态与寿命。其次，大小孢子叶球、孢子叶的形态结构和着生方式，大孢子叶球成熟期，种鳞和苞鳞的结构，是分类的主要依据。第三，营养叶的形态、气孔线分布和叶片内树脂道分布，都是参考特征。

(2) 杉科

该科植物与松科植物非常相似。在鉴定杉科植物时，首先，叶和种鳞的形态、着生方式，以及是否脱落。其次，是否具苞鳞。最后，小枝是否整体脱落。

(3) 柏科

对于柏科植物，首先，依据叶片是刺形叶还是鳞形叶；如果是刺形叶，再根据叶片在茎上是3或4列着生，还是6列着生；如果是鳞形叶，再根据鳞叶在茎上交互对生的形态与大小，有无白粉。有时需要观察叶片基部是否具关节。其次，对于具磷叶的枝条，是圆的、扁的，还是四棱的；枝条排列成平面，还是散开的；另外，枝条是上举，还是下垂。第三，雌球果的大孢子叶的形态和着生方式很重要，是盾状着生，还是基部着生。根据以上3条特征，基本可以确定其分类地位。

四、被子植物

被子植物数量巨大，科的数目多，难以鉴别，特别是有些大属更难鉴定。在经典的被子

植物分类4个系统中,恩格勒系统比较简洁适用。1998年由被子植物种系发生学组(Angiosperm Phylogeny Group,APG)出版的一种对于被子植物的现代分类法即APG分类法,主要依照植物的3个基因组DNA的测序,以亲缘分支的方法分类,包括两个叶绿体和一个核糖体的基因编码,将被子植物系统分为40个目和462个科,另外36个科还没有分到任何一个分支内的科或目中,并且隶属关系不清的科还有25个。到了2003年,该研究组对这种分类法又出版了修订版《被子植物APG Ⅱ分类法(修订版)》。接着,2009年又出版了APG Ⅲ,共分为59目、415科,另有4目、2科及3属未确定位置。所以,被子植物APG分类法目前难以进入实用阶段。

恩格勒系统将被子植物分为双子叶植物纲和单子叶植物纲;双子叶纲又分为离瓣花亚纲和合瓣花亚纲。离瓣花亚纲又依次分为柔荑花序类、子房上位类和子房下位类;合瓣花亚纲也依次分为子房上位类和子房下位类。单子叶纲分为萼花亚纲、颖花亚纲和冠花亚纲。该系统的整体框架比较清晰,各科的识别关键特征见下一节内容。

第二节 野外被子植物鉴别要点与经验

在野外识别被子植物靠的是它们的一些关键特征,往往需凭经验去鉴别。如果你缺乏足够的野外工作经验,只能按照地方植物志或植物图鉴对照科的特征描写去识别植物,同时必须根据植物的习性、根、茎、叶、花、果和种子等特征逐一比对。即使这样做,在野外要现场迅速地识别植物往往也是难以做到的。在野外识别植物的最好方法是查阅分科检索表,一旦检索到某个科,再根据该科的分属检索表继续查找到属,最终根据该属的分种检索表才能鉴定到具体的物种。在野外作业鉴别植物时,特别是遇到一些大属的植物,我们最好不要直接叫出它们的种名,这样极容易出错,为了慎重起见,一般能够鉴别出属名就可以了。

然而,我们通过对植物分类学经验的介绍,仅通过极少的关键特征,往往就可将植物鉴定到科。在这里,鉴别特征即鉴别要点至关重要,再配合参考特征,基本上就可以确定植物的科名了。

其实,根据在野外实习或样地调查中的多年经验,在野外识别植物,觉得最难辨认的是那些尚未开花和结果的草本植物的营养体。由于这些草本植物尚未发育出生殖器官,无法查阅检索表,要完全凭经验进行识别。

为了方便大家今后的野外工作,特别是帮助大家在做样方时识别植物,现将一些常见的被子植物草本的营养体照片,刊于书末附录3中。当然,并不是所有的草本植物都能够凭营养体进行鉴别,例如,禾本科和莎草科的许多植物的营养体是无法辨认的,一定需要生殖器官的特征才能够准确地鉴定。有些大属的近缘种之间,有时仅凭营养体也难以区分。事实上,识别许多草本植物的营养体,全靠野外工作经验的积累。

被子植物各科鉴别的关键特征与经验,现总结如下(科的排列顺序按照恩格勒系统,1964年修订):

1. 杨梅科(Myricaceae)

鉴别要点:花单性;裸花;核果,外果皮具树脂和腊质形成的小疣体。

参考特征:常绿木本;单叶,互生;雄花为穗状花序;雌花序为球形;栽培。

2. 胡桃科(Juglandaceae)

鉴别要点:羽状复叶,互生;枝条髓心常具许多平行的很薄的片状隔膜,或实心;花单性同株;裸花或花瓣缺;子房下位,2心皮合生。

参考特征:落叶木本;雄花常为柔荑花序;果实为核果或有翅的坚果,其肉质和纤维质的外果皮由苞片与花被包围子房而成。

3. 杨柳科(Salicaceae)

鉴别要点:花单性异株;柔荑花序;裸花;2心皮,侧膜胎座;蒴果。

参考特征:落叶木本;单叶,互生;每小花具1苞片;种子多,细小,基部具种子毛。

4. 桦木科(Betulaceae)

鉴别要点:单叶,互生;花单性,雌雄同株;坚果、小坚果或翅果,基部或外面有果苞包围或托着。

参考特征:落叶木本;叶缘具齿;花先叶开放;雌花序为总状、圆柱状、柔荑状或球果状(为许多小聚伞花序组成)。

5. 壳斗科(山毛榉科)(Fagaceae)

鉴别要点:花单性,雌雄同株;雌花序具壳斗状总苞;柔荑花序;子房下位;坚果。

参考特征:木本植物;单叶,互生;叶脉直达叶缘,常外延至齿端。

6. 榆科(Ulmaceae)

鉴别要点:单叶,互生,基部常偏斜;裸花;子房上位;翅果、具翅的小坚果或核果。

参考特征:落叶木本;冬芽具覆瓦状鳞片;斜出的平行羽状脉,或三出脉;叶片粗糙。

7. 杜仲科(Eucommiaceae)

鉴别要点:叶片或枝条韧皮部撕断后具有白色胶质黏细丝;花单性,异株;裸花。

参考特征:落叶木本;单叶,互生,叶片具光泽;小坚果具翅,扁而薄;栽培。

8. 桑科(Moraceae)

鉴别要点:花小,单性,同株或异株;花4基数;子房上位,1室;小瘦果或核果,常包有肥大增厚的肉质花被,或肉质部分由子房基部肥大而成聚花果(复果),或瘦果包藏于肉质的花序托内(隐头花序发育的复果)。注意,*Ficus* 属具有环状托叶痕。

参考特征:常具乳汁;榕属是环状托叶痕;雄蕊与花被片同数,且对生。

9. 大麻科(Cannabinaceae)

鉴别要点:花5基数;单性异株;瘦果,具宿存花被。

参考特征:直立或缠绕草本;具托叶;花序腋生;雄花序圆锥状,雌花丛生或集成球状(该科从桑科分离出来的)。

10. 荨麻科(Urticaceae)

鉴别要点:茎皮具坚韧纤维;叶表皮细胞具显著的钟乳体;常具螫毛;花小,绿色,单性(稀两性);子房上位,1室,1胚珠,直立着生。

参考特征:单叶;雌花中具退化雄蕊,雄花中具退化雌蕊;干燥的瘦果或肉质的核果。

11. 铁青树科(Olacaceae)

鉴别要点:一年生枝条基部具明显的螺纹状的短枝;子房半下位。

参考特征:落叶木本;单叶,互生;花辐射对称,花萼杯状;核果。

12. 檀香科(Santalaceae)

鉴别要点:花被一轮,常肉质,基部管状,雄蕊与花被裂片同数且对生;子房下位或半下位。

参考特征:单叶,全缘;花小,辐射对称;坚果或核果。

13. 桑寄生科(Loranthaceae)

鉴别要点:寄生或半寄生常绿灌木(寄生于树枝上);雄蕊与花瓣同数且对生;子房下位;浆果或核果。

参考特征:叶小或退化;无根,以吸器插入宿主;花序具苞片或小苞片;花萼与子房合生,花冠分离或合生,4~8 枚。

附:蛇菰科 Balanophoraceae:为寄生肉质草本;茎肥壮不分枝,叶退化鳞片状;密集肉穗花序顶生,花小,单性;雌花无花被,雄花具 3~8 裂 1 轮花被;子房上位,1 室,1 胚珠;坚果,极小。

14. 蓼科(Polygonaceae)

鉴别要点:叶柄基部具筒状托叶鞘套在节间上;托叶鞘的形状、质地和附属物是分属的重要依据(在野外往往就是凭托叶鞘来鉴别蓼科的)。

参考特征:草本(稀木本);单叶,互生;花被宿存;雄蕊常 8 枚;小瘦果。

15. 商陆科(Phytolaccaceae)

鉴别要点:多年生大型富含水汁草本;茎肥粗,光滑;单叶,互生,全缘;常无花瓣;浆果,紫红色。

参考特征:总状花序腋生或顶生;花具苞片和 2 小苞片;雄蕊 8 或 10 枚;子房上位,心皮多数;浆果紫色;栽培或伴人植物。

16. 紫茉莉科(Nyctaginaceae)

鉴别要点:花整齐,具分离或合生的苞片,相似萼片;无花瓣,花萼呈花瓣状,艳丽;瘦果具棱或槽,有时具翅。

参考特征:茎节常膨大,单叶,全缘;无托叶;子房上位,1 室,1 胚珠;花柱单一;栽培或伴人植物。

17. 粟米草科(Molluginaceae)

鉴别要点:单叶,全缘;对生或轮生;花小,5 基数;无花瓣;蒴果,种子细小而多。

参考特征:多分枝小草本;腋生总状或聚伞花序;子房上位,3~5 室(该科从番杏科分离出来的)。

18. 番杏科(Aizoaceae)

鉴别要点:肉质草本;单叶,肥厚,多汁;雄蕊与花被同数而互生,或极多,外层雄蕊花瓣状。

参考特征:一年生或多年生,茎倾斜或匍匐状;坚果具宿存的花萼,或肉质蒴果,顶端星状开裂。

19. 马齿苋科(Portulacaceae)

鉴别要点:茎叶肉质;单叶,全缘;花两性;花萼常2枚(稀5);子房1室,胚珠2至多枚,具基生的珠柄或生于中央轴上;蒴果,环状盖裂或2～3瓣裂(稀不裂)。

参考特征:直立或匍匐草本;全株光滑无毛;栽培或伴人植物。

20. 落葵科(Basellaceae)

鉴别要点:肉质藤本;叶片肥厚,单叶,互生;花序穗状,肉质,腋生;浆果紫色,具宿存的肉质花被和小苞片包围。

参考特征:光滑无毛;花小,芽状,两性,5基数,雄蕊与花被对生;栽培或伴人植物。

21. 石竹科(Caryophyllaceae)

鉴别要点:单叶,全缘,对生,节膨大;花4～5基数;特立中央胎座。

参考特征:草本;花萼宿存,边缘膜质;花瓣具爪,顶端内凹或2裂;种子多数(各地广布)。

22. 藜科(Chenopodiaceae)

鉴别要点:单被花,极小;花具苞叶和小苞片,簇生成穗状或再组成圆锥花序;花被在果期背面常发育成针刺状、翅状或疣状附属物;胞果,通常包裹于宿存的花被内。

参考特征:多草本;单叶,多互生;无托叶;柱头常2,胚珠1枚(各地广布)。

23. 苋科(Amaranthaceae)

鉴别要点:花小,苞片和2枚小苞片干膜质,小苞片常成刺状;花被片3～5,萼片状,干膜质;花丝分离或基部联合,常具退化雄蕊。

参考特征:多草本;多单叶,无托叶;花多两性;胞果盖裂或不裂,稀为浆果状或坚果(各地广布)。

24. 木兰科(Magnoliaceae)

鉴别要点:枝条具环状托叶痕(很多情况下凭此特征鉴别,但要注意,桑科的 *Ficus* 属也具有该特征);花单生枝条顶端;花托棒状凸起;聚合骨突果。

参考特征:木本;单叶,互生;单被花;雌蕊和雄蕊多数,离生,螺旋状排列。

25. 五味子科(Schisandraceae)

鉴别要点:木质藤本;单叶,互生于短枝上;花单性;单生或数朵簇生于叶腋;雄蕊和心皮均多数,分别着生于凸起的花托上(花托在花后常进行居间生长);浆果状的聚合果。

参考特征:茎和枝上皮孔明显;单被花;花各部分离生(该科是从木兰科分离出来的)。

26. 八角茴香科(Illiciaceae)

鉴别要点:常绿木本;单叶,互生或簇生枝条上端;花两性;花被片4至多数,多轮;雄蕊4至多数;心皮5～21枚,1轮;木质聚合骨突果。

参考特征:植株光滑无毛;花单生或2～3朵聚生叶腋(该科是从木兰科分离出来的)。

27. 樟科(Lauraceae)

鉴别要点:具芳香味;雄蕊3～4轮,每轮3枚,花药2或4室,瓣裂;核果或浆果。

参考特征:木本(稀寄生草本);单叶(叶片具透明的油点,但芸香科某些植物也具此特征),互生(稀对生或轮生);无托叶;花小,整齐,子房上位,1室,1胚珠。

28. 领春木科(Eupteleaceae)

鉴别要点:芽常侧生,为鞘状叶柄基部所包裹;花先叶开放;两性花,为腋生的花束;裸花;花药比花丝长,药隔延长成附属物。

参考特征:落叶木本;单叶,互生;心皮6～18,离生;聚合翅果。

29. 连香树科(Cercidiphyllaceae)

鉴别要点:枝条具短枝;单叶,叶对生,在短枝上是互生;花单性,雌雄异株;裸花;聚合瘦果,种子具翅。

参考特征:落叶木本;花单生或簇生,雄蕊15～20,花丝纤细,基着药;雌花4～6心皮。

30. 蜡梅科(Calycanthaceae)

鉴别要点:树皮芳香;花被多数,螺旋状排列,着生于壶状花托之外;心皮多数,离生,着生于壶状花托内部。

参考特征:落叶木本;单叶,对生,无托叶;幼嫩枝条略呈方形;冬季开花,先花后叶;聚合瘦果。

31. 毛茛科(Ranunculaceae)

鉴别要点:雄蕊多数,分离,螺旋状生于凸起的花托上,花药侧裂;心皮1至多枚,离生,螺旋状着生凸起的花托上。

参考特征:习性多样,常草本,稀半灌木;叶形和叶序多样;花序多样;聚合骨突果、瘦果(稀蒴果或浆果)(各地广布)。

32. 小蘖科(Berberidaceae)

鉴别要点:萼片和花瓣相似,覆瓦状排列,2至数轮,每轮3枚;雄蕊与花瓣同数而对生,或为花瓣的2倍,花药常瓣裂;浆果或蒴果。

参考特征:木本;叶互生;光滑无毛;花两性,整齐;子房上位,1室。

33. 大血藤科(Sargentodoxaceae)

鉴别要点:落叶木质藤本;叶互生,3出复叶,侧小叶基部歪斜;花单性,雌雄异株;聚合浆果,肉质,具柄,着生球形花托上。

参考特征:总状花序下垂;萼片6,花瓣6,雄蕊6,雌花具6枚退化雄蕊。

34. 木通科(Lardizabalaceae)

鉴别要点:木质藤本;叶互生,掌状复叶,小叶柄基部膨大;萼片、花瓣、雄蕊均6枚,2轮;多汁的浆果。

参考特征:无托叶;花单性同株,辐射对称,单生或总状花序。

35. 防己科(Menispermaceae)

鉴别要点:藤本;叶互生,常单叶;核果,因一侧生长较快,花柱残迹移近基部,内果皮常骨质,具皱纹、肋状或疣状凸起,果为马蹄形或肾形。

参考特征:常掌状脉序;花小,整齐,单性,雌雄异株;花萼常6枚,花瓣6枚,花瓣比花萼小。

36. 三白草科(Saururaceae)

鉴别要点:茎具明显的节;托叶贴生在叶柄上;花序具小苞片或大而明显的苞片;裸花;侧膜胎座。

参考特征:草本;单叶,互生,基出脉序;花两性,穗状或总状花序,顶生或与叶对生;子房上位,蒴果。

37．金粟兰科(Chloranthaceae)

鉴别要点：茎具明显的节，叶痕明显；单叶，对生，叶柄基部合生成鞘状；裸花，雄蕊 1～3 枚，合生。

参考特征：草本；穗状花序数枚，顶生；花常两性；小核果。

38．马兜铃科(Aristolochiaceae)

鉴别要点：叶常心形；花两性，常单生叶腋；花被 3 裂，花被管囊状或钟状；雄蕊 6 至多数；蒴果，成熟或腐烂后开裂。

参考特征：草本或草质藤本；单叶，互生，无托叶；花柱 6，基部联合成柱状。

39．芍药科(Paeoniaceae)

鉴别要点：2 回 3 出复叶或羽状复叶，互生；花大，顶生或同时腋生；心皮 2～7 枚，离生，常被革质或肉质花盘所包；骨突果，果皮革质。

参考特征：草本或小灌木；苞片数枚，叶状；萼片 3～5 枚；花瓣 5 至多数；雄蕊多数；栽培或伴人植物(该科是从毛茛科分离出来的)。

40．猕猴桃科(Actinidiaceae)

鉴别要点：木质藤本，髓心实或具片状隔膜；冬芽包于膨大的叶柄基部内；花 5 基数；萼片宿存；花药丁字着生；浆果或蒴果。

参考特征：单叶，互生，无托叶；花杂性；花柱常宿存。

41．山茶科(Theaceae)

鉴别要点：木本；单叶，互生，多革质；花 5 基数；苞片常对生于萼下；雄蕊多数，与花瓣连生；子房上位，2～10 室；木质蒴果或浆果。

参考特征：叶全缘或具细齿，具光泽，无托叶；枝条细而脆；花整齐，常具芳香味；花药丁字着生或基着生。

42．金丝桃科(Hypericaceae)

鉴别要点：单叶，对生(稀轮生)；叶片具黑点或腺点；雄蕊多数，花丝纤细，合生为 3～5 束；蒴果(稀浆果)。

参考特征：草本或半灌木；叶纸质，全缘；花常黄色。

43．罂粟科(Papaveraceae)

鉴别要点：具乳白色或有色乳汁；花两性，萼片 2～3 枚，早落；花瓣 4～6 枚，2 轮；蒴果，瓣裂或孔裂。

参考特征：草本；叶互生；雄蕊多数，离生；子房上位，侧膜胎座。

44．白花菜科(Capparidaceae)

鉴别要点：单叶或掌状复叶；花 4 基数；花瓣具爪；蒴果具一个延长的子房柄。

参考特征：草本；互生叶序；花两性；栽培植物。

45．十字花科(Cruciferae)

鉴别要点：富含水汁草本；4 强雄蕊；花冠十字形，花瓣具爪；角果。

参考特征：单叶，互生或莲座状基生；花两性；萼片 4 枚；子房上位，具假隔膜；多为栽培或伴人植物。

46．睡莲科(Nymphaeaceae)

鉴别要点：根生泥中，叶浮水面，或挺水、沉水草本，常具根状茎；叶片大，常盾状着生或心形叶，具中空长叶柄，叶片芽时内卷；花两性，单生于无叶的花葶上，双被花（稀单被花）；花萼常 4～5 枚，花瓣和雄蕊多数；浆果、瘦果、骨突果或核果。

参考特征：① 莲亚科：心皮多数，分离，嵌生于海绵状倒锥形的花托内；子房上位，1～2 胚珠；花粉 3 沟；组织具导管（栽培或逸生）。

② 睡莲亚科：心皮 5 至多数，合生；子房下位或半下位，多数胚珠；花粉 1 沟；组织无导管（栽培或野生）。

③ 莼菜亚科（水盾草亚科）：心皮 3～18 枚，分离；子房上位，2～8 胚珠；花粉 1 沟；组织无导管（叶盾形或扇形二歧式分裂，裂片丝状）。

47. 金鱼藻科（Ceratophyllaceae）

鉴别要点：沉水草本；叶轮生，二歧式分裂；花小，单性，腋生，裸花；总苞 8～12 裂；雄花具多数雄蕊；雌花仅 1 雌蕊；坚果具 3 枚长刺。

参考特征：茎纤细，具分枝，节与节间明显；叶裂片具细齿；子房上位，1 心皮。

48. 金缕梅科（Hamamelidaceae）

鉴别要点：木本；常具星状毛；托叶一般成对，常宿存；子房常下位、半下位，2 心皮合生，顶端分离；木质蒴果。

参考特征：单叶，互生；花较小，头状或总状花序；花瓣和萼片同数，稀缺。

49. 悬铃木科（Platanaceae）

鉴别要点：落叶乔木；树皮片状不规则脱落；单叶，互生，掌状分裂，叶柄基部膨大套在芽上（柄下芽）；花单性，雌雄同株，密集的球状花序 1 至 3 枚串生。

参考特征：聚合坚果，种子基部具刚毛；栽培植物。

50. 茅膏菜科（Droseraceae）

鉴别要点：食虫小草本；叶簇生或互生，密生具黏液腺毛；

参考特征：花两性，整齐；花 4～5 基数，萼片宿存；花瓣和雄蕊与萼片同数；子房上位；蒴果室背开裂，种子多而细小（喜生阴湿环境或沼泽地）。

51. 景天科（Crassulaceae）

鉴别要点：常肉质草本，基部具木质化根状茎；常单叶；花 4～5 基数，花瓣与萼片同数或缺；雄蕊与花瓣同数或 2 倍；心皮与花瓣同数；骨突果。

参考特征：花常两性，整齐；常聚伞花序；种子多数（多为耐旱植物）。

52. 虎耳草科（Saxifragaceae）

鉴别要点：花两性，常整齐；花被周位生或上位生；萼片与花瓣常 4～5 枚，雄蕊 5～10 枚，其外轮常与花瓣对生；蒴果或浆果。

参考特征：习性叶序和花序多样；无托叶；心皮 2～5，子房 1～5 室；种子小，具翅（丘陵和山地常见）。

53. 海桐花科（Pittosporaceae）

鉴别要点：常绿木本；茎皮具树脂道；单叶，簇生枝顶；花 5 基数；蒴果，种子具红色黏液（假种皮来源）。

参考特征：花两性，整齐；花瓣常外卷，雄蕊与花瓣互生；子房上位。

54. 蔷薇科（Rosaceae）

鉴别要点：具花萼筒，花瓣和花丝基部联合着生在萼筒的四周边缘。

参考特征:① 绣线菊亚科:开裂的骨突果或蒴果;心皮离生;小花组成伞形、伞房或圆锥花序;木本植物。

② 蔷薇亚科:蔷薇果(聚合瘦果);花托杯状或壶状,周位花,萼片宿存;多为复叶,具托叶(各地广布)。

③ 苹果亚科:梨果;子房下位,心皮2～5枚,与杯状花托内壁合生;花萼宿存;木本植物。

④ 李亚科(梅亚科):核果;花萼脱落;心皮1枚;单叶,互生;木本植物。

55. 豆科(Leguminosae)

鉴别要点:荚果(节荚)。

参考特征:① 蝶形花亚科:花两侧对称;蝶形花,花瓣覆瓦状排列(向下覆瓦,即最上面的花瓣位于最外方);二体雄蕊(各地广布)。

② 含羞草亚科:花辐射对称;花瓣镊合状排列;雄蕊5、10或多数;荚果不裂,或节荚;羽状复叶。

③ 云实亚科:花两侧对称;花瓣覆瓦状排列(向上覆瓦,即最上面的花瓣位于最内方);雄蕊10枚,离生。

56. 酢浆草科(Oxalidaceae)

鉴别要点:盾状3出复叶;小叶先端内凹。

参考特征:草本植物,稀木本;花5基数;常蒴果。

57. 牻牛儿苗科(Geraniaceae)

鉴别要点:花5基数;蒴果,浅裂,每果瓣具1种子,成熟时果瓣由基部向上卷曲,常与花柱所连接,形成喙。

参考特征:草本;具托叶;花两性;花萼宿存,萼基部背面与花梗处常形成距;花瓣覆瓦状排列;花丝基部常联合;子房上位(各地广布)。

58. 旱金莲科(Tropaeolaceae)

鉴别要点:一年生藤本;单叶,互生,叶片圆形,盾状着生,具长柄;花两侧对称,具长花柄,艳丽,萼片具距;花瓣与萼片同数,5枚,不等大。

参考特征:花单生叶腋;雄蕊8枚;子房上位;3室的蒴果(栽培花卉)。

59. 亚麻科(Linaceae)

鉴别要点:直立草本,茎皮具纤维;单叶,互生,全缘;花4～5基数;花瓣极易凋谢;子房上位,2～5室,因假隔膜呈4～10室;蒴果,每室1～2种子。

参考特征:萼片边缘常有腺体;雄蕊花丝联合,常具退化雄蕊5枚;柱头3～5,丝状,分离(生于我国西北部,东部栽培或逸生)。

60. 蒺藜科(Zygophyllaceae)

鉴别要点:匍匐草本,小枝具关节;偶数羽状复叶;蒴果或核果状,由5个分果瓣组成,每果瓣具长短刺各1对。

参考特征:叶对生或互生;花单生叶腋;雄蕊10枚,5个长雄蕊与花瓣对生,5个短雄蕊与萼片对生;子房上位(盐碱地常见)。

61. 大戟科(Euphorbiaceae)

鉴别要点:单性花,同株或异株,或同序或异序;花序多样,或杯状花序;3心皮,子房上位;蜜腺环状或裂为腺体。

参考特征:习性多样;多数互生;常具托叶;常具乳汁;多蒴果(稀浆果或核果状);种子常具种阜(各地广布)。

62. 交让木科(Daphniphyllaceae)

鉴别要点:常绿木本;单叶;互生,叶柄常红色;花小,单性,雌雄异株;花萼盘状或3~6裂,花瓣缺;雄花具6~12雄蕊,花丝短,无退化雌蕊;雌花子房上位,2心皮,不完全2室;核果。

参考特征:老叶脱落较整齐;全缘,无托叶;柱头2,卷曲,常分叉(亚热带常绿林伴生树种)。

63. 芸香科(Rutaceae)

鉴别要点:植株含芳香油;复叶或单身复叶,常互生(稀对生),叶片具透明油点;花4~5基数;具花盘,雄蕊生于花盘基部,与花瓣同数或为其2倍;药隔末端具油点;子房生位,2至多心皮;多为柑果(少蒴果或核果)。

参考特征:习性多样;花序多样;多为栽培植物。

64. 苦木科(Simaroubaceae)

鉴别要点:落叶木本,树皮味苦;羽状复叶,互生;花丝基部常具鳞片;心皮2~6枚,分离,核果1~5枚并生或翅果2~6枚同生一果柄上。

参考特征:无托叶;萼片与花瓣同数;雄蕊与花瓣同数或为其2倍;子房上位。

65. 楝科(Meliaceae)

鉴别要点:落叶木本;1~3回羽状复叶,互生;雄蕊常为花瓣2倍,花丝合生成管状,管顶不整齐(稀离生),或雄蕊5枚离生,具退化5枚;子房上位,具花盘。

参考特征:叶片具光泽;花常两性;花4~5基数;蒴果、浆果或核果。

66. 远志科(Polygalaceae)

鉴别要点:萼片5枚,不等大,或近相等;花瓣3~5枚,不等大,其中1枚龙骨瓣状,顶端具鸡冠状附属物或缺;花丝下部联合成鞘状,花药孔裂;常蒴果。

参考特征:小型草本;单叶,全缘,互生(稀对生);花两性,两侧对称;子房上位。

67. 漆树科(Anacardiaceae)

鉴别要点:木本(稀藤本);叶互生;羽状复叶,若为单叶,则不育花的花梗延长并呈羽毛状;圆锥花序顶生或腋生;花小,花萼和花瓣3~5枚,少缺花瓣;雄蕊与花瓣同数或为其2倍;核果。

参考特征:树皮常含树脂;无托叶;花性多样;子房上位,常1室。

68. 槭树科(Aceraceae)

鉴别要点:枝条光滑;冬芽具鳞片;叶对生,单叶,掌状分裂,少羽状复叶;花性多样;花4~5基数;雄蕊4~10,常8枚;双翅果,成熟时由中间分裂。

参考特征:木本植物;无托叶;双被花,稀缺花瓣;子房上位;具花盘。

69. 清风藤科(Sabiaceae)

鉴别要点:木本;单叶或羽状复叶,互生;花瓣4~5枚,不等大,常内2枚较小;雄蕊4~5枚,与花瓣对生,常均发育或3枚药室退化,具厚药隔;子房上位,具花盘;核果。

参考特征:无托叶;花性多样;聚伞或圆锥花序;子房 2～3 室,每室 1～2 胚珠,柱头合生。

70. 凤仙花科(Balsaminaceae)

鉴别要点:富含水质草本,茎节膨大;单叶,互生或对生;花两性,两侧对称;萼片 3,不等大,后面 1 片花瓣状,基部延生成中空的长距;花瓣 5,因其 2 对合生,故成 3 片,前面 1 片位于最外方(旗瓣),合生的 2 片位于两侧(翼瓣);雄蕊 5,花丝上部连合,花药连合包围雌蕊。

参考特征:花生叶腋,1 至数朵;子房上位,5 室,每室具多胚珠;蒴果。

71. 冬青科(Aquifoliaceae)

鉴别要点:单叶,互生;花小,整齐,单性,雌雄异株(稀杂性);花瓣 4～5;雄蕊与花瓣同数,且与之互生,在雄花中生于花瓣基部,在雌花中与花瓣离生;浆果状核果,内具 2 至多颗分核,每核具 1 种子。

参考特征:木本植物;常具托叶;雄蕊花丝短;子房上位,3 至多室;花柱极短,柱头 4～6 裂,明显膨大。

72. 卫矛科(Celastraceae)

鉴别要点:木本;单叶,对生或互生;双被花,4～5 基数;雄蕊 4～5,或 10 枚,与花瓣互生;花盘发达,呈各种形状;子房上位,1～5 室,每室 1～2 倒生胚珠;种子常具假种皮。

参考特征:托叶小,常早落;花两性(稀单性),整齐;聚伞或圆锥花序;花柱单一或分枝,柱头 2～5 裂;蒴果、浆果、核果或翅果。

73. 省沽油科(Staphyleaceae)

鉴别要点:落叶木本;芽具 2～4 鳞片;常对生,单数羽状复叶;花 5 基数;雄蕊 5 枚,与花瓣互生,并生于花盘外缘;蒴果膨大成膀胱状,或软革质骨突果,并具假种皮。

参考特征:花整齐;常两性,稀杂性异株;子房上位,心皮 2～3 枚,仅基部合生。

74. 五患子科(Sapindaceae)

鉴别要点:木本(稀缠绕草本);叶互生(稀对生),羽状复叶或 3 出复叶;花小,杂性或退化为单性;花 4～5 基数;花瓣极小,基部常具小鳞片,稀缺;花盘肉质,常偏于一侧;雄蕊 5～10,常 8 枚,常着生于一边。

参考特征:常无托叶;子房上位,2～3 心皮合生,每室 1～2 胚珠;蒴果、浆果、核果或翅果。

75. 七叶树科(Hippocastanaceae)

鉴别要点:落叶木本;掌状复叶对生,小叶 5～9;大型总状或圆锥花序顶生;花 5 基数;花瓣不等大,具爪;花盘环状或偏斜;雄蕊 5～8,生于花盘内;蒴果革质;种子大,光滑,种脐大。

参考特征:无托叶;花杂性,略两侧对称;子房 3 室,常退化 1～2 室。

76. 黄杨科(Buxaceae)

鉴别要点:单叶,常对生,少互生,全缘,近全缘;花序穗状或总状或簇生(稀单生);常单性,裸花;花 4 基数;子房上位;蒴果或核果,顶端具 3 枚宿存花柱。

参考特征:常绿灌木或半灌木;花柱与心皮同数,胚珠倒生,具背脊。

77. 水马齿科(Callitrichaceae)

鉴别要点:细弱沼生小草本;单叶,对生;花细小,裸花;单性,腋生,雌雄同株或同生叶腋内；每花仅具2苞片；雄花仅1雄蕊；雌花仅1雌蕊；蒴果4瓣裂。

参考特征：叶密集枝上端，全缘；花柱2枚；子房上位，4室；每室1胚珠。

78. 马桑科(Coriariaceae)

鉴别要点：木本；枝具棱；单叶，对生或轮生；花小，杂性，绿色；花5基数；浆果状瘦果，成熟时被肉质花瓣所包围。

参考特征：具基出脉；总状花序生于叶腋；萼片和花瓣均5，离生；雄蕊10枚；子房上位。

79. 鼠李科(Rhamnaceae)

鉴别要点：木本(少藤本)，常具刺；花小，两性(稀单性异株或杂性)；萼筒盂状，顶端5裂(稀4)；花瓣5(稀4或缺)，着生萼筒内，常短于花萼而抱雄蕊；雄蕊5(稀4)，与花瓣对生；花盘填满萼筒或贴生萼筒上；子房上位，埋在花盘内或与花盘离生；核果、浆果、坚果或蒴果，有时具翅或具宿萼。

参考特征：单叶，互生(或近对生)，托叶小，早落，或变成刺；叶片3～5基出脉或羽状脉。

80. 葡萄科(Vitaceae)

鉴别要点：木质或草质藤本，具卷须，卷须多与叶对生，茎具明显的髓，白色或褐色；叶互生(基部叶有时对生)；聚伞、圆锥或伞房花序与叶对生；花4～5基数，双被花；雄蕊4～5，与花瓣对生，生于花盘基部；子房上位，2室(稀3～6)，每室1～2胚珠；浆果。

参考特征：单叶或掌状复叶；托叶小，早落；单叶均为掌状脉序。

81. 梧桐科(Sterculiaceae)

鉴别要点：植物体常具星状毛；单叶或掌状分裂，互生，具托叶；萼片3～5，镊合状排列，基部稍合生；花瓣5或缺，分离或基部与雌雄蕊柄合生；雄蕊多数，花丝常连合成管状，退化雄蕊5，发育雄蕊与花瓣对生；子房上位，2～5室，每室2至数胚珠；蒴果。

参考特征：习性多样，有的茎皮具纤维；花两性或单性；子房有时具柄。

82. 椴树科(Tiliaceae)

鉴别要点：植物体具星状毛或细毛，茎皮具纤维；单叶，互生；花两性(稀单性异株)，整齐；萼片5(稀3～4)，镊合状排列；花瓣与萼片同数，基部有时具腺体，稀缺花瓣；花盘发达或缺；雄蕊多数或10枚，花丝分离或连合成数束；子房上位，2～6室；核果或蒴果(稀浆果)。

参考特征：习性多样；托叶小，早落；叶片具基出脉序；有时叶片基部具1对细丝状裂片，或有的花梗具舌状苞片。

附：杜英科(Elaeocarpaceae)：由椴树科分出，常绿木本，单叶，常互生，叶落前深红色，具托叶；花常两性，花被离生；总状或圆锥花序；核果、浆果或蒴果。最明显特征是：花瓣顶端撕裂状(稀缺)，镊合或覆瓦状排列；花药线形，顶孔开裂。

83. 锦葵科(Malvaceae)

鉴别要点：茎具坚韧纤维；常具星状毛；单叶，互生，掌状脉序；两性花，整齐；花5基数；雄蕊多数，花丝合生为单体雄蕊；心皮合生或分离而绕中轴成轮状排列；子房上位；蒴果。

参考特征：习性多样；花单生或为复生的聚伞花序；花柱与心皮同数或2倍。

84. 瑞香科(Thymelaeaceae)

鉴别要点：小型木本，茎皮具纤维；花整齐，花萼常管状或钟状，4～5裂，呈花瓣状；花瓣缺或鳞片状；雄蕊4～5或8～10，1轮或2轮生于萼筒内侧；具花盘。

参考特征:单叶,全缘,无托叶;花多两性,若单性则雌雄异株;子房上位。

85. 柽柳科(Tamaricaceae)

鉴别要点:木本;叶鳞片状,互生;花 4～5 基数;雄蕊贴生于瓣状花盘上;蒴果 3 瓣裂,种子顶端具毛或翅。

参考特征:花两性,整齐;穗状、总状或圆锥花序。生于我国西北部,东部有栽培。

86. 胡颓子科(Elaeagnaceae)

鉴别要点:木本,枝、叶和花果具银白色或褐黄色盾状或星芒状鳞片;花整齐,花瓣缺;萼筒常 4 裂;核果状果实,外包肉质多汁的花托。

参考特征:单叶,全缘,无托叶;花两性或杂性;雄蕊 4 枚,花丝极短,不外露;子房上位,生于杯状花托内。

87. 大风子科(Flacourtiaceae)

鉴别要点:木本,有时具刺;蒴果或浆果。花小,整齐;萼片 4～5;花瓣小,与萼片同数或缺;雄蕊多数;子房上位,1 室,侧膜胎座;花柱与侧膜胎座同数;蒴果、浆果或核果。

参考特征:单叶,互生,托叶小,早落;花性多样;花序多样。

88. 堇菜科(Violaceae)

鉴别要点:草本,托叶明显;花柄具 2 小苞片;萼片宿存;药隔延伸于药室外;3 心皮;蒴果;侧膜胎座。

参考特征:单叶,互生;花 3 基数;有时萼基部具囊或距;子房上位。

89. 旌节花科(Stachyuraceae)

鉴别要点:落叶蔓生木本;单叶,互生,具细齿,叶片凸凹不平;花小,整齐,花序腋生,总状或穗状;小花具苞片 2 枚;花 4 基数;雄蕊 8 枚;子房 4 室;浆果。

参考特征:花两性或杂性;花萼和花瓣均 4 枚,花被覆瓦状排列;花柱合生,柱头盾状。

90. 西番莲科(Passifloraceae)

鉴别要点:草质藤本,卷须腋生;花 5 基数;副花冠由 1 至多轮无数的丝状裂片组成。

参考特征:单叶,互生,叶背面基部和叶柄上端常具腺体;花两性,艳丽;雄蕊 5 枚,花丝合生且与子房柄连接;花柱 3,子房 1 室;蒴果或浆果状。

91. 番木瓜科(Caricaceae)

鉴别要点:茎直立,不分枝,具乳汁;叶大,具长柄,掌状深裂,互生,聚生茎顶;花冠长管状;肉质浆果;种子多,球形,具胶状物质所包裹(假种皮)。

参考特征:老茎上具螺旋状排列大叶痕;叶柄中空;花杂性;柱头流苏状;无限花序,花果同 期相遇。生于热带,温带的温室有栽培。

92. 仙人掌科(Cactaceae)

鉴别要点:多年生肉质草本或灌木,具刺和刺毛,在茎上节处小窝内形成刺座;花两性;花萼呈花瓣状;花瓣多数,多轮排列;雄蕊多数,生于花瓣基部;浆果常具刺或倒刺毛。

参考特征:习性多样;茎绿色;叶退化;花单生、腋生或生于枝端;子房下位。

93. 秋海棠科(Begoniaceae)

鉴别要点:草本,富含汁液;节明显膨大;叶片基部歪斜,常具斑点或花纹;花单性,同株,雌雄花同生一花序上;花被片不等大,花瓣状;蒴果具 2～3 翅或棱。

参考特征：叶互生，具托叶；雄花先于雌花开放；子房下位。

94．葫芦科(Cucurbitaceae)

鉴别要点：茎匍匐或攀援藤本植物，常具卷须；单性花，同株或异株；雄花具3雄蕊(稀2或5)，分离或各式连合，2枚花药各2室，1枚仅1室；雌花的萼管与子房合生，子房下位或半下位，3心皮，1～3室；瓠果(稀蒴果或核果)。

参考特征：叶互生，单叶，少复叶；多为栽培或伴人植物。

95．千屈菜科(Lythraceae)

鉴别要点：枝常具4棱；单叶，对生(稀互生)，全缘；花两性，整齐；花萼管的裂片间具附属物；花瓣与萼片同数或缺，花瓣生于萼管边缘；雄蕊生于萼管上；子房上位。

参考特征：习性多样；花序多样；花柱和柱头合生(稀2裂)；蒴果，各式开裂。

附：沟繁缕科(Elatinaceae)：为纤细沼生小草本，单叶，对生；花极小，单生叶腋，两性；萼片、花瓣、雄蕊均2～4；子房上位，3室；膜质蒴果，3瓣裂，种子多数。

96．柳叶菜科(Onagraceae)

鉴别要点：单叶；花两性；花萼筒状，与子房合生且延伸于外，形成2～6枚裂片；花瓣2、4或缺；雄蕊与花瓣同数或倍数，生于花瓣上；蒴果。

参考特征：陆生或水生；草本(稀木本)；对生或互生；花常单生叶腋，或总状花序(栽培或野生)。

97．桃金娘科(Myrtaceae)

鉴别要点：常绿木本；单叶，互生或对生，全缘，常具透明腺点；花两性，整齐；花萼管与子房多少合生，具3～5裂片；花瓣4～5，覆瓦状排列或黏合成帽状体；雄蕊多数，花丝分离或基部连合成管或成束与花瓣对生；子房下位或半下位。

参考特征：花序多样；蒴果、核果或浆果；栽培植物。

98．野牡丹科(Melastomataceae)

鉴别要点：单叶，对生(稀轮生)，全缘，具3～9条纵脉；花两性，整齐；花4～5基数；副花冠常生于花瓣与雄蕊之间；雄蕊与花瓣同数或2倍，花丝分离，内弯，药室2，顶孔开裂，药隔具附属物或下不具距；子房下位；蒴果或浆果，包于萼筒内。

参考特征：习性多样；花序多样；心皮2至数枚，花柱合生；种子多数。

99．菱科(Trapaceae 或 Hydrocaryaceae)

鉴别要点：一年生浮水草本；叶漂浮水面，在茎顶呈莲座状簇生(沉水叶较小，由基部向上端逐渐变大，茎上生有羽状不定根，过去误认为叶二型)；叶柄上段膨大成海绵状气囊；花单生，两性；萼裂片4，其中2或4枚宿存，在果期发育为刺；花瓣和雄蕊各4；角质坚果，具2或4刺。

参考特征：叶片菱形；子房半下位；栽培或野生于池塘和湖泊。

100．小二仙草科(Haloragidaceae)

鉴别要点：花小，无梗，生于叶腋，或穗状花序；花萼和花瓣2～4；雄蕊2～8；子房下位，2或4室；花柱2、4，柱头头状；小坚果或核果。

参考特征：沉水或半沉水草本，或陆生纤细草本；叶序多样，无托叶；花两性，或单性(花序基部为雌性，上部为雄性)。

101. 八角枫科(Alangiaceae)

鉴别要点:木本;花序梗具关节,聚伞花序腋生;花瓣与萼片同数,线形或舌状,蕾期镊合状排列,初期结合成管状,花开后分离且外卷;雄蕊与花瓣同数或2～4倍;子房下位,1室,1种子;花柱具长毛。核果,顶端具宿存萼片。

参考特征:枝条脆弱;单叶,互生,无托叶;花两性,整齐,双被花,4～5基数。

102. 石榴科(Punicaceae)

鉴别要点:花萼筒钟状或筒状,萼裂片5～7,肉质而厚;花瓣5～7,生于萼筒内壁,具皱褶;雄蕊多数,生于萼筒内壁,长短不等;子房下位,上半部5～7室,侧膜胎座,下半部3室,中轴胎座;浆果,具肥厚革质果皮,室间具薄隔膜。

参考特征:木本,新枝具棱角,老枝具枝刺;冬芽小,具2对鳞片;单叶对生或丛生,全缘;花两性;种皮具汁液(栽培)。

103. 紫树科(珙桐科)(Nyssaceae)

鉴别要点:落叶木本;腋生或顶生的球状、总状或伞形花序;花5基数;双被花;雄花的雄蕊5～10枚,常2轮,或不等长;雌花的花萼与子房合生;核果或翅果,顶端常具花萼痕迹。

参考特征:单叶,互生,无托叶;花性多样;有时具花盘。

104. 山茱萸科(Cornaceae)

鉴别要点:木本;单叶;花4～5基数;雄蕊4～5,与花瓣互生在花盘的基部;子房下位,2室(稀1室或3～5室),每室1倒生胚珠;花柱单一;核果,少浆果或成球状复果。

参考特征:对生或互生;花序各式,有时花和果生于叶片主脉上。

105. 五加科(Araliaceae)

鉴别要点:由伞形或球状花序单生叶腋,或集成总状、伞房状或圆球形花序;花4～5基数;雄蕊常与花瓣同数或2倍;子房下位,1～15室,花柱与室同数,每室1胚珠;浆果或核果。

参考特征:习性多样,有时具刺;单叶,掌状或羽状复叶;托叶与叶柄常贴合形成鞘状;花性多样,整齐(各地广布)。

106. 伞形科(Umbelliferae)

鉴别要点:植株气味较浓;茎中空或具髓,表面具棱和沟;单伞形或复伞形花序,具总苞或小总苞;子房下位,2心皮;双悬果,表面常具毛、皮刺或瘤状凸起,外果皮具油管。

参考特征:草本植物;叶互生或基生;单叶,或各种分裂以至多回复叶;叶柄基部鞘状;花5基数(各地广布)。

107. 鹿蹄草科(Pyrolaceae)

鉴别要点:花两性,整齐,顶生1花,或为总状或伞房花序顶生,具苞片;花萼5裂,宿存;花瓣5,仅基部连合;雄蕊10枚,花药顶孔开裂或纵裂;蒴果,5瓣裂。

参考特征:常绿草本或腐生无色草本,常具匍匐根状茎;单叶,互生(稀对生),无托叶;子房上位,4～5室,具花盘或缺,花柱单一。

附:山柳科(Clethraceae):为落叶木本,单叶,互生;花两性,整齐,花序顶生;花5基数,雄蕊10枚,花药顶孔开裂;蒴果具宿萼与花柱。

108. 杜鹃花科(Ericaceae)

鉴别要点:木本;花5基数;雄蕊与花冠裂片同数或2倍,生于花盘基部,花药2室并具芒状附属物,顶端孔裂,花粉粒常 4 分体;蒴果、浆果或核果。

参考特征:单叶,互生(稀对生),无托叶;花两性,整齐;萼 5 裂,宿存;花冠合生,呈坛状、钟状、漏斗状或辐状;子房上位或下位,2～5 室,胚珠多数,花柱单一。

109. 紫金牛科(Myrsinaceae)

鉴别要点:叶片和花萼常具腺点;花两性(稀单性),整齐;花萼 4～6 裂,宿存;花冠 4～6 裂,裂片蕾期旋转排列,开花后向外反曲;雄蕊与花冠裂片同数对生,且生于花冠筒上,花丝短于花药,花药箭头形,纵裂或孔裂;核果或浆果,表面具黑色腺点。

参考特征:小型木本;单叶,互生枝端(稀对生),叶缘具细齿,或波状且具树脂腺;总状、圆锥或聚伞花序;子房上位或半下位,1 室,常 1 胚珠,或多胚珠。

110. 报春花科(Primulaceae)

鉴别要点:单叶;花两性,整齐;花萼 5 裂,宿存;花冠 5 裂,有时裂达基部;雄蕊与花冠裂片同数对生,且生于花冠筒上,有时具退化雄蕊;子房上位(稀半下位),1 室,特立中央胎座,胚珠多数,花柱单一;蒴果瓣裂(稀盖裂)。

参考特征:草本(稀木本);叶序多样,无托叶;花单生或为各种花序(伞形或总状花序最为常见);小花都具明显的梗(各地广布)。

111. 蓝雪科(Plumbaginaceae)

鉴别要点:花两性,整齐;花具干膜质苞片,常鞘状;花萼管状或漏斗状,5 齿裂,常具棱或常具色彩,宿存;花冠管状或 5 深裂;雄蕊 5,与花冠裂片对生,生于花冠管上;子房上位,1 室,1 胚珠,花柱 5;蒴果包于宿存萼内。

参考特征:草本(稀亚灌木);单叶,互生或基生,无托叶;穗状、球状或为卷伞花序组成的圆锥花序;栽培植物。

112. 柿树科(Ebenaceae)

鉴别要点:落叶木本;花单性异株或同株,或杂性;花萼和花冠均 3～7 裂,萼革质宿存,果期增大;雄蕊与花冠裂片同数,或 2～4 倍,生于花冠基部;雌花具 4～8 假雄蕊,子房上位,2～8 室,各室 1～2 倒生胚珠;浆果。

参考特征:幼枝具柔毛,冬芽具鳞片;单叶,互生(稀对生),全缘,无托叶;花整齐,无花盘,单生或成聚伞花序。

113. 野茉莉科(Styracaceae)

鉴别要点:木本,常具星状毛或鳞片,枝条上冬芽常叠生;花萼 4～5 浅裂;花冠 4～8 裂;雄蕊为花冠裂片 2 倍(少同数),花丝连合成筒,生于花冠管上;核果或蒴果。

参考特征:单叶,互生,无托叶;花两性(稀单性),整齐;总状或圆锥花序,或聚伞状排列;子房位置多样,3～5 室,柱头 3～5 裂或头状。

114. 山矾科(Symplocaceae)

鉴别要点:木本;花萼 5 裂,覆瓦状排列,宿存;花冠裂片与萼裂片同数,或 2 倍,覆瓦状排列;雄蕊 12 至多数,着生花冠筒上;子房下位或半下位,2～5 室,每室 2～4 胚珠;浆果状核果,顶端具宿存萼裂片,基部常具宿存苞片。

参考特征:叶互生,无托叶;花两性(稀单性或杂性),整齐;花序各式或单生。

115. 木犀科(Oleaceae)

鉴别要点:木本;花萼常 4 裂;花冠常 4 裂(稀缺);雄蕊 2 枚,着生花冠管上,与裂片互生;子房上位,2 室,每室 2 胚珠。

参考特征:单叶或羽状复叶;木犀属具叠生芽;花两性(稀单性或杂性),整齐;圆锥、聚伞花序或簇生;核果、浆果、翅果或蒴果。

116. 龙胆科(Gentianaceae)

鉴别要点:茎节处叶柄基部具抱茎横线相连或连合成抱茎的鞘;花萼管状,4～12 裂;花冠 4～12 裂,裂片旋转状排列(稀覆瓦状);雄蕊与花冠裂片同数而互生,生于花冠管上;蒴果。

参考特征:陆生草本(稀草质藤本或灌木),少水生;单叶,对生,全缘,无托叶;花两性,整齐;花单生或聚伞花序;子房上位,常 1 室,2 个侧膜胎座,或 2 室,中轴胎座,胚珠多数。

117. 夹竹桃科(Apocynaceae)

鉴别要点:常具乳汁;花萼 5 裂,基部内面常具腺体;花冠 5 裂,蕾期旋转状排列,喉部常具附属物;雄蕊 5,生于花冠管上或喉部;子房上位,常 2 心皮;常为 2 个并生的骨突果,或浆果或核果。

参考特征:习性多样;单叶,对生或轮生,全缘,无托叶;花两性,整齐;花单生或聚伞花序;种子 1 至多数,常一端具毛或膜质翅。

118. 萝藦科(Asclepiadaceae)

鉴别要点:常具乳汁;花萼和花冠均 5 裂,具副花冠,1 轮或 2 轮;雄蕊与雌蕊合生成合蕊柱,花丝合生成筒状的合蕊冠,花药合生并贴生于柱头基部膨大处;花粉粒在原始类群中呈颗粒状,位于匙形载粉器上;在较进化类群,花粉粒联合包在膜内形成花粉块,通过花粉块柄连接在着粉腺上,每个花药具 2 或 4 花粉块;骨突果双生或 1 个不发育,种子多数,顶端具毛。

参考特征:直立或缠绕草本或小灌木;单叶,对生或轮生,全缘,无托叶;花两性,整齐;聚伞花序成总状、伞状或伞房状;花 5 基数;子房上位,2 心皮,离生。

119. 旋花科(Convolvulaceae)

鉴别要点:常具乳汁;花萼 5 裂,宿存或花后增大;花冠钟形、漏斗形或管状,近全缘或 5 裂,少数蕾期旋转状排列,有时具皱褶;雄蕊 5,生于花冠管上;子房上位,常具环状花盘围绕,2～4 室,每室 2 胚珠;花柱顶生,单一或 2 枚。

参考特征:草本(稀木本),茎缠绕、匍匐或蔓生;单叶,少复叶,互生,无托叶;花两性,整齐;蒴果或肉质浆果(各地广布)。

附:田基麻科(Hydrophyllaceae):为常具腺毛和针刺的草本,单叶,互生;花两性,5 基数;萼片间常具托叶状附属物;花冠管内具折或鳞片状附属物;雄蕊 5,花药箭形或戟形,内向纵裂,花丝长短不齐,基部膨大;子房上位,2 心皮;蒴果。

120. 紫草科(Boraginaceae)

鉴别要点:常顶生 2 歧分枝、蝎尾状聚伞花序,或为穗状、伞房或圆锥花序(稀单生);子房上位,2 室,每室胚珠 2,或子房深 4 裂,4 室每室 1 胚珠;小核果或 2～4 枚小坚果。

参考特征:习性多样,常具粗糙毛;单叶,互生,偶基部对生,无托叶;花两性,整齐;花萼近全缘或 5 裂;花冠常 5 裂,裂片蕾期覆瓦状排列;雄蕊与花冠裂片同数且互生(各地广布)。

121. 马鞭草科(Verbenaceae)

鉴别要点:叶常对生;花常两侧对称;雄蕊 4,常 2 长 2 短;子房上位,常 2 心皮组成 4 室

(稀2～10室),全缘或4裂,每室1～2胚珠,花柱顶生,柱头2裂或光滑全缘;核果或蒴果,包于宿存花萼内,常分离为4小坚果。

参考特征:习性多样,有时植株具臭味;单叶或复叶,无托叶;花两性;穗状花序或聚伞花序,或由聚伞花序组成球状、伞房或圆锥花序;花萼4～5裂,花冠4～5裂(各地广布)。

122. 唇形科(Labiatae)

鉴别要点:含芳香油;茎枝常4棱;叶对生(少轮生);花冠二唇形;雄蕊4,2长2短,或上面2枚不育;子房上位,2心皮,深4裂;4枚小坚果包于宿萼内。

参考特征:草本植物(少亚灌木);单叶或复叶,无托叶;花萼5裂,有时唇形,宿存;花冠4～5裂,筒内常具毛环;花柱1,细长,柱头2浅裂(各地广布)。

123. 茄科(Solanaceae)

鉴别要点:花辐射对称;花5基数;花萼宿存,果期增大;花冠钟状、漏斗状或辐状,5裂,蕾期折叠状或镊合状排列;子房上位,2室或不完全3～5室,2心皮雌蕊的对称轴歪斜,胚珠多数;浆果,或为盖裂或瓣裂的蒴果。

参考特征:草本植物,稀木本;叶互生,单叶或复叶,无托叶;花两性;顶生、腋生或腋外生的聚伞或丛生花序,稀单生,花无苞片(各地广布)。

124. 马钱科(Loganiaceae)

鉴别要点:花萼4～5裂;花冠4～5裂;雄蕊与花冠裂片同数并与之互生;子房上位,常2室,胚珠多数。

参考特征:木本,或纤细草本;单叶,对生,少互生或轮生,托叶退化;花两性,整齐;花序各式,或单生。

125. 玄参科(Scrophulariaceae)

鉴别要点:花萼4～5裂(稀6～8),宿存;花冠常2唇形(稀辐射对称,4～5裂),上唇2裂或具鼻状或钩状延长成兜状,下唇3裂,略平坦或呈囊状;雄蕊常4枚,2长2短(稀2或5,具1～2枚退化),着生花冠管上;子房上位,具花盘,2室,花柱1,柱头2裂或头状。

参考特征:习性多样;叶序多样,无托叶;花两性;常两侧对称;花序各式;种子多数(各地广布)。

126. 紫葳科(Bignoniaceae)

鉴别要点:总状或圆锥花序顶生;两侧对称;花萼筒全缘或具裂齿;花冠漏斗、钟状或管状,5裂,常偏向一侧(稀唇形);雄蕊与花冠裂片同数且互生,发育雄蕊4或2,或具不育雄蕊2～3,雄蕊生于花冠筒上;蒴果2瓣裂,种子常具翅或毛。

参考特征:木本(稀草本);单叶或羽状复叶,对生或互生,无托叶;花两性;子房上位,2心皮,2室,花柱1,柱头2裂。

127. 胡麻科(Pedaliaceae)

鉴别要点:花两侧对称;花萼4～5裂;花冠管状,一侧膨大,5裂片,2唇形;雄蕊4枚,2强,稀2枚;蒴果。

参考特征:草本,陆生或水生;单叶,对生或上部互生;花两性;单生或簇生;子房上位或半下位,2～4室,花柱1,线形,柱头具2短瓣。

128. 爵床科(Acanthaceae)

鉴别要点:叶表面常具钟乳体;花序常具大型鲜艳色彩的苞片;花两性,两侧对称;雄蕊

4或2,花药2室或1室,等大或不等大,等高或不等高;花药室基部常具附属物;子房上位;蒴果。

参考特征:草本植物(稀亚灌木或木本);单叶,对生(稀互生);总状或穗状花序,或少单生或簇生;花萼4~5裂;花冠2唇形或不等5裂;子房2室,中轴胎座(各地广布)。

129. 苦苣苔科(Gesneriaceae)

鉴别要点:花萼管状,5裂;花冠管5裂,略唇形(2/3);雄蕊4(少5),生于花冠管中部,两两成对,常2枚发育,另2枚退化;子房上位或下位,1室或不完全2~4室,侧膜胎座;蒴果。

参考特征:喜生干旱或阴湿陡峭环境的草本(稀亚灌木),喜钙植物;单叶,互生或对生,常莲座状,无托叶;花两性,两侧对称,成对或数朵总状生于叶腋或顶生;种子多数。

130. 列当科(Orobanchaceae)

鉴别要点:花萼佛焰苞状,或3~5裂的合生或离生的萼片;花冠管弯曲,裂片5,唇形,上唇拱形,下唇3裂,喉部具皱着2条;雄蕊4,2强,生于花冠管中部以下;子房上位,1室,稀2室;蒴果瓣裂,常为宿萼所包。

参考特征:寄生草本,无绿色;叶互生,退化为鳞片状;花两性;单生或穗状或总状花序;种子多数,细小。

131. 狸藻科(Lentibulariaceae)

鉴别要点:具变态叶,捕虫囊位于根部或叶片基部;萼片2,分离,果期增大;花冠合瓣,2唇形,上唇全缘或2裂,下唇3~5裂,基部具距;雄蕊2,生于花冠基部;子房上位,1室,胚珠多数;蒴果,2~4裂。

参考特征:沼生或沉水小草本;沼生植物花期无叶,叶基生,圆形、匙形或带状,沉水植物花期具叶,叶丝状分裂;花两性,两侧对称;数朵排列为总状花序。

132. 透骨草科(Phrymaceae)

鉴别要点:茎4棱,节稍膨大;花在开后下垂;花萼筒状,具5棱和5齿,背面3齿钩曲呈芒状,前面2齿较小;2强雄蕊;子房上位;瘦果包于萼内,果皮膜质。

参考特征:草本植物;单叶,对生;叶缘具齿;花序细而长;花两性;子房1室,1胚珠,花柱2裂。

133. 车前草科(Plantaginaceae)

鉴别要点:花序直立,穗状,腋生;花小,绿色,两性;萼片宿存;花冠干膜质,4裂;雄蕊4,与裂片互生,花药大,丁字着生;子房上位;蒴果,周裂,种子细小。

参考特征:具须根系草本;单叶簇生基部,平行或弧状脉序,叶柄基部宽大似鞘(各地广布)。

134. 茜草科(Rubiaceae)

鉴别要点:托叶有时刺状,或联合成鞘状,宿存或脱落,或退化为托叶痕;花萼其中1裂片常扩大为叶状;花冠筒状或漏斗状,3~6裂;雄蕊与花冠裂片同数且互生;子房下位;蒴果、浆果或核果。

参考特征:习性多样;单叶,对生(稀轮生);花两性(稀单性),常整齐;花序各式;花萼宿存;子房常2室(各地广布)。

135. 忍冬科(Caprifoliaceae)

鉴别要点:叶对生;聚伞花序或再组成各种花序,花有时成对生于叶腋,具苞片2和小苞片 4，或数朵簇生；花萼管与子房合生，4～5 裂，宿存；花冠管 4～5 裂，或位唇形；雄蕊 4～5，生于花冠管上，与花冠裂片互生；子房下位；常 1～5 室；蒴果、浆果或浆果状核果。

参考特征：木本植物，稀草本；单叶，少复叶，无托叶；花两性，整齐或不整齐；无花盘或具环状或 1 枚侧生腺体。

136. 败酱科(Valerianaceae)

鉴别要点：根和根状茎具强烈气味；花萼合生，裂片花期不明显；花冠合生，稍不整齐，3～5裂；雄蕊 3 或 4，偶见退化为 1 或 2，生于花冠筒上；子房下位，3 室，仅 1 室发育，1 胚珠；瘦果，常顶端具冠毛状宿存花萼或具苞片，增大成翅果状。

参考特征：多年生草本；单叶，对生，有时基部簇生，羽状分裂或全缘，无托叶；花两性(稀单性或杂性)；聚伞花序(各地广布)。

137. 川续断科(Dipsacaceae)

鉴别要点：花两性，不整齐，花小，具总苞的球状花序或间断的穗状花序；花萼裂片开展成环形；花冠漏斗状，4～5 裂，不等大；雄蕊 4；子房下位，1 室，1 胚珠；瘦果。

参考特征：草本；单叶，全缘至羽状深裂，对生，无托叶；植株常具刺毛或柔毛。

138. 桔梗科(Campanulaceae)

鉴别要点：常具乳汁；花萼裂片 4～6，宿存；花冠合生，钟状、冠状或辐状(稀唇状)，裂片在蕾期呈镊合状排列；雄蕊 4～6，常生于花盘边缘，少生于花冠管上，与花冠裂片互生，花药分离或结合成管状；子房下位或半下位，2～5 室，具多数胚珠；蒴果，少浆果。

参考特征：草本，或草质藤本；叶序多样，无托叶；花两性，总状或圆锥花序(各地广布)。

139. 菊科(Compositae 或 Asteraceae)

鉴别要点：具总苞的头状花序；花 5 基数；花冠合生，管状或舌状，聚药雄蕊，花丝分离；子房下位，柱头 2 裂；瘦果，花萼发育为冠毛(草本习性，稀木本；叶序多样)。

参考特征：① 管状花亚科：无乳汁；头状花序为管状花，或由管状花和舌状花组成(各地广布)。

② 舌状花亚科：具乳汁；叶互生；头状花序全为舌状花(各地广布)。

140. 香蒲科(Typhaceae)

鉴别要点：花单性，雌雄同序；具蜡烛状穗状花序，雄花具 1～7 雄蕊，密生于花序上部，雌花裸花，密生于花序下部，雌花柄具密长毛或狭长匙形小苞片。

参考特征：沼生草本，具根茎；叶线形，长 1～1.5 m，具海绵质叶肉，叶基部鞘状；子房上位，1 室，1 胚珠；小坚果。

141. 黑三棱科(Sparganiaceae)

鉴别要点：具串生球形块茎；叶线形，顶端钝圆，黑色，基部三棱形；花单性，雌雄同序；雄花和雌花共同簇生在球状花序上，雄花在上部，雌花在下部；坚果具海绵状外果皮。

参考特征：沼生草本；花被为膜质鳞片，3～6 枚；雄花常 3 雄蕊，雌花仅 1 雌蕊。

142. 眼子菜科(Potamogetonaceae)

鉴别要点：花小，两性或单性同株；花 4 基数；花蕾外包有蓖齿状托叶鞘；花被片圆形，具爪；雄蕊 1～4；雌蕊 2～9 心皮，近离生。

参考特征：浮水叶与沉水叶异型，叶片具弧状脉，或叶片细丝状；子房上位，1 室，1 胚珠；

小核果。

附:川蔓藻科(Ruppiaceae):为咸水生草本;穗状花序顶生,裸花;心皮在果期具长柄并具悬垂的种子。该科自眼子菜科分出。

143. 茨藻科(Najadaceae)

鉴别要点:花单性,雌花无花被或为透明管状体贴生于子房,心皮1枚;雄花无花被或具管状花被,雄蕊1枚。

参考特征:一年生沉水草本,叶缘具齿刺,具托叶状鞘;小坚果。

144. 角果藻科(Zannichelliaceae)

鉴别要点:花单性,雄花和雌花生于同一佛焰苞状的叶鞘内;雄花单生,无花被,雄蕊1~3枚;雌花花被杯状,心皮1~9枚,离生,柱头盾状。

参考特征:多年生淡水或咸水沉水草本,根状茎纤细;叶线形,叶序多样。该科自眼子菜科分出。

145. 泽泻科(Alismataceae)

鉴别要点:花托棒状凸起;心皮多数,分离,螺旋状排列;聚合瘦果。

参考特征:沼生草本,具根状茎;叶具长柄,基生,具鞘;花两性或单性,同株或异株;双被花,花3基数;花萼宿存;雄蕊和心皮均6至多数(各地广布)。

146. 花蔺科(Butomaceae)

鉴别要点:花两性,伞形花序具总苞,生于花葶顶端;雄蕊6~9或更多,心皮6枚,离生,1轮;聚合骨突果,种子多数。

参考特征:沼生,新鲜时具乳汁,具粗匍匐茎;叶基生,线形,基部鞘状;双被花,花被片6枚,2轮。

147. 水鳖科(Hydrocharitaceae)

鉴别要点:花整齐,单性(稀两性),同株或异株,雄花生于佛焰苞或2个对生的苞片内,雌花常单生;花3基数,双被花;雄蕊3~12,或具退化雄蕊。

参考特征:浮水或沉水植物;叶基生或茎生,叶形多样(叶片结构会随环境不同发生变化);子房下位,侧膜胎座。

148. 水蕹科(Aponogetonaceae)

鉴别要点:花两性,整齐,无苞片;单生或2叉状的穗状花序,花被片1~3或缺,常宿存;雄蕊6或更多,离生;心皮3~6枚,离生;聚合骨突果。

参考特征:水生草本,具块状根茎;叶沉水或浮水,具多数次生横脉。

149. 水麦冬科(Juncaginaceae)

鉴别要点:花被片6,2轮;雄蕊6或3枚,近无花丝,外向纵裂;心皮3或6枚,幼时接合于中央心皮柄上,成熟时自基部分离。

参考特征:沼生草本,具根状茎或块根;叶基生,线形,具鞘,具膜质叶舌,有时叶浮于水面,花为风媒花;花两性或单性异株,或杂性,整齐;蓇果基部具2个钩状距。

150. 禾本科(Graminaceae 或 Poaceae)

鉴别要点:地上茎秆具节,茎秆实心或中空;茎圆柱形;叶2列;叶鞘开裂;小花组成小穗,小穗具颖片和稃片,由小穗再构成其他花序;子房上位,1室,花柱2,羽毛或帚状;颖果,果皮与种皮愈合(稀囊果,即果皮与种皮分离)。

参考特征:① 竹亚科:茎秆木质;枝条上叶片具短柄。

② 禾亚科:茎秆草质;枝条上叶片无短柄,叶柄鞘状抱茎。叶舌形态各异;稃片两侧压扁或背腹压扁(各地广布)。

151. 莎草科(Cyperaceae)

鉴别要点:茎3棱,实心;叶3列;叶鞘闭合;小穗无颖片,由2至多数带鳞片的小花组成,鳞片在小穗轴上螺旋状排列或2列;无花被或花被退化为下位刚毛;雄蕊常3;子房上位,1室,花柱1,柱头2～3;小坚果,或有时为苞片形成的囊包所包围。

参考特征:草本植物,地上茎秆无节;花序上部常具苞叶,自花序苞叶以下无分枝(各地广布)。

152. 棕榈科(Palmaceae 或 Palmae)

鉴别要点:具佛焰苞的大型圆锥状肉穗花序;花小,两性或单性,整齐,花3基数;花萼和花瓣均3枚,雄蕊6(稀3或9);子房上位;浆果或核果。

参考特征:木本植物,不分枝;叶常绿,簇生于茎顶,叶柄基部扩大成纤维状鞘。

153. 天南星科(Araceae)

鉴别要点:富含水质的嫩草本植物;具色彩的佛焰苞的肉穗花序,花单性或两性,常具臭味;单性花常裸花,两性花具花被,4～6裂或合生成杯状;雄蕊1至多数,常合生;子房上位,1至多室;浆果。

参考特征:具块茎或根茎,植物常具毒;叶片1至数枚,大型叶,互生,基部具膜质鞘(各地广布)。

154. 浮萍科(Lemnaceae)

鉴别要点:浮水叶状体,极小,绿色或紫色,无茎叶之分;常出芽繁殖,无根或具不分枝的毛状根。

参考特征:花单性,无花被或最初包于一膜质的鞘内,雌雄同株;雄花1～2朵,雄蕊1～2枚;雌花1雌蕊,1室;瓶状胞果。

155. 谷精草科(Eriocaulaceae)

鉴别要点:头状花序具总苞,单生于基生无叶的花葶顶端,每苞片具1花,花葶腋生,不等长;花单性,同序混生(稀异株或异序),花被2轮,外轮分离或多少联合成佛焰苞状;子房上位,2～3室;蒴果,膜质3裂。

参考特征:多年生草本,茎短缩;叶线形,簇生,脉序常具横脉似小方格;。

156. 黄眼草科(Xyridaceae)

鉴别要点:球状花序单生于花葶顶端;萼片3,不等大,两侧对称;花冠管3裂,裂片相等;雄蕊3枚,或具3枚退化雄蕊;花柱基部常具附属物。

参考特征:草本;叶基生,线形,具鞘;花两性;子房上位,3个侧膜胎座;蒴果,包藏于宿存花冠筒内,3裂。

157. 鸭跖草科(Commelinaceae)

鉴别要点:花两性,整齐或不整齐;萼片3,宿存;花瓣3,分离或中部合生;雄蕊6枚,2型(即全部发育,或2至数枚退化);蒴果,种子具棱,种脐常线形,具1个圆形象脐眼状的胚盖。

参考特征:草本;茎细长,匍匐;单叶,互生,全缘,叶鞘明显;子房上位,2~3室。

158. 雨久花科(Pontederiaceae)

鉴别要点:花两性,不整齐;花序自佛焰苞状的鞘内抽出;花被片6,花瓣状;雄蕊6枚,3长3短,或3枚,彼此不同,其中1枚较大,稀1枚,花丝具毛或齿。

参考特征:浮水或沼生草本,具根状茎;叶柄中部呈囊状膨大(此特征在野外会随种群密度大小发生变化),或叶鞘向上延伸突出,平行弧状脉序;子房上位,3室,中轴胎座,或1室,3个侧膜胎座;蒴果,种子多数。

159. 灯心草科(Juncaceae)

鉴别要点:花小,花被片革质,常2轮,每轮3片;雄蕊6或3枚,与花被片对生,花药基部着生。

参考特征:草本,密集丛生,具匍匐根茎;叶基生,叶片常退化仅具开口的叶鞘(地杨梅属具叶片);花序顶生或假侧生,具叶状苞片;花两性,整齐;子房上位,1室或3室,花柱1,柱头3裂。

160. 百部科(Stemonaceae)

鉴别要点:花两性,单生或簇生叶腋,具长柄,有时花柄贴在叶片上;花被4枚;雄蕊4枚,花丝短,合生,药隔延伸成披针形附属物。

参考特征:直立或攀援草本,光滑无毛,具多数肉质块根;单叶,常轮生,侧脉之间具许多横脉;子房上位,2心皮,1室;蒴果。

161. 百合科(Liliaceae)

鉴别要点:花两性(稀单性异株);花序各式(稀单生);子房上位;花被片6枚,鲜艳,2轮排列,离生或合生;雄蕊常与花被片同数,花丝离生或连合,花药2室,丁字着生或基生;蒴果或浆果。

参考特征:草本植物,少木本;具各种鳞茎或球茎;叶序多样,叶脉常基出,叶基部有时具鞘,或螺旋状套叠成肥大鳞茎;子房上位,稀半下位,3室,中轴胎座(各地广布)。

162. 石蒜科(Amaryllidaceae)

鉴别要点:花两性;伞形花序,或穗状、总状 或圆锥花序,花序具总膜质苞片,稀单生;花被片6枚,2轮,具花被管或缺;具副花冠或缺;雄蕊6枚,背着药或基生;子房下位,3室,中轴胎座;蒴果,或浆果状。

参考特征:草本植物;具各种鳞茎或球茎;叶狭长,全缘,基生(稀茎生),叶基部有时具鞘,或有时2列套叠,或螺旋状套叠成褐色鳞茎。

163. 薯蓣科(Dioscoreaceae)

鉴别要点:花小,单性,常雌雄异株;穗状、总状或圆锥花序;花被片6,2轮,基部结合;雄蕊6,或3仅枚发育;子房下位,3室,花柱3;三棱形蒴果,种子具翅。

参考特征:缠绕草质藤本植物,具块根或根状地下茎;单叶,互生(稀对生),具细长柄,基出脉3~9;叶腋常具珠芽。

164. 鸢尾科(Iridaceae)

鉴别要点:叶常沿中脉对折成2列排列,基部重叠互抱茎而成套折叶鞘;花被片6,花瓣状,2轮,内轮基部常合生成花被管;雄蕊3枚,生于外轮花被上,花药外向开裂;子房下位,花柱3裂,裂片呈花瓣状,或为各种裂片;蒴果,3室,室背开裂。

参考特征:草本,具根茎、球茎或鳞茎;叶纵向扁平;花两性,整齐或不整齐,由苞片内抽出。

165. 水玉簪科(Burmanniaceae)

鉴别要点:总状或二歧聚伞花序;花被片合生,管部具棱翅,裂片6,2轮,内轮小或缺;雄蕊3,花丝极短,花药2室,横裂,药隔发育成冠状或翅状。

参考特征:常腐生草本;叶退化,或线形或条状,簇生;花两性,整齐;子房下位,具翅;蒴果,各式开裂,种子多数。

166. 芭蕉科(Musaceae)

鉴别要点:穗状或圆锥花序顶生,具佛焰苞状或篦苞状的大苞片;花两性或单性雌雄同株;萼片3;花瓣3或更少;雄蕊6,其中1枚退化;子房下位,3室,花柱单生,柱头3~6裂;蒴果或浆果。

参考特征:高大具假茎(叶鞘复叠而成)的草本植物;叶片宽大,侧脉平行并与主脉垂直,叶柄具鞘,相互抱合,栽培植物。

167. 姜科(Zingiberaceae)

鉴别要点:花两性,不整齐;花萼合生管状或佛焰苞状,3齿裂;花瓣合生,具花冠筒,不整齐3裂,常艳色;发育雄蕊1枚,花药2室,不育雄蕊1枚至多数,1枚与可育雄蕊对生的大如花瓣状称唇瓣;子房下位,1~3室,胚珠多数;蒴果3瓣裂。

参考特征:植株具香气;具球茎或块状根茎;茎单生,叶基生或茎生,叶基部具鞘抱茎,具叶舌,常羽状平行脉从主脉斜向上伸。

168. 美人蕉科(Cannaceae)

鉴别要点:花两性,不整齐;萼片3,离生,似苞片状;花瓣3枚,花萼状,基部合生成管;雄蕊6枚,多变化,4或5枚退化为鲜艳花瓣状,其中1枚反卷为唇瓣,可育雄蕊1枚,花药1室;子房下位,3室,多胚珠;蒴果,3瓣裂。

参考特征:草本,地下茎粗壮,叶片全缘,中脉粗壮明显,侧脉平行,叶柄鞘状抱茎,无叶舌。

169. 兰科(Orchidaceae)

鉴别要点:花两性(稀单性),不整齐;花被2轮,外3枚花萼状,内3枚花瓣状,其中间近轴1枚特化为唇瓣;雌蕊与雄蕊(1或2枚)形成合蕊柱;具花粉块。

参考特征:草本植物,陆生、附生或腐生,常具根状茎和气生根;单叶,互生(稀对生),2列,或叶退化,叶基部具鞘抱茎;子房下位;3心皮,常1室,侧膜胎座;蒴果;种子细小。

第七章　研究型野外实习论文的撰写规范

研究型野外实习的教学目的、过程管理和结果，与一般的验证型野外实习教学不同。它所强调的是一种自主性的教学过程和教学结果，作为研究型野外实习教学的结果，就是要求每组学生提交一份研究论文，并且是一篇撰写相当规范的研究论文。在撰写规范的研究论文的整个过程中，学生们又学到了很多东西。在这个过程中，指导老师当然很辛苦，要对论文反复进行修改，在第一稿和第二稿时，指导教师只对论文格式和整体内容进行把关，提出修改意见，让学生自己修改，并且要让每个组的所有学生都要参与论文的修改工作，达到相互学习和相互提高的目的。在最后一稿时，教师要认真审阅稿件，严格把关，细化到对标点符号的使用等。在修改时一定要使用计算机的审阅修订系统，目的是让学生知道哪些地方被老师修改了。当教师最终修改完以后，一定要将稿件发给学生，让他们再仔细读一遍。在细读的过程中，学生们可以学到研究论文的规范化要求，以及修辞技巧等。

研究型野外实习教学的目的不是为了发表论文，而是让学生体验科学研究的情景和过程，特别是对将来做毕业论文大有益处。因此，即使教师知道某个课题组的工作做得不太仔细或未达到预期结果，在撰写研究论文时也不能降低要求，一定要严格按照标准论文的格式进行指导。在每次实习活动结束后，可将所有的学生实习论文装订成册，作为教学档案保存，对于少数优秀的论文则可推荐发表。请参见本书参考文献中项盛祺等(2003)和柴人杰等(2008)同学发表的野外实习研究论文，可以作为示范。

研究论文具有一定的格式，各种期刊对论文稿件的具体格式要求却不相同。因此，在写研究论文时，要严格按照所投刊物的《投稿须知》进行撰写。如果第一次投稿被退回，打算改投另外一种刊物，则需按照拟改投刊物的《投稿须知》对原稿进行修改。

一般说来，研究论文的格式包括：中文题目、作者中文姓名、作者单位、中文摘要、中文关键词、中图分类号、文献标识码、文章编号、英文题目、作者姓名的汉语拼音、作者单位的英文名称、英文摘要、英文关键词、前言(引言)、材料与方法、实验结果(结果与分析)、讨论与结论、致谢、项目来源(基金)、作者简介、收稿和修改稿日期、参考文献，共22项(不同期刊，其格式要求有所不同)。这其中除了文章编号、收稿和修改稿日期两项由杂志编辑部填写外，其余的20项都由作者在原稿件中完成。另外，各项的先后顺序也要严格符合相关杂志的要求。写研究性论文前，最好多阅读相关的杂志，在万方数据库、中国科技期刊网等网站上，能很方便地能阅读到相关杂志。例如，中国科学技术大学的学生的阅读网络路径是：http://www.ustc.edu.cn/中国科大主页/公共服务/图书馆/电子资源/数字化期刊/万方数据库(校内访问/校外访问)。另外，也可以在Google网、百度网和搜狐网上进行中文或英文关键词检索，找到你所需要的网站，阅读相关论文。

第一节 论文撰写前的准备工作

论文的撰写属于研究工作最后阶段的总结部分。在开始写作之前，我们要做哪些准备呢？一般来说，需要对文献资料、数据资料和论文整体构思做好充分的准备。

一、文献资料的准备

野外实习特别是研究型野外实习，文献的准备是非常重要的。在确定研究课题之前就应该查阅大量资料，大致了解前人在该领域的研究工作。确定研究课题之后，在阅读文献时，除了要了解人们已经做了哪些工作外，还必须注意有哪些工作没有做，或哪些科学问题值得进一步深入研究，并将这些重要的文献摘录下来，按照一般论文的参考文献格式要求进行详细记载，同时将该文献的主要结论或研究方法等摘录下来，以便于写论文时作参考。

在野外实习结束后，将实习结果或在实验室测试分析结果进行整理，得到一些数据或图片等，此时需要再次阅读相关文献。这时阅读文献的针对性很强，每读一篇相关文献，都需要做认真记录，包括哪些文献与自己的研究内容相似，研究方法和结果相同，或部分结论相同，同时，也要记录哪些文献分析问题的观点有参考价值，或与自己的观点不同的相关内容等。所有这些资料，将来在写论文时可以直接参考引用或引证。

二、数据资料的整理

在写论文前，需要对数据进行整理和处理。数据是否完整，光学显微镜或电子显微镜的照片是否齐全等，以确定是否需要到野外或在实验室补做实验。有些数据按照生物统计的要求进行数据处理，获得平均数和方差等。处理好的数据可使用 Word 格式的表格进行归纳和整理，而有些数据需要先输入 Excel 表格后并转化为各种类型的图形，为撰写论文作好素材准备。所有这些原始数据，都需要妥善保存，不能随意修改和臆造。

由于生物学野外实习的时间短，并且往往是在特定的时间观察的数据，可能对于一种生物或某个群落来说只是获取了某个发育阶段的资料，但这些资料是珍贵的，需要在不同时间进行补充数据或图片。如果所获数据暂时不能写成论文，将资料保留着，为下一届学生的野外实习或大学生研究计划提供参考资料。一般通过几届学生在不同时间的连续工作，或许能够很好地了解或解答某一个生物学问题。

三、论文框架的构思

当所需的数据资料和图片准备齐后，便可以开始撰写研究论文。在撰写论文之前，需要对研究论文的结构进行反复的思考和推敲，初步形成论文的整体框架，最终确定最佳写作方案。这个思考过程需要一定的时间，一旦思考成熟写起来既快又好，“磨刀不误砍柴工”就是这个道理。撰写论文最忌讳想到哪就写到哪，要有全局观念。当第一稿完成后，不要急于修改，先暂放一段时间。在此期间，继续对论文的相关数据，以及实验结果、结论与讨论等部分进行认真核对，注重逻辑推理，激发灵感。经过思考等待有了新的收获之后，再对论文进行修改，其效果较为理想。

第二节　论文主体部分的写作方法

一、中文题目和英文题目

论文的中文题目要准确、简练，句子要通顺，有些杂志对题目字数有要求，不能太长，一般限制在20字以内，通常无副标题。论文的英文题目一般是中文题目的对应翻译，翻译题目时学会使用介词和分词，尽量使题目变得简洁而准确。英文题目的字体和大小写法，各期刊要求不同。在英文题目中尽量少用缩写字母，特别是生物学名不能缩写。如果平时多阅读有关学术期刊杂志上的中英文题目，可提高对研究论文命题的技巧。

二、中文摘要和英文摘要

论文摘要不能在论文写作前先写，一般是在研究论文写完以后才写摘要，它是研究论文浓缩后的精华部分。摘要是比较难写的，由于对字数有限制，一般要求300字左右，有的仅有150～200字，由于需要总结全文，真可谓言简意赅。通常的摘要是结构式摘要，包括目的、方法(手段)、结果、结论。实际上，摘要就是由目的、方法、结果和结论这4句话组成的。最精华的部分是结果和结论，写出创新点。有些杂志对摘要的要求不同，可以省去实验目的部分。英文摘要是中文摘要的对应翻译，注意翻译技巧，一定要符合英文书面语的表达方式。

三、中文关键词和英文关键词

关键词是从全文中提炼出来的3～5个词组，不宜超过5个，一般要求为专业词语。关键词的作用是便于计算机检索和查询论文。关键词多数是从论文题目中抽提出来的，但有时还得从论文中找一些关键词。中文关键词和英文关键词要一一对应，顺序相同。关键词是规范的专业词语，不是短语，更不能随意拟造新词，尤其是生物学名不能缩写。各关键词之间使用什么标点符号，都要注意相关期刊的要求，一般是分号，也可以是逗号，最后一个关键词后不需要任何标点符号。“关键词”三个字的写法有：“[关键词]”“关键词：”“关键词”，一般使用小五号黑体。

四、中图分类号和文献标识码

中图分类号是对论文内容进行学科分类的编号，它是根据《中国图书馆分类法》(第4

版)为依据查阅出来的。在此书中,按照论文内容先查一级学科,例如,生物类是Q,环境学科是X等。再查二级学科,例如,植物学是Q949。一直查阅到你的论文所涉及的内容,例如,百合科植物是Q949.127。一般在论文写好后,可去图书馆查找该书,如果在当地图书馆找不到该书,中图分类号也可委托杂志社代为填写。例如,标题是"用X荧光分析植物元素",中图分类号是Q949.2。如果是交叉学科的内容,中图分类号可以使用两个编号。有些杂志对中图分类号也进行英文翻译,放在英文摘要的后面。例如,CLC Q949.127。

文献标识码是指文章的性质,凡是原始科技论文的文献标识码都是A。文理交叉的论文是B。人物介绍或人物传记是D。

五、前言(引言)

在论文的前言或称引言部分,一般不需要列出小标题,主要写明研究工作的背景、实验目的和意义,不作详细的文献综述。也就是说,在前言里写明为什么要做这项工作。在研究工作的背景中,要对前人的文献进行引证标注。在前言的后半部分,需简明扼要地提出问题,并说出本文将要报道的内容。前言部分不要写得太长,要条理清楚、语言精练。

六、材料与方法

材料与方法是一般研究论文的固定内容。简明扼要地写出实验材料的名称、来源(产地)、处理方式和实验时间等。方法部分要写明研究方法的名称、使用的仪器名称和型号,或仪器生产厂家,以及操作条件及简单过程等。如果使用的不是新方法,只需写出该方法的名称,并采用文献引证即可。如果对原有的方法进行了改进,则要详细写出所改进的内容。

在撰写生态学调查报告时,所写的研究论文格式,与在实验室里做实验研究所写的论文在格式上有些不同,往往强调自然环境条件,或植被概况,或植物区系特征等内容。

如果材料是生物材料或研究对象是生物,要写出生物的拉丁文学名,并注意种名和属名要排斜体。在研究论文中经常遇到生物的科名、属名和种名,必须注意它们的正确写法。如果是科名,在中文科名后面用括号将拉丁文科名括起来,拉丁文科名为正体。例如,菊科(Compositae)和茄科(Solanaceae)。如果是属名,在中文属名后面用括号将拉丁文属名括起来,拉丁文属名为斜体。例如,百合属(*Lilium*)和葱属(*Allium*)。如果是种名,在中文名称后面用括号将种的拉丁学名括起来,一般不要写定名人,只保留属名和种加词两部分,拉丁文学名一定用斜体。例如,银杉(*Cathaya argyrophylla*)和银杏(*Ginkgo biloba*)。对于种下单位学名的写法,注意在变种加词前面的变种符号不能为斜体,要用正体。例如,落叶女贞(*Ligustrum lucigum* var. *latifolium*)。亚种和变型的写法与变种相同。关于属名的缩写问题,一定要注意,只有同属的生物连续出现时,第一个种写全名,从第二个开始,可以将属名缩写,只保留第一个字母。例如,厚朴(*Magnolia officinalis*)、凹叶厚朴(*M. officinalis* subsp. *biloba*)、宝华玉兰(*M. zenii*)和西康玉兰(*M. wilsonii*)。

在研究论文中,经常出现生物学名的书写错误,现将这些常见错误列于表7.1。

表 7.1 植物学名在书写和印刷时常见的错误

序号	植物学名错误的例子	正确的写法
1	*Lonicera Acuminata* Wall.	*Lonicera acuminata* Wall.
2	*lonicera acuminata* Wall.	*Lonicera acuminata* Wall.
3	*Lonicera acuminata* Wall	*Lonicera acuminata* Wall.
4	*Lonicera acuminata* wall.	*Lonicera acuminata* Wall.
5	*Lonicera acuminata Wall.*	*Lonicera acuminata* Wall.
6	*Rh. ovatum* (Lindl.) Planch.(学名首次出现时)	*Rhododendron ovatum* (Lindl.) Planch.
7	*R. ovatum* (Lindl.) Planch.(同属的连续出现)	*Rh. ovatum* (Lindl.) Planch.(双辅音缩写)
8	*Solanum cathayanum* C. Y. Wu Et S. C. Huang	*Solanum cathayanum* C. Y. Wu et S. C. Huang
9	S. *lyratum* Thunb.	*S. lyratum* Thunb.
10	*S.* lyratum THUNB.	*S. lyratum* Thunb.
11	*Veronica linariifolia* Parll. Ex Link.	*Veronica linariifolia* Parll. ex Link.
12	*Valeriana officinalis* L. var *latifolia* Miq.	*Valeriana officinalis* L. var. *latifolia* Miq.
13	*Valeriana officinalis* L. Var. *latifolia* Miq.	*Valeriana officinalis* L. var. *latifolia* Miq.
14	*Valeriana officinalis* L. *var. latifolia* Miq.	*Valeriana officinalis* L. var. *latifolia* Miq.
15	*Valeriana officinalis* L. var. *Latifolia* Miq.	*Valeriana officinalis* L. var. *latifolia* Miq.
16	*Valeriana officinalis latifolia*	*Valeriana officinalis* var. *latifolia*
17	*Chirita fimbrisepala* Hand. Mazz.	*Chirita fimbrisepala* Hand.-Mazz.
18	*Echinops grijisii* Hance.	*Echinops grijisii* Hance
19	*Calystegia dahurica* f *anestia*	*Calystegia dahurica* f. *anestia*
20	*Patrinia heterophylla* spp. *angustifolia*	*Patrinia heterophylla* ssp. *angustifolia*
21	*Patrinia heterophylla* sp. *angustifolia*	*Patrinia heterophylla* subsp. *angustifolia*
22	*Mosla sp.*	*Mosla* sp.
23	*Mosla* sp	*Mosla* sp.
24	*Andrographis paniculata* (Burm. f) Nees	*Andrographis paniculata* (Burm. f.) Nees
25	*Abelia dielsii* Graebn. Rehd.	*Abelia dielsii* (Graebn.) Rehd.
26	*Adenostemma lavenia* (L.) O Kuntze	*Adenostemma lavenia* (L.) O. Kuntze

动物学名的书写比植物的简单,因为动物的种下单位只有1个,即亚种。动物物种的学名是双名法,而亚种是三名法。像植物一样,种名是由属名和种加词组成的,而亚种的三名法中可省略亚种符号。例如,狐[*Vulpes vulpes*(种)]和海南兔[*Lepus peguensis hainanus*(亚种)]。另外,动物学名的缩写与植物学名也不同,不仅属名可缩写,而且种加词也可缩写。例如,飞蝗的4个亚种在论文中各自独立出现时的写法是:亚洲飞蝗(*Locusta migratoria migratoria*),东亚飞蝗(*Locusta migratoria manilensis*),非洲飞蝗(*Locusta migratoria migratorioides*),中俄飞蝗(*Locusta migratoria rossica*)。如果这4个亚种飞蝗

的学名在论文中依次连续出现，则就可缩写为：亚洲飞蝗（*Locusta migratoria m.*）、东亚飞蝗（*L. m. manilensis*）、非洲飞蝗（*L. m. migratorioides*）和中俄飞蝗（*L. m. rossica*）。

由于在计算机的字库系统中没有安装拉丁文，所以计算机的自动识别系统不认识拉丁文，常常在输写完一个拉丁文单词后，计算机会在单词下面划上红色波浪线，提示该单词拼法有误。但是，计算机的自动识别系统对拉丁文单词的忍耐是有限度的，当你连续整页输写拉丁文达 1～2 页后，到处都是红色波浪线，此时屏幕会自动弹出对话框，并提示"拼写错误太多，无法识别，请立即关闭自动识别系统"。这说明计算机"生气"了，不想再管你了。如果你选择了"确认"按钮，屏幕上所有的红色波浪线便立即消失，从此，你可随意输写拉丁文单词了。

在计算机自动识别系统正常运行情况下，更严重的是，计算机不经过你的同意，在你按空格键的时候，会自动修改你所输写的拉丁文单词。所以，在写论文过程中，遇到生物学名时，输入完一个拉丁文单词后，在按空格键的时候眼睛一定要盯住屏幕上的单词，看它是否被改动了。如果被改动，请将光标移到被修改部位，重新输入字母，然后移开光标（不能按空格键），立即保存就可以了。这样处理后，计算机就不会再任意篡改了。例如，表 7.2 中拉丁文单词就会被计算机主动篡改，你可试一下（注意：并不是每个拉丁文单词都会被计算机修改）。

表 7.2　拉丁文单词被计算机篡改举例

输入的拉丁文单词	计算机改写并默认的单词	被改动的字母
habitatio	habitation	添加 n
particula	particular	添加 r
ruber	rubber	添加 b
indumentum	indumentums	添加 s
sententia	sentential	添加 l
explorator	exploratory	添加 y
connatus	conatus	删除 n
rhomboides	rhomboids	删除 e
fortunei	fortune	删除 i
plancton	plankton	c 改为 k
cellulosa	cellulose	a 改为 e
maturus	matures	u 改为 e
latitudo	latitude	o 改为 e
calix	calyx	i 改为 y
panicea	panacea	i 改为 a
semper	simper	e 改为 i
pariter	partier	i 移位

此外，对于有些植物学名的种加词，计算机误以为是特殊的专业术语，会自动改变其大小写。例如，种加词"formosa"的词意是美丽的，经常作种加词用，而计算机就在我们按空格键时会自动变成大写的"Formosa"，这个"福摩萨"是某些西方殖民主义者在16世纪对中国台湾的称呼。

因此，在投稿时，一定要特别注意审查一下稿件中所有生物的拉丁文学名，除了大小写和正斜体外，再看看拼写是否正确。

七、实验结果(结果与分析)

实验结果是一篇研究论文的核心部分。它不同于材料与方法的写法，不同的作者可以使用相同的材料，但用不同的方法，会得出不同的结果。

研究论文的实验结果不是对研究的数据进行简单的罗列，而是对实验取得的数据、图像、图片进行分析、归纳、整理，理出条理，并逐一展示出来。

实验结果要按法定计量单位来标注，数据要使用阿拉伯数字，实验获得的数据可以用表格或图形来表示。有些期刊要求表格内的中文名称都要附上英文对等词。由于论文篇幅有限，往往需要对实验数据进行分类整理、归纳、分析，有所取舍，保留最有价值的和最有说服力的部分。在展示实验结果的同时，要对结果进行分析，注意前后段落在内容上和逻辑上的衔接。

在研究论文的正文中，经常有图片、插图和表格，表格和插图的名称和说明部分，分别称作表头和图题。也就是说，表头一定是位于表格的上方，而图题则一定位于插图或图片的下方。在论文中的图片和表格都需要按顺序分别编号。有些杂志要求表头和图题均以中英文对照的形式书写，并用小五号字体，居中排列。

表格的表头写法，例如《植物学报》要求的写法：

表1　天堂寨山区与湖北省大别山维管束植物比较

Table 1　The comparison of vascular plants between the Tiantangzhai

Mountains and theDabieshan Mountains of Hubei Province

在图题中，如果有关于图片说明的，说明部分也需翻译成英文。图题的写法，例如《植物学报》要求的写法：

图1　华东与邻近地区的植物区系分界线

A-B线：华东与华中的分界线；B-C线：华东与华北的分界线

Fig. 1　Map of the floristic boundaries of eastChina and the adjacent areas

Line A-B：The dividing line between east China and central China.

Line B-C：The demarcational line between east China and north China.

有些研究论文的图片较多，可采用图版的形式进行编排，一般每张图版放6张或8张图片，也可对图片进行剪切和拼接，在各张图片右下角需注明编号。同时，图版需要配有说明，或要求是中英文对照的说明。

八、讨论与结论

研究论文中的讨论与结论是两个不同的部分，有些杂志将其分开写。讨论是对论文的实验材料、实验方法、实验结果等进行探讨，或对实验中的创新之处加以讨论，或是不完善的(有局限性的)，或是有待改进的内容。而结论是实验所获得的结论，有所发现，是论文的创新之处，或是对一种规律的再认识。注意，结论不要是对实验结果进行简单的重复，因为后者常是一些实验获得的基本数据，而前者是经过归纳和分析后得出的结果。

讨论与结论部分需要仔细写，每句话都要反复推敲，讨论与结论的语气是不同的。例如，在讨论中经常使用“或许”“可能”“笔者认为”“有待进一步”等词。而结论中不能使用上述模糊不清的词语，并对“首次发现”“国际领先”“世界首创”“填补国内空白”等词语，一定要慎用。

第三节　论文作者和文献的写法

一、作者姓名的写法

论文中作者姓名的写法，各杂志要求不同。作者的中文姓名的写法各杂志也不同，包括作者之间是否用逗号隔开等。例如：

孙　强　赵小雨　李大雷

上述作者也可以写成：

孙　强，赵小雨，李大雷

当论文的作者是多位作者，并且不是同一个单位时，如何写作者单位呢？一种方法是将所有作者写在同一行，第二行是作者的各个单位。但是，这样存在作者单位排序问题，所以，只好用数字进行上标。例如：

孙雨生[1]　李玉宝[2]　陈　新[3]　黄　银[3]　吴大天[2]

另一种方法是将同一个单位的作者写在同一行，紧接此行下面是这些作者的单位名称。这样，由 2 个或 3 个单位的多位作者联合发表研究论文时，作者姓名与单位需要使用 4 行或 6 行进行书写。

对于论文中作者的姓名只有两个字的，姓与名之间需要空 2 格，与 3 个字的人名保持相等字节长度。一般情况下，论文的第一作者是最重要的，对论文的贡献最大。如果有通讯作者，排在最后，且在其姓名右上方添加“＊”。在目前情况下，通讯作者一般是研究生的导师，而研究生往往为第一作者。

作者的英文姓名往往是其汉语拼音的直接拼写，但各期刊对姓与名的排列、字母大小写的要求却不同。例如：

SHEN Xian-Sheng[1], KANG Shi-Xiu[2], JU Xin[3], HUANG Yu-Ying[3], WU Zi-Qing[2]

或写成：

SHEN Xian-sheng[1], KANG Shi-xiu[2], JU Xin[3], HUANG Yu-ying[3], WU Zi-qing[2]

也可以写成：

Shen Xiansheng[1], Kang Shixiu[2], Ju Xin[3], Huang Yuying[3], Wu Ziqing[2]

还有的杂志要求使用缩写，例如：

X. S. Shen[1], S. X. Kang[2], X. Ju[3], Y. Y. Huang[3], Z. Q. Wu[2]

二、作者单位的写法

论文的作者单位一般包括单位名称、所在城市、邮政编码。例如：

（1.中国科学技术大学生命科学学院，合肥　230026；2.中国科学技术大学天文与应用物理系，合肥　230026；3.中国科学院高能物理研究所，北京　100039）

作者单位的英文名称是作者单位中文名称的英文直译。例如，上述单位的英文名称写法如下：

（1. *School of Life Sciences*, *University of Science and Technology of China*, Hefei 230026, China；2. *Department of Astronomy and Applied Physics*, *University of Science and Technology of China* , Hefei 230026 ,China；3. *BSRF*, *Institute of High Energy Physics*, *Academy of Sciences of China*, Beijing 100039, China）

注意斜体字和标点符号的使用。

有的杂志要求写出单位所在地的省份名称，但城市名和省名的中文名和英文名的顺序不同。例如：

（中国科学技术大学生命科学学院，安徽　合肥　230026）

上述单位名称的英文写法为

（*School of Life Sciences*, *University of Science and Technology of China*, Hefei Anhui 230026）

三、参考文献与文献引证标注方法

参考文献的格式是不同杂志间变化最大的部分，主要区别是在于发表年代的位置、多位作者的简写、题目是否省略、序号的有无、标点符号等方面的变化。参考文献的写法一定要参照拟投稿杂志的“投稿须知”。一般有两种写法，即“作者-题目-杂志-年代制”和“作者-年代-题目-杂志制”。下面看看在参考文献的写法方面，各杂志对格式要求的不同。

（一）作者-题目-杂志-年代制的写法

例如：

[1] Shun X-S（孙小胜）. Taxonomy about the fruits and seeds of ground ancient-woods at Guanyin bay of Zhujiajian in Zhejiang province. *Guihaia*（广西植物），

2000, **20**(1): 9-13 (in Chinese)

[2] Jones K W, Gordon B M. Trace element determinations with synchrotron induced X-ray emission. Anal. Chem., 1989, 61:341.

[3] 卡普佐 J M, 科斯特 D R 著,张兰芬,王兆庆译. 海洋中的生物过程和废物. 北京:海洋出版社,1993,17-51.

[4] 许嘉琳,杨居荣. 陆地生态系统中重金属[M]. 北京:中国环境科学出版社,1995,40-59.

[5] 康士秀,巨新,黄宇营,等. 南极乔治王岛6种苔藓植物X荧光分析[J]. 极地研究,2001, **13**(1):50-56.

注意:以上尽管都是按照"作者-题目-杂志-年代制"的写法,各杂志的具体要求还有其他方面的差别,所以,要以"投稿须知"为准。因为不同的刊物,对标点符号的使用都会有不同的要求。

(二) 作者-年代-题目-杂志制的写法

例如:

[1] 康士秀,巨新,黄宇营,等. 2000,X荧光分析在植物学中应用,自然科学进展,**11**(10):36-39.

[2] 巨新,等. 2001,高能物理与核物理,**19**(6):40-50.

注意:该例[2]中论文题目被省略。

参考文献的排列顺序,是由其在论文中出现的先后顺序决定的。在参考文献中,一定要注意字体的正体、斜体和黑体,以及标点符号的使用。杂志的卷号一定是黑体,外文杂志名称是斜体,并且常采取缩写形式,要注意该杂志的刊名是如何缩写的,做到规范化。

另外,在参考文献的论文题目后方括号中的字母是表示文献类型:[J]表示是期刊,书籍(教材、专著)是[M],报纸是[N],论文集是[C],学位论文是[D],学术报告是[R],标准(部颁或国家颁发的标准)是[S],专利是[P]。对于析出文献(指从论文集或专著中抽出一篇)用[A]表示。其他的文献类型还有:数据库[DB],电子公告[EB],计算机程序[CP]。今后,随着非纸质的载体出现,文献类型的标识要用复合式,即[文献类型标识/载体类型标识]。关于载体类型有:磁带是[MT],磁盘是[DK],光盘是[CD],联机网络是[OL]。例如,[J/OL]是网上期刊,[M/CD]光盘图书,[DB/MT]磁带数据库等。

一般来说,各种类型的参考文献,其书写的格式略有不同。例如:

① 期刊:[序号]著者. 篇名[J]. 刊名,年,卷(期):起止页码.

② 著作:[序号]著者. 书名[M]. 版本(初版不注明). 出版地:出版单位,出版年,起止页码.

③ 学位论文:[序号]著者. 题名[D]. 出版地:出版单位,出版年,起止页码.

④ 论文集:[序号]析出文献的著者. 篇名[A]. 原文献著者. 原文献篇名[C]. 出版地:出版者,出版年,析出文献的起止页码.

⑤ 报纸:[序号]著者. 篇名[N]. 报纸名,出版日期(版次).

⑥ 电子文献:[序号]著者. 电子文献题名[文献类型/载体类型].(发表或更新日期). 电子文献网址.

⑦ 专利:[序号]专利申请者或所有者. 专利题名:专利国别,专利编号[P]. 公告日期.

(三) 文献引证标注方法

在有些研究论文的正文中,需要对所引证的参考文献的出处作出标注。一般有两种方式,第一种是在正文所引用的内容后面,采用右上角标注,使用方括号,括号内的数字是论文后面的被引用的该篇参考文献的序号。例如:

………………基因测序方法[3]。

……………………获得相同的实验结果[5,6,10]。

如果是采用这种引证方式,在参考文献中,一定写出各文献的顺序编号。注意,引证文献的方括号需要放在句号的前面。

另一种引证方法,是采用作者年代制。在所引用的内容后面直接在圆括号里写上作者和发表年代。例如:

………………基因测序方法(汪小林,1999)。

……………………获得相同的实验结果(刘大保,李菊,张前,等,2000),或…………

……获得相同的实验结果(刘大保,等,2000)。

如果作者为3人以下的,一般要全部写出来;3人以上的,只写到第3人,后面用"等"。在英文文献中,作者超过3人时,在第3位作者后面用"et al."。例如:

………………与本实验结果相同(H. Watters, D. Hook, G. Weil, et al., 2001)。

至于参考文献的数量,一般没有具体要求,只要对所研究内容的直接相关的近期的国内外的文献加以引用就行了。但在2011年后,有关部门或杂志编辑部对参考文献数量作出了强行规定,一般不得少于15篇。

四、致谢

在论文的正文结束后,如果要对某人、某些人或某个单位表示致谢,就在此处写上一句。例如:

致谢:本文承蒙中国科学院北京植物研究所×××教授指导,特此谢忱。

在发表研究论文时,致谢对象主要是对论文工作曾有过重要的或直接帮助的人或单位,这与研究生毕业论文及答辩中的致谢内容不同。

五、论文首页的脚注

在论文的第一页的末尾左侧画一短线,在短线的下面分别写上"收稿日期""修改稿日期""项目来源(基金)""作者简介"共4项内容,并使用黑体加冒号。收稿和修改稿日期由编辑部填写,其他两项都由作者自己填写。例如:

收稿日期:2000. 6. 20　**修改稿日期**:2000. 9. 7

项目来源(或基金项目):国家 973 计划基金资助项目(G19990327…)

作者简介:叶××(1950—),男,博士,中国××大学教授,主要从事城市生态学教学和科研工作。E-mail: ye＊＊@＊＊.edu.cn。

以上是一篇完整的中文研究论文撰写的规范格式,供读者参考。平时多阅读、多写,不断积累有关研究论文的写作知识,最后写起论文来就会比较轻松。此外,除了要掌握研究论文的规范格式外,还要注意在论文中的各个自然段落之间内容的衔接,以及语句的精炼和准确的表达,并逐步提高修辞技巧。文章需要多改几次,只会越改越好。

如果学生需要撰写英文的研究论文,其格式会有所不同,此时需要参考所投英文期刊的"投稿须知",按其要求进行撰写。

参 考 文 献

[1] 《安徽植被》协作组.安徽植被[M].合肥:安徽科学技术出版社,1981.

[2] 《安徽植物志》编委会.安徽植物志:1,4,5[M].合肥:安徽科学技术出版社,1986;1991;1992.

[3] 赵继鼎.中国地衣初编[M].北京:科学出版社,1982.

[4] 魏江春.中国药用地衣[M].北京:科学出版社,1982.

[5] 邓懋彬,魏宏图,姚淦.皖西霍山白马尖植物区系和植被[J].植物生态学与地植物学丛刊,1983,7(2):113-121.

[6] 吴国芳,裘佩熹,冯志坚,等.植物学:下册[M].北京:人民教育出版社,1983.

[7] 陶光复.湖北省大别山植物区系的初步分析[J].武汉植物学研究,1983,1(1):91-100.

[8] 沈显生.安徽省金寨县天堂寨山区植物区系的初步研究[D].芜湖:安徽师范大学,1984.

[9] 沈显生.安徽大别山天堂寨山区植物区系研究[J].植物学报,1986,28(6):657-663.

[10] 吴金陵.中国地衣植物图鉴[M].北京:中国展望出版社,1987.

[11] 戴芳澜.真菌的形态和分类[M].北京:科学出版社,1987.

[12] 钱宏.安徽大别山北坡植物区系的研究[J].安徽农业大学学报,1988,15(4):35-45.

[13] 钱宏.安徽大别山北坡植物区系与邻近地区植物区系关系探讨[J].武汉植物学研究,1989,7(1):39-48.

[14] 沈显生.安徽大别山天堂寨山区植被研究[J].武汉植物学研究,1989,7(2):131-139.

[15] 祝廷成,钟章成,李建东.植物生态学[M].北京:高等教育出版社,1991.

[16] 陆时万,徐祥生,沈敏健.植物学:上册[M].北京:高等教育出版社,1991.

[17] 刘宾.安徽大别山陀尖山区植物区系的研究[J].武汉植物学研究,1991,9(3):239-246.

[18] 沈显生.金寨县香料植物资源初步调查[J].安徽教育学院学报:自然版,1991(1):79-82.

[19] 刘鹏.大别山植物区系及南坡和北坡相关性研究[J].广西植物,1993,13(3):225-233.

[20] 谢中稳,吴国芳.安徽大别山多枝尖山区植物区系的研究[J].华东师范大学学报:自然版,1993(1):102-110.

[21] 刘鹏,吴国芳.大别山植物区系的特点和森林植被的研究[J].华东师范大学学报:自然版,1994(1):76-81.

[22] 谢中稳,蔡永立.安徽省鹞落坪自然保护区的植物区系基本特征的研究[J].安徽农业大学学报,1994,21(4):507-512.

[23] 蔡永立,方其英,郑冬官,等.大别山北坡落叶阔叶林种间相关的研究[J].生物数学学报,1994,9(4):156-162.

[24] 高愿君.中国野生植物开发与加工利用[M].北京:中国轻工业出版社,1995.

[25] 刘鹏,谢中稳.安徽大别山马鬃岭自然保护区木本植物区系研究[J].武汉植物学研究,1995,13(1):37-46.

[26] 蔡永立,张克永.河南金刚台山区的植被及垂直分布[J].武汉植物学研究,1995,13(4):337-343.

[27] 沈显生.大别山植物区系分析[J].安徽大学学报:自然版,1995,20(4):89-94.

[28] 沈显生.安徽隐域植被:泥炭藓沼泽[J].安徽教育学院学报:自然版,1996,(2):46-48.

[29] 沈显生.安徽野菜资源植物的研究[J].中国野生植物资源,1997(1):48-52.

[30] 沈显生,张小平.安徽省种子植物多样性研究[J].植物研究,1997,17(4):413-420.

[31] 沈显生.中国东部高等植物分科检索与图谱[M].合肥:中国科学技术大学出版社,1997.

[32] 刘小阳,万志刚,沈显生,等.植物学野外实习手册[M].北京:中国大地出版社,1997.

[33] 魏江春.药物大全:地衣部分[M].北京:科学出版社,1998.

[34] Sutherland W J.生态学调查方法手册[M].张金屯,译.北京:科学技术文献出版社,1999.

[35] 沈显生.从地带性植物群落生活型谱讨论安徽植被带划分[J].安徽大学学报:自然版,1999,23(3):103-108.

[36] 张广富,沈显生.安徽大别山天堂寨山区蕨类植物区系研究[J].山地学报,2001,18(5):468-473.

[37] 何云核.安徽植物区系新资料[J].武汉植物学研究,2001,19(3):210-214.

[38] 沈显生.苏、浙、皖蕨类植物区系的探讨[J].武汉植物学研究,2001,19(3):215-219.

[39] 项晟祺,宋震伟,庄骏,等.安徽大别山黄山栎群落的初步研究[J].武汉植物学研究,2002,20(6):477-480.

[40] 沈显生,李树美.研究型野外实习教学的设计与实践[J].教育与现代化,2002(3):22-25.

[41] 沈显生,尹路明,周忠泽.植物生物学实验[M].合肥:中国科学技术大学出版社,2003.

[42] 柴人杰,王莹,孙思婕,等.大别山自然保护区防火带的营造模式初探[J].消防科学与技术,2003(1):20-22.

[43] 周云龙.植物生物学[M].北京:高等教育出版社,2004.

[44] 强胜.植物学[M].北京:高等教育出版社,2006.

[45] 訾兴中.大别山植物志[M].北京:中国林业出版社,2006.

[46] 沈显生.生命科学概论[M].北京:科学出版社,2007.

[47] 叶创兴,朱念德,廖文波,等.植物学[M].北京:高等教育出版社,2007.

[48] 张卫明.中国植物胶资源开发研究与利用[M].南京:东南大学出版社,2008.

[49] 张卫明.中国辛香料植物资源开发与利用[M].南京:东南大学出版社,2008.

[50] 沈显生.野外实习在本科教学中的作用与地位[C]//高校生命科学论坛论文集.北京:高等教育出版社,2008:315-318.

[51] 沈显生.生态学[M].北京:科学出版社,2008.

[52] 沈显生.生态学简明教程[M].合肥:中国科学技术大学出版社,2012.

[53] 《岳西县维管束植物名录》编写组.岳西县维管束植物名录(内部资料).2012.

[54] 《安徽植物志》编委会.安徽植物志:2,3[M].北京:中国展望出版社,1987;1988.

[55] Cecie S. Biology[M]. California: Wadsworth Publishing Company, 1993.

[56] Stern K R, Jansky S, Bidlack J E. Introductory Plant Biology[M]. The McGraw-Hill Companies, Inc, 2007.

[57] Angiosperm Phylogeny Group. An Update of the Angiosperm Phylogeny Group Classification for the Orders and Families of Flowering Plants: APG Ⅲ[J]. Botanical Journal of the Linnean Society, 2009, 161:10-121.

附录一　大别山维管束植物名录

Ⅰ　蕨类植物名录

1. 瓶尔小草科

瓶尔小草 *Ophioglossum vulgatum* L.

2. 石杉科

四川石杉 *Huperzia sutchueniana*（Herter）Ching

蛇足石杉 *H. serrata*（Thunb.）Trev.

黄山石杉 *H. hwangshanensis* Ching et Chiu

美丽马尾杉 *Phlegmariurus pulcherrimus*（Wall. ex Hook. et Grev.）L. Love et D. Love.

3. 石松科

石松 *Lycopodium japonicum* Thunb.

劲直树状石松 *L. obscurum* L. f. *strictum*（Milde）Nakai ex Hara

4. 卷柏科

小卷柏 *Selaginella helvatica*（L.）Spring

异穗卷柏 *S. heterostachys* Bak.

江南卷柏 *S. moellendorfii* Hieron.

卷柏（九死还魂草）*S. tamariscina*（Beauv）Spring

翠云草 *S. uncinata*（Desv.）Spring

蔓出卷柏 *S. davidii* Franch.

布朗卷柏 *S. braunii* Bak.

伏地卷柏 *S. nipponica* Franch. et Sav.

5. 木贼科

问荆 *Equisetum arvense* L.

节节草 *Hippochaete ramosissimum*（Desf.）Boerner（异名 Equisetum ramosissimum Desf.）

笔管草 *H. debile*（Roxb. ex Vauch.）Ching

6. 阴地蕨科

蕨萁 *Botrypus virginianum*（L.）Sw.

阴地蕨 *Scepteridium ternatum*（Thunb.）Lyon.［异名 Botrychium ternatum（Thunb.）SW.；Osmunda ternata Thunb.］

华东阴地蕨 *S. japonicum*（Prantl.）Lyon.

7. 紫萁科

紫萁 *Osmunda japonica* Thunb.

8. 海金沙科

海金沙 *Lygodium japonicum*（Thunb.）Sw.

9. 里白科

芒萁 *Dicranopteris dichotoma*（Thunb.）Bernh.

10. 瘤足蕨科

华东瘤足蕨 *Plagiogyria japonica* Nakai

11. 膜蕨科

翅柄假脉蕨 *Crepidomanes late-alatum*（v. d. B.）Cop.

团扇蕨 *Gonocormus minutus*（Bl.）v. d. B.

华东膜蕨 *Hymenophyllum barbatum*（v. d. B.）Bak.

小果蕗蕨 *Mecodium microsorum*（v. d. B.）Ching

12. 碗蕨科

细毛碗蕨 *Dennstaedtia pilosella*（Hook.）Ching

溪洞碗蕨 *D. wilfordii*（Moore）Christ

13. 鳞始蕨科

乌蕨 *Stenoloma chusanum*（L.）Ching

14. 姬蕨科

姬蕨 *Hypolepis punctata*（Thunb.）Mett.

15. 水蕨科

水蕨 *Ceratopteris thalictroides*（L.）Brongn.

16. 蕨科

蕨 *Pteridium aquilinum*（L.）Kuhn. var. *latiusculum*（Desv.）Underw.

17. 凤尾蕨科

井栏边草 *Pteris multifida* Poir.

凤尾蕨（大叶井口边草）*P. cretica* L. Mant. var. *nervosa*（Thunb.）Ching et S. H. Wu

半边旗 *P. semipinnata* L.

18. 中国蕨科

野雉尾（野鸡尾）*Onychium japonicum*（Thunb.）Kze.

银粉背蕨 *Aleuritopteris argentea*（Gmel.）Fee

毛轴碎米蕨 *Cheilosoria chusana*（Hook.）Ching et Shing

19. 裸子蕨科

中华凤丫蕨 *Coniogramme intermedia* Hieron.

凤丫蕨 *C. japonica*（Thunb.）Diels

20. 蹄盖蕨科

有鳞短肠蕨 *Allantodia squamigera*（Mett.）Ching

江南短肠蕨 *A. metteniana*（Miq.）Ching

耳羽短肠蕨 *A. wichurae*（Mett.）Ching

假蹄盖蕨 *Athyriopsis japonica*（Thunb.）Ching

华东蹄盖蕨 *Athyrium nipponica*（Mett.）Hance
光秆蹄盖蕨 *A. otophorum*（Miq.）Koidz.
禾秆蹄盖蕨 *A. yokoscense*（Franch. et Sav.）Christ
华中蹄盖蕨 *A. wardii*（Hook.）Mak.
中华蹄盖蕨 *A. sinense* Rupr.
东亚羽节蕨 *Gymnocarpium oyamense*（Bak.）Ching
华中峨眉蕨 *Lunathyrium centro-chinense* Ching
华中介蕨 *Dryoathyium okuboanum*（Makino）Ching
鄂西介蕨 *D. henryi*（Bak.）Ching

21. 金星蕨科

渐尖毛蕨 *Cyclosorus acuminatus*（Houtt.）Nakai
针毛蕨 *Macrothelypteris oligophlebia*（Bak.）Ching
林下凸轴蕨 *Metathelypteris hattori*（H. Ito）Ching
疏羽凸轴蕨 *M. laxa*（Franch. et Sav.）Ching
中华金星蕨 *Parathelypteris chinensis*（Ching）Ching
中日金星蕨 *P. nipponica*（Franch. et Sav.）Ching
延羽卵果蕨 *Phegopteris decursive-pinnata*（van Hall.）Fee

22. 铁角蕨科

虎尾铁角蕨 *Asplenium incisum* Thunb.
铁角蕨 *A. trichomanes* L.
三翅铁角蕨 *A. tripteropus* Nakai

23. 球子蕨科

东方荚果蕨 *Matteuccia orientalis*（Hook.）Trew.

24. 岩蕨科

膀胱岩蕨 *Protowoodsia manchuriensis*（Hook.）Ching
耳羽岩蕨 *Woodsia polystichoides* Eaton

25. 乌毛蕨科

狗脊蕨 *Woodwardia japonica*（L. f.）Sm.

26. 鳞毛蕨科

贯众 *Cyrtomium fortunei* J. Sm.
两色鳞毛蕨 *Dryopteris bissetiana*（Bak.）C. Chr.
阔鳞鳞毛蕨 *D. championii*（Benth.）C. Chr. ex Ching
黑足鳞毛蕨 *D. fuscipes* C. Chr.
狭顶鳞毛蕨 *D. lacera*（Thunb.）O. Ktze.
变异鳞毛蕨 *D. varia*（L.）O. Ktze.
黄山鳞毛蕨 *D. whangshanensis* Ching
毛枝蕨 *Leptorumohra miqueliana*（Maxim.）H. Ito
黑鳞耳蕨 *Polystichum makinoi* Tagawa
革鳞耳蕨 *P. neolobatum* Nakai
棕鳞耳蕨 *P. retroso-peleaceum*（Rodama）Tagawa
三叉耳蕨 *P. tripteron*（Ktze.）Presl

27. 水龙骨科

抱石莲 *Lepidogrammitis drymoglossoides*（Bak.）Ching

远叶瓦韦 *Lepisorus distans*（Mak.）Ching

粤瓦韦 *L. obscure-venulosus*（Hay.）Ching

鳞瓦韦 *L. oligolepidus*（Bak.）Ching

乌苏里瓦韦 *L. ussuriensis*（Regel et Maack）Ching

金鸡脚 *Phymatopsis hastata*（Thunb.）Kitagawa

水龙骨 *Polypodiodes nipponica*（Mett.）Ching

中华水龙骨 *P. pseudoamoena*（Ching）Ching

有柄石韦 *Pyrrosia petiolosa*（Christ）Ching

庐山石韦 *P. sheareri*（Bak.）Ching

28. 槲蕨科

槲蕨 *Drynaria fortune*（Kze.）J. Sm.

29. 剑蕨科

中华剑蕨 *Loxogramme chinensis* Ching

禾叶剑蕨 *L. grammitoides*（Bak.）C. Chr.

褐柄剑蕨 *L. duclouxii* Chirst

30. 苹科

四叶苹（田字苹）*Marsilea quadrifolia* L.（水生蕨类植物）

31. 槐叶苹科

槐叶苹 *Salvinia natans*（L.）All.（水生蕨类植物）

32. 满江红科

满江红 *Azolla imbricata*（Roxb.）Nakai（异名 Azolla pinnata R. Br. subsp. asiatica R. M. K. Saunders et K. Fowler）（水生蕨类植物）

Ⅱ. 裸子植物名录

1. 银杏科

银杏 *Ginkgo biloba* L.（栽培）

2. 松科

大别山五针松 *Pinus fenzeliana* Hand.-Mazz. var. *dabeshanensis*（C. Y. Cheng et Y. W. Law）L. K. Fu et Nan Li

马尾松 *P. massoniana* Lamb.

黄山松 *P. taiwanensis* Hayata

华山松 *P. armandi* Franch.（栽培）

黑松 *P. thunbergii* Parl.（栽培）

日本五针松 *P. parviflora* Sieb. et Zucc.（栽培）

雪松 *Cedrus deodara*（Roxb.）G. Don（栽培）

金钱松 *Pseudolarix kaempferi*（Lindl.）Gord.（栽培）

3. 杉科

杉木 *Cunninghamia lanceolata*（Lamb.）Hook.（栽培）

柳杉 *Cryptomeria fortunei* Hooibrenk ex Otto et Dietr（栽培）

日本柳杉 *C. japonica*（L. f.）D. Don（栽培）

水杉 *Metasequoia glyptostroboides* Hu et Cheng（栽培）

池杉 *Taxodium ascendens* Brongn（栽培）

4. 柏科

刺柏 *Juniperus formosana* Hayata

柏木 *Cupressus funebris* Endl.（栽培）

圆柏 *Sabina chinensis*（L.）Antoine

侧柏 *Platycladus orientalis*（L.）Fronco（栽培）

日本扁柏 *Chamaecyparis obtuse*（Sieb. et Zucc.）Endl.（栽培）

5. 罗汉松科

罗汉松 *Podocarpus macrophyllus*（Thunb.）D. Don.（栽培）

6. 三尖杉科

三尖杉 *Cephalotaxus fortunei* Hook. f.

粗榧 *C. sinensis*（Rehd. et Wils.）Li

7. 红豆杉科

榧树 *Torreya grandis* Fort. ex Lindl.

巴山榧树 *T. fargesii* Franch.

红豆杉 *Taxus wallichiana* Zucc. var. *chinensis*（Pilger）Florin（栽培）

Ⅲ. 被子植物名录

1. 胡桃科

山核桃 *Carya cathayensis* Sarg.

青钱柳 *Cyclocarya paliurus*（Batal.）Iljinskaja

华东野胡桃 *Juglans cathayensis* Dode var. *obtusicostata* A. M. Lu. et R. H. Chang

化香 *Platycarya strobilacea* Sieb et Zucc.

枫杨 *Pterocarya stenoptera* C. DC.

华西枫杨 *P. macroptera* Batal. var. *insignis*（Rehder et E. H. Wilson）W. E. Manning

2. 杨柳科

响叶杨 *Populus adenopoda* Maxim.

小叶杨 *P. simonii* Carr.

毛白杨 *P. tomentosa* Carr.（栽培）

银叶柳 *Salix chienii* Cheng

旱柳 *S. matsudana* Koidz.

红皮柳 *S. purpurea* L.

皂柳 *S. wallichiana* Anderss.

紫柳 *S. wilsonii* Seem.

小叶柳 *S. hypoleuca* Seem.

簸萁柳 *S. suchowensis* Cheng

杞柳 *S. sinopurpurea* C. Wang et Ch. Y. Yang

腺柳 *S. chaenomeloides* Kimura.

3. 桦木科

江南桤木 *Alnus trabeculosa* Hand.-Mazz.

桤木 *A. cremastogyne* Burk.

亮叶桦 *Betula lumnifera* H. Winkler

华千金榆 *Carpinus cordata* Bl. var. *chinensis* Franch.

鹅耳枥 *C. turczaninowii* Hance

大穗鹅耳枥 *C. viminea* Wall.

昌化鹅耳枥 *C. tschonoskii* Maxim.

湖北鹅耳枥 *C. hupeana* Hu

铁木 *Ostrya japonica* Sarg.

川榛 *Corylus heterophyllus* Fishch. var. *sutchuanensis* Franch.

4. 壳斗科(山毛榉科)

板栗 *Castanea mollissima* Bl.

茅栗 *C. sequinii* Dode

锥栗 *C. henryi* (Skam) Rehd. et Wils.

青冈 *Cyclobalanopsis glauca* (Thunb.) Oerst.

小叶青冈 *C. myrsinaefolia* (Bl.) Oerst.

细叶青冈 *C. gracilis* (Rehd. et Wils.) Cheng et T. Hong

水青冈 *Fagus longipetiolata* Seem.

米心水青冈 *F. engleriana* Seem.

亮叶水青冈 *F. lucida* Rehd. et Wils.

石栎 *Lithocarpus glaber* (Thunb.) Nakai

槲栎 *Quercus aliena* Bl.

锐齿槲栎 *Quercus aliena* Bl. var. *acuteserrata* Maxim.

小叶栎 *Q. chenii* Nakai

枹栎 *Q. glandulifera* Bl.

短柄枹栎 *Q. glandulifera* Bl. var. *brevipetiolata* (DC.) Nakai

黄山栎 *Q. stewardii* Rehd.

栓皮栎 *Q. variabilis* Bl.

麻栎 *Q. acutissima* Carr.

白栎 *Q. fabri* Hance

栲 *Castanopsis fargesii* Franch.

苦槠 *C. sclerophylla* (Lindl.) Schott.
甜槠 *C. eyrei* (Champ.) Tutch.

5. 榆科

紫弹朴 *Celtis biondii* Pamp.
浙江朴 *C. chekiangensis* Cheng
大果朴(珊瑚朴) *C. julianae* Schneid.
大叶朴 *C. koraiensis* Nakai
朴 *C. sinensis* Pers.
榔榆 *Ulmus parvifolia* Jacq.
榆 *U. pumilia* L.
大果榆 *U. macrocarpa* Hance
长序榆 *U. elongata* L. K. Fu et C. S. Ding
多脉榆 *U. castaneifolia* Hemsl.
红果榆 *U. szechuanica* Fang
榉 *Zelkova schneideriana* Hand.-Mazz.
光叶榉 *Z. serrata* (Thunb.) Makino
青檀 *Pteroceltis tatarinowii* Maxim.
刺榆 *Hemiptelea davidii* (Hance) Planch.
糙叶树 *Aphananthe aspera* (Thunb.) Planch.

6. 杜仲科

杜仲 *Eucommia ulmoides* Oliv.(栽培)

7. 桑科

构树 *Broussonetia papyrifera* (L.) L'Herit. ex Vent.
小构树 *B. kazinoki* Sieb. et Zucc.
柘树 *Cudrania tricuspidata* (Carr.) Bureu ex Lavl.
畏芝 *C. cochinensis* (Lour.) Kudo et Masam.
珍珠莲 *Ficus sarmentosa* Buch.-Ham. ex J. E. Sm. var. *henryi* (King) Corner
爬藤榕 *F. sarmentosa* Buch.-Ham. ex J. E. Sm. var. *impressa* (Champ) Corner
薄叶爬藤榕 *F. sarmentosa* Buch.-Ham. ex J. E. Sm. var. *lacrymars* (Levl.) Corner
无花果 *F. carica* L.(栽培)
薜荔 *F. pumilia* L.
葎草 *Humulus scandens* (Lour.) Merr.
鸡桑 *Morus australis* Poir.
华桑 *M. cathayana* Hemsl.
桑 *M. alba* L.(栽培)
附:大麻科
大麻 *Cannabis sativa* L.(栽培)

8. 荨麻科

细穗苎麻 *Boehmeria gracilis* C. H. Wright.
苎麻 *B. nivea* (L.) Gaud.
悬铃木叶苎麻 *B. platanifolia* Franch. et Sav.

大叶苎麻 *B. longipica* Steud.

小赤麻 *B. spicata* (Thunb.) Thunb.

楼梯草 *Elatostema involucratum* Franch. et Sav.

庐山楼梯草 *E. stewardii* Merr.

珠芽楼梯草 *E. stewardii* Merr. f. *bulbiferum* W. T. Wang

珠芽艾麻 *Laportea bulbifera* (Sieb. et Zucc.) Weld.

艾麻 *L. macrostachya* (Maxim.) Ohwi

糯米团 *Gonostegia hirta* (Bl.) Miq.

花点草 *Nanocnide japonica* Bl.

毛花点草 *N. lobata* Wedd.

透茎冷水花 *Pilea mongolica* Wedd.

矮冷水花 *P. peploides* (Gaud.) Hook. et Arn.

粗齿冷水花 *P. sinofasiata* C. J. Chen

三角叶冷水花 *P. swinglei* Merr.

山冷水花 *P. japonica* (Maxim.) Hand.-Mazz.

9. 铁青树科

青皮木 *Schoepfia jacminodora* Sieb. et Zucc.

10. 檀香科

米面蓊 *Buckleya henryi* Diels

百蕊草 *Thesium chinense* Turcz.

11. 桑寄生科

槲寄生 *Viscum colortum* (Kom.) Nakai

栗寄生 *Korthalsella japonica* (Thunb.) Engl.

锈毛钝果寄生 *Taxillus levinei* (Merr.) H. S. Kiu

12. 蛇菰科

蛇菰 *Balanophora japonica* Makino

13. 蓼科

荞麦 *Fagopyrum esculentum* Moench.(栽培)

金荞麦 *F. dibotrys* (D. Don) Hara

金线草 *Antenoron filiforme* (Thunb.) Rob. et Vaut.

稀毛金线草 *A. filiforme* (Thunb.) Rob. et Vaut. var. *neofiliforme* (Nakai) A. J. Li

扁蓄 *Polygonum aviculare* L.

拳参 *P. bistorta* L.

虎杖 *P. cuspidatum* Sieb. et Zucc.

齿翅蓼 *P. dentato-alatum* F. Schmidt ex Maxim.

蚕茧草 *P. japonicum* Meisn.

两歧蓼 P. dichotomum Bl.

稀花蓼 *P. dissitiflorum* Hemsl.

箭叶水湿蓼 *P. hastato-sagittatum* Mak.

水蓼 *P. hydropiper* L.

长须蓼 *P. longisetum* De Brugn var. *rotundatum* A. J. Li

何首乌 *P. multiflorum* Thunb.
尼泊尔蓼 *P. nepalense* Meisn.
荭草 *P. orientale* L.
杠板归 *P. perfoliatum* L.
春蓼 *P. pericaria* L.
丛枝蓼 *P. posumbum* Hamilt
刺蓼 *P. senticosum* (Meisn.) Franch. et. Sav.
雀翘 *P. sieboldii* Meisn.
圆穗蓼 *P. sphaerostachyum* Meisn.
大箭叶蓼 *P. sagittifolium* Levl. et Vant.
水湿蓼 *P. strigosum* R. Br.
支柱蓼 *P. suffultum* Maxim.
穗一蓼 *P. taquetii* Levl.
戟叶蓼 *P. thumbergii* Sieb. et Zucc.
黏液蓼 *P. viscoferum* Maxim. var. *robustum* Maxim.
愉悦蓼 *P. jucundum* Meisn.
小花蓼 *P. muricatum* Meisn.
酸模 *Rumex acetosa* L.
巴天酸模 *R. patientia* L.
羊蹄 *R. crispus* L.

14. 商陆科

商陆 *Phytolacca acinosa* Roxb.(栽培,逸为野生)
十蕊商陆 *Ph. americana* L.(栽培,逸为野生)

15. 紫茉莉科

紫茉莉 *Mirabilis jalapa* L.(栽培)

16. 粟米草科

粟米草 *Mollugo pentaphyla* L.

17. 马齿苋科

马齿苋 *Portulaca oleracea* L.
土人参 *Talinum paniculatum* (Jacq.) Gaertn.(栽培,逸为野生)

18. 落葵科

落葵 *Basella alba* L.(栽培)

19. 石竹科

鹅不食草(蚤缀) *Arenaria serpyllifolia* L.
簇生卷耳 *Cerastium caespitosum* Gilib.
球序卷耳 *C. glomeratum* Thuill.
狗蔓筋 *Cucubalus baccifer* L.
瞿麦 *Dianthus superbus* L.
剪秋罗 *Lychnis senno* Sieb. et Zucc.
剪夏罗 *L. coronata* Thunb.
鹅肠菜 *Myosoton aquaticum* (L.) Moench.

女娄菜 *Melandrium apricum*（Turcz.）Rohrb.

孩儿参 *Pseudostellaria heterophylla*（Miq.）Pax ex Pax et Hoffm.

蔓假繁缕 *P. davidii*（Franch.）Pax ex Pax et Hoffm.

异花假繁缕 *P. heterantha*（Maxim.）Pax ex Pax et Hoffm.

漆姑草 *Sagina japanica*（Sw.）Ohwi

麦瓶草 *Silene conoidea* L.

野蚊子草 *S. fortunei* Vis.

雀舌草 *Stellaria alsine* Grimm.

中国繁缕 *S. chinensis* Regel

赛繁缕 *S. neglecta* Weihe

沼繁缕 *S. palustris* Ehrb.

禾叶繁缕 *S. graminea* L.

石生繁缕 *S. saxatilis* Buch.-Ham. ex D. Don（异名 S. vestita Kurz.）

白鼓钉 *Polycarpaea corymbosa*（L.）Lam.

王不留行 *Vaccaria segetalis*（Neck.）Garcke

霞草 *Gypsophila oldhamiana* Miq.

20．藜科

藜 *Chenopodium album* L.

土荆芥 *Ch. ambrosioides* L.

菠菜 *Spinacia oleracea* L.(栽培)

地肤 *Kochia scoparia*（L.）Schr.(栽培)

21．苋科

牛膝 *Achyranthes bidentata* Bl.

尖叶牛膝 *A. bidentata* Bl. var. *japonica* Miq.

长叶牛膝 *A. longifolia*（Makino）Makino

绿穗苋 *Amaranthus hybridus* L.

苋 *A. tricolor* L.(栽培)

刺苋 *A. spinosus* L.

莲子草 *Alternanthera sessilis*（L.）DC.

喜旱莲子草 *A. philoxeroides*（Mart.）Griseb.

青葙 *Celosia argentea* L.

鸡冠花 *C. cristata* L.（栽培）

22．木兰科

鹅掌楸 *Liriodendron chinense*（Hemsl.）Sarg.

望春 *Magnolia denudata* Desr.

厚朴 *M. officinalis* Rehd. et Wils.（栽培）

凹叶厚朴 *M. biloba* Reld. et Wils.（栽培）

辛夷(紫玉兰) *M. liliflora* Desr.（栽培）

荷花玉兰 *M. grandiflora* L.（栽培）

天女花 *M. siebodii* K. Koch

含笑 *Michelia figo*（Lour.）Spreng

23. 五味子科

南五味子 *Kadsura longipedunculata* Finet et Gagnep.

二色五味子 *Schisandra bicolor* Cheng

华中五味子 *S. sphenanthera* Rehd. et. Wils.

瘤枝五味子 *S. tuberculata* Law

24. 八角茴香科

披针叶茴香 *Illicium lanceolatum* A. C. Smith

红茴香 *I. henryi* Diels

25. 蜡梅科

蜡梅 *Chimonanthus praecox*（L.）Link.（栽培）

柳叶蜡梅 *Ch. salicifolius* S. Y. Hu

26. 樟科

天竺桂 *Cinnamomum japonicum* Sieb.

香樟 *C. camphora*（L.）Presl.

红果山胡椒 *Lindera erythrocarpa* Makino

绿叶甘橿 *L. fruticosa* Hemsl.

山胡椒 *L. glauca*（Sieb. et Zucc.）Bl.

三桠乌药 *L. obtusiloba* Blume

大果山胡椒 *L. praecox*（Sieb. et Zucc.）Bl.

山橿 *L. reflexa* Hemsl.

天目木姜子 *Litsea auriculata* Chien et Cheng

豹皮樟 *L. coreana* Levl. var. *sinensis*（Allen）Yang et P. H. Huang

黄丹木姜子 *L. elongata*（Wall. ex Nees）Benth. et Hook. f.

长叶豺皮樟 *L. rotundifolia* Hemsl. var. *oblongifolia* Allen

湘楠 *Phoebe hunanesis* Hand.-Mazz.

檫木 *Sassafras tsumus*（Hemsl.）Hemsl.（栽培）

薄叶楠 *Machilus leptophylla* Hand.-Mazz.

浙江新木姜子 *Neolitsea aurata*（Hay.）Koidz. var. *chekiangensis*（Nakai）Yang et P. H. Huang

27. 领春木科

领春木 *Euptelea pleiospermum* Hook. f. et Thoms.

28. 连香树科

连香树 *Cercidiphyllum japonicum* Sieb. et Zucc.

29. 毛茛科

乌头 *Aconitum carmichaeli* Debx.

黄山乌头 *A. carmichaeli* Debx. var. *hwangshanicum* W. T. Wang et Hsiao

赣皖乌头 *A. finetianum* Hand.-Mazz.

瓜叶乌头 *A. hemsleyanum* Pritz.

花葶乌头 *A. scaposum* Franch.

川鄂乌头 *A. henryi* Pritz.

类叶升麻 *Actaea asiatica* Hara

鹅掌草 *Anemone flaccida* Fr. Schmidt

秋牡丹 *A. hupehensis* Lemoine var. *japonica*（Thunb.）Bovles et Stearn

金龟草 *Cimicifuga acerina*（Sieb. et Zucc.）Tanaka

升麻 *C. foetida* L.

粗齿铁线莲 *Clematis argentilucida*（Levl. et Vant.）W. T. Wang

短尾铁线莲 *C. brevicaudata* DC.

短柱铁线莲 *C. cadmia* Buch.-Ham.

威灵仙 *C. chinensis* Osbeck

安徽威灵仙 *C. chinensis* Osbeck var. *anhweiensis*（M. C. Chang）W. T. Wang

山木通 *C. finetiana* Levl. et Vant.

大花威灵仙 *C. courtoisii* Hand.-Mazz.

扬子铁线莲 *C. ganpiniana*（Levl. et Vant.）Tamura

大叶铁线莲 *C. heracleifolia* DC.

丝瓜花 *C. lasiandra* Maxim.

绣球藤 *C. montana* Buch.-Ham. ex DC.

柱果铁线莲 *C. uncinata* Champ.

女萎 *C. apliifolia* DC.

人字果 *Dichocarpum sutchuenense*（Franch.）W. T. Wang et Hsiao

獐耳细辛 *Hepatica nobilis* Gars. var. *asiatica*（Nakai）Hara

白头翁 *Pulsatilla chinensis*（Bunge）Regel

禺毛茛 *Ranunculus cantoniensis* DC.

毛茛 *R. japonicus* Thunb.

肉根毛茛(猫爪草)*R. polii* Franch.

石龙芮 *R. sceleratus* L.

茴茴蒜 *R. chinensis* Bunge

天葵 *Semiaquilegia adoxoides*（DC.）Makino

尖叶唐松草 *Thalictrum acutifolium*（Hand.-Mazz.）Boivin

唐松草 *T. aquilegifolium* L. var. *sibiricum* Reg. et Tiling

大叶唐松草 *T. faberi* Ulbr.

华东唐松草 *T. fortunei* S. Moore

东亚唐松草 *T. minus* L. var. *hypoleucum*（Sieb. et Zucc.）Miq.

还亮草 *Delphinium anthriscifolium* Hance

短萼黄莲 *Coptis chinensis* Franch. var. *brevisepala* W. T. Wang et Hsiao

30. 小蘗科

安徽小蘗 *Berberis anhweiensis* Ahrendt

日本小蘗 *B. thunbergii* DC.

庐山小蘗 *B. virgetorum* Schneid.

类叶牡丹 *Leontice robusta*（Maxim.）Diels.(异名 Caulophyllum robusta Maxim.）

六角莲 *Dysosma pleiantha*（Hance）Woods.

八角莲 *D. versipellis*（Hance）M. Cheng

淫羊藿(三枝九叶草) *Epimedium sagittatum*（Sieb. et Zucc.）Maxim.

南方山荷叶 *Diphylleia sinensis* H. L. Li

南天竹 *Nandina domestica* Thunb.(栽培)

十大功劳 *Mahonia fortunei* (Lindl.) Fedde(栽培)

31. 大血藤科

大血藤 *Sargentodoxa cuneata* (Oliv.) Rehd. et Wils.

32. 木通科

木通 *Akebia quinata* (Houtt.) Decne.

三叶木通 *A. trifoliata* (Thunb.) Koidz.

白木通 *A. trifoliata* (Thunb.) Koidz. var. *australis* Diels

鹰爪枫 *Holboellia coriacea* Diels

尾叶野木瓜 *Stauntonia hexaphylla* (Thunb.) Decne. var. *urophylla* Hand.-Mazz. [异名 Stauntonia hexaphylla (Thunb.) Decne. f. urophylla (Hand.-Mazz.)Y. C. Wu]

33. 防己科

木防己 *Cocculus trilobus* (Thunb.) DC.

防己 *Sinomenium acutum* (Thunb.) Rehd. et Wils.

金线吊乌龟 *Stephania cepharantha* Hayata ex Yamamoto

千金藤 *S. japonica* (Thunb.) Miers

蝙蝠葛 *Menispermum dauricum* DC.

34. 金鱼藻科

金鱼藻 *Ceratophyllum demersum* L.

35. 睡莲科

睡莲 *Nymphaea tetragona* Georgi (栽培)

莲 *Nelumbo nucifera* Gaertn. (栽培)

附:莼菜科(或归入睡莲科)

莼菜 *Brasenia schreberi* J. F. Gmel. (栽培)

水盾草(竹节水松) *Cabomba caroliniana* A. Gray [异名 Nectris caroliniana (A. Gray) Steud.]根据霍山县佛子岭老农回忆,淠河源头在20世纪50年代就曾发现有此植物生长。

36. 三白草科

三白草 *Saururus chinensis* (Lour.) Baill.

蕺菜 *Houttuynia cordata* Thunb.

37. 金粟兰科

安徽金粟兰 *Chloranthus anhuiensis* K. F. Wu

丝穗金粟兰 *Ch. fortunei* (A. Gray) Solms-Laub.

及已 *Ch. serratus* (Thunb.) Roem. et Schult.

38. 马兜铃科

马兜铃 *Aristolochia debilis* Sieb. et Zucc.

绵毛马兜铃 *A. mollissima* Hance

管花马兜铃 *A. tubiflora* Dunn

大别山马兜铃 *A. dabieshanensis* C. Y. Cheng et W. Yu

细辛 *Asarum sieboldii* Miq.

杜衡 *A. forbesii* Maxim.

大别山细辛 *A. dabieshanensis* D. Q. Wang et S. H. Huang

39. 芍药科

草芍药 *Paeonia obovata* Maxim.

芍药 *P. lactiflora* Pall.（栽培）

牡丹 *P. suffruticosa* Andr.（栽培）

40. 猕猴桃科

掌梨 *Actinidia alnifolia* Stapf. ex Hand.-Mazz.

软枣猕猴桃 *A. arguta*（Sieb. et Zucc.）Planch. ex Miq.

猕猴桃 *A. chinensis* Planch.

大籽猕猴桃 *A. macrosperma* C. F. Liang

黑蕊羊桃 *A. melanandra* Franch.

木天蓼(葛枣猕猴桃) *A. polygama*（Sieb. et Zucc.）Maxim.

41. 山茶科

连蕊茶 *Camellia fraterna* Hance

油茶 *C. oleifera* Abel.（栽培，逸为野生）

茶 *C. sinensis* Kuntze（栽培）

山茶 *C. japonica* L.

微毛柃 *Eurya hebeclados* L. K. Ling

柃木 *E. japonica* Thunb.

格药柃 *E. muricata* Dunn

细齿叶柃 *E. nitida* Kerth.

翅柃 *E. alata* Kobuski

喙果紫茎 *Stewartia rostrata* Spongb.

紫茎 *S. sinensis* Rehd. et Wils.

木荷 *Schima superba* Gardn et Champ.

红淡比 *Cleyera japonica* Thunb.

42. 藤黄科(金丝桃科)

黄海棠 *Hypericum ascyron* L.

地耳草 *H. japonicum* Thunb.

密腺小连翘 *H. seniawini* Maxim.

赶山鞭 *H. attenuatum* Choisy.

元宝草 *H. sampsonii* Hance

三腺金丝桃 *Triadenum breviflorum*（Wall. ex Dyer）Y. Kimura

43. 罂粟科

伏生紫堇 *Corydalis decumbens*（Thunb.）Pers.

刻叶紫堇 *C. incisa*（Thunb.）Pers.

蛇果黄堇 *C. ophiocarpa* Hook. f. et Thoms.

黄堇 *C. pallida*（Thunb.）Pers.

小黄堇 *C. racemosa*（Thunb.）Pers.

延胡索 *C. yanhusuo* W. T. Wang

全叶延胡索 *C. repens* Mandl. et Muhl.

荷青花 *Hylomecon japonica*（Thunb.）Prantl et Kundig

博落回 *Macleaya cordata*（Willd.）R. Br.

44. 十字花科

拟南芥 *Arabidopsis thaliana*（L.）Heynh.

伏地南芥 *Arabis flagellosa* Miq.

星毛芥 *Berteroella maximowiczii*（Palib.）O. E. Schulz

荠 *Capsella bursa-pastoris*（L.）Medic.

碎米荠 *Cardamine flexuosa* With.

毛碎米荠 *C. hirsuta* L.

弹裂碎米荠 *C. impatiens* L.

白花碎米荠 *C. leucantha*（Tausch）O. E. Schulz

华中碎米荠 *C. urbaniana* O. E. Schulz

光头山碎米荠 *C. engleriana*（Lour.）Ohwi

安徽碎米荠 *C. anhuiensis* D. C. Zhang et J. Z. Shao

浙江碎米荠 *C. zhejiangensis* T. Y. Cheo et R. C. Fang

葶苈 *Draba nemorosa* L.

云南山嵛菜 *Eutrema yunnanense* Franch.

细弱山嵛菜 *Eutrema yunnanense* Franch. var. *tenerum* O. E. Schulz

细子蔊菜(广东蔊菜) *Rorippa cantoniensis*（Lour.）Ohwi

蔊菜 *R. indica*（L.）Hiern

沼生蔊菜 *R. islandica*（Oed.）Borb.

臭荠 *Coronopus didymus*（L.）J. E. Smith

独行菜 *Lepidium apetalum* Willd.

45. 白花菜科

醉蝶花 *Cleome spinosa* L.（栽培）

46. 悬铃木科

二球悬铃木 *Platanus hispanica* Muenchh. [异名 P. acerifolia（Ait.）Willd.]（栽培）

47. 金缕梅科

蜡瓣花 *Corylopsis sinensis* Hemsl.

红药蜡瓣花 *C. veitchiana* Bean

阔蜡瓣花 *C. platypetala* Rehd. et Wils.

牛鼻栓 *Fortunearia sinensis* Rehd. et Wils.

金缕梅 *Hamamelis mollis* Oliv.

银缕梅(小叶金缕梅,单氏木) *Parrotia subaequalis*（H. T. Chang）R. M. Hao et H. T. Wei [异名 Shaniodendron subaequale（Chang）Deng, Wei et Wang; Hamamelis subaequalis H. T. Chang]

枫香 *Liquidamber formosana* Hance

缺萼枫香 *L. acalycina* H. T. Chang

长柄双花木 *Disanthus cercidifolius* Maxim. var. *longipes* Chang

檵木 *Loropetalum chinensis* Oliv.

48. 景天科

瓦松 *Orostachys fimbriatus*（Turcz.）Berger

费菜 *Sedum aizoon* L.

东南景天 *S. alfredii* Hance

凹叶景天 *S. emarginatum* Migo

佛甲草 *S. lineare* Thunb.

四叶景天 *S. quatesnatum* Praeg.

垂盆草 *S. sarmentosum* Bunge

火焰草 *S. stellariaefolium* Franch.

大叶火焰草 *S. drymarioides* Hance

珠芽景天 *S. bulbiferum* Makino

轮叶八宝 *Hylotelephium verticillatum* (L.) H. Ohba(异名:轮叶景天 Sedum verticillatum L.)

八宝 *H. erythrostictum* (Miq.) H. Ohba

49. 虎耳草科

大叶落新妇 *Astilbe grandis* Stapf. ex Wils.

落新妇 *A. chinensis* (Maxim.) Franch. et Sav.

人心药(草绣球) *Cardiandra moellendorffii* (Hance) Migo

锈毛金腰 *Chrysosplenium davidianum* Decne. ex Maxim.

大叶金腰 *Ch. macrophyllum* Oliv.

异叶金腰 *Ch. pseudofauriei* Levl.

中华金腰 *Ch. sinicum* Maxim.

黄山溲疏 *Deutzia glauca* Cheng

宁波溲疏 *D. ningpoensis* Rehd.

溲疏 *D. scabra* Thunb.

长江溲疏 *D. schneideriana* Rehd.

伞形绣球 *Hydrangea angustipetala* Hayata

冠盖绣球 *H. anomala* D. Don

中国绣球 *H. chinensis* Maxim.

圆锥绣球 *H. paniculata* Sieb.

腊莲绣球 *H. strigosa* Rehd.

诗人草(白耳菜) *Parnassia foliosa* Hook. f. et Thoms.

山梅花 *Philadelphus incanus* Koehne

绢毛山梅花 *Ph. sericanthus* Koehne

冰川茶藨子 *Ribes glaciale* Wall.

绿花茶藨子 *R. viridiflorum* (Cheng) L. T. Lu et G. Yao

虎耳草 *Saxifraga stolonifera* Meerb.

钻地枫 *Schizophragma integrifolia* (Franch.) Oliv.

小齿钻地枫 *S. integrifolia* (Franch.) Oliv. f. *denticulate* (Rehd.) Chun

粉绿钻地枫 *S. integrifolia* (Franch.) Oliv. var. *glaucescens* Rehd.

黄水枝 *Tiarella polyphylla* D. Don

冠盖藤 *Pileosbegia vibumoides* Hook. f. et Thoms.

50. 海桐花科

崖花海桐 *Pittosporum illicioides* Makino

51. 蔷薇科

龙芽草 *Agrimonia pilosa* Ledeb.

小花龙芽草 *A. nipponica* Koidz. var. *occidentalis* Skalicky
假升麻 *Aruncus sylvester* Kostel.
野山楂 *Crataegus cuneata* Sieb. et Zucc.
湖北山楂 *C. hupehensis* Sarg.
山楂 *C. pinnatifida* Bunge
华中山楂 *C. wilsonii* Sarg.
蛇莓 *Duchesnea indica*（Andr.）Focke
白鹃梅 *Exochorda racemosa*（Lindl.）Rehd.
水杨梅（路边青）*Geum aleppicum* Jacq.
柔毛水杨梅 *G. japonicum* Thunb. var. *chinense* F. Bolle
棣棠花 *Kerria japonica*（L.）DC.
假稠李（臭樱）*Maddenia hypoleuca* Koehne
湖北海棠 *Malus hupehensis*（Pamp.）Rehd.
中华石楠 *Photinia beauverdiana* Schneid.
短叶中华石楠 *Ph. beauverdiana* Schneid. var. *brevifolia* Card.
褐毛石楠 *Ph. hirsuta* Hand.-Mazz.
小叶石楠 *Ph. parvifolia*（Pritz.）Schneid.
毛叶石楠 *Ph. villosa*（Thunb.）DC.
华中栒子 *Cotoneaster silvestrii* Pamp.
委陵菜 *Potentilla chinensis* Ser.
三叶委陵菜 *P. freyniana* Bornm.
翻白草 *P. discolor* Bunge
蛇含委陵菜 *P. kleiniana* Wight et Arn.
朝天委陵菜 *P. supina* L.
短柄稠李 *Padus brachypoda*（Batal.）Schneid.（异名 Prunus brachypoda Batal.）
橉木稠李 *P. buergeriana*（Miq.）Yu et Ku（异名 Prunus buergeriana Miq.）
细齿稠李 *P. obtusata*（Koehne）Yu et Ku
尾叶樱 *Cerasus dielsiana*（Schneid.）Yu et Li
麦李 *C. glandulosa*（Thunb.）Wall.（异名 Prunus glandulosa Thunb.）
欧李 *C. humilis*（Bge.）Sok.（异名 Prunus humilis Bge.）
郁李 *C. japonica*（Thunb.）Lois.
山樱 *C. serrulata*（Lindl.）G. Don ex Lond.（异名 Prunus serrulata Lindl.）
樱桃 *C. pseudocerasus*（Lindl.）G. Don（异名 Prunus pseudocerasus Lindl.）（栽培）
杏 *Armeniaca vulgaris* Lam.
李 *Prunus salicina* Lindl.
山桃 *Amygdalus davidiana*（Carr.）C. de Vos ex Henry
桃 *A. persica* L.
枇杷 *Eriobotrya japonica*（Thunb.）Lindl.
毛叶豆梨 *Pyrus calleryana* Dcne. f. *tomentella* Rehd.
沙梨 *P. pyrifolia*（Burm. f.）Nakai
杜梨 *P. betulaefolia* Bge.
刺蔷薇 *Rosa acicularis* Lindl.

软条七蔷薇 *R. henryi* Boul.

金樱子 *R. laevigata* Michx.

野蔷薇 *R. multiflora* Thunb.

香水花 *R. odorata* (Andr.) Sweet

缫丝花 *R. roxburghii* Tratt.

悬钩子蔷薇 *R. rubus* Levl. et Vant.

钝叶蔷薇 *R. sertata* Rolfe

寒莓 *Rubus buergeri* Miq.

山莓 *R. corchorifolius* L. f.

绵果悬钩子 *R. lasiostylus* Foeke

覆盆子 *R. coreanus* Miq.

掌叶覆盆子 *R. chingii* Hu

蓬蘽 *R. hirsutus* Thunb.

高粱泡 *R. lambertianus* Ser.

香莓 *R. pungens* Camb. var. *oldhamii* (Miq.) Maxim.

三花悬钩子 *R. trianthus* Foeke

单茎悬钩子 *R. simplex* Foeke

茅莓 *R. parvifolia* L.

地榆 *Sanguisorba officinalis* L.

狭叶地榆 *S. officinalis* L. var. *longifolia* (Bert.) Yu et Li

水榆花楸 *Sorbus alnifolia* (Sieb. et Zucc.) K. Koch.

裂叶水榆花楸 *S. alnifolia* (Sieb. et Zucc.) K. Koch. var. *lobulata* Rehd.

黄山花楸 *S. amabilis* Cheng ex Yu

石灰花楸 *S. folgneri* (Schneid.) Rehd.

麻叶绣线菊 *Spiraea cantoniensis* Lour.

南川绣线菊 *S. rosthornii* Pritz.

疏毛绣线菊 *S. hirsuta* (Hemsl.) Schneid.

尖叶绣线菊 *S. japonica* L. f. var. *acuminata* Franch.

李叶绣线菊 *S. prunifolia* Sieb. et Zucc.

单瓣绣线菊 *S. prunifolia* Sieb. et Zucc. var. *simpliciflora* Nakai

野珠兰 *Stephanandra chinensis* Hance

小野珠兰 *S. incisa* (Thunb.) Zucc.

52. 豆科

合欢 *Albizzia julibrissin* Durazz.

山合欢 *A. kalkora* (Roxb.) Prain.

云实 *Caesalpinia decapetala* (Roth) Alston

山皂荚 *Gleditsia melanacantha* Tang et Wang

皂荚 *G. sinensis* Lam.

肥皂荚 *Gymnocladus chinensis* Baill.

野百合 *Crotalaria sessiliflora* L.

假地豆 *C. ferruginea* Grah.

响铃豆 *C. albida* Hey.

决明 *Cassia tora* L.
短叶决明 *C. leschenaultiana* DC.
茳芒决明 *C. sophera* L.
紫荆 *Cercis chinensis* Bunge（栽培）
巨紫荆 *C. gigantea* Cheng et Keng f.
香槐 *Cladrastis wilsonii* Takeda
狭翅香槐 *C. platycarpa*（Maxim.）Makino
黄檀 *Dalbergia hupeana* Hance
马鞍树 *Maackia chinensis* Takeda
槐树 *Sophora japonica* L.（栽培,逸为野生）
苦参 *S. flavescens* Ait.
小槐花（山蚂蝗）*Desmodium caudatum*（Thunb.）DC.
小叶三金点草 *D. microphyllum*（Thunb.）DC.
毛野扁豆 *Dunbaria villosa*（Thunb.）Makino
野大豆 *Glycine soja* Sieb. et Zucc.
南苜蓿 *Medicago polymorpha* L.
三籽两型豆 *Amphicarpaea trisperma*（Miq.）Baker ex B. D. Jacks.
野土豆（新拟）*Apios fortunei* Maxim.
田皂角（合萌）*Aeschynomene indica* L.
田菁 *Sesbania cannabina* Pers.
米口袋 *Gueldenstaedtia multiflora* Bunge
常春油麻藤 *Mucuna sempervirens* Hemsl.
多花木蓝 *Indigofera amblyantha* Craib
苏木蓝 *I. carlesii* Craib
马棘 *I. pseudotinctoria* Mats.
竖毛鸡眼草 *Kummerowia stipulacea*（Maxim.）Maxim.
鸡眼草 *K. striata*（Thunb.）Schindl.
美丽胡枝子 *Lespedeza formosa*（Vog.）Koehne
绿叶胡枝子 *L. buergeri* Miq.
截叶铁扫帚 *L. cuneata*（Dum. Cours.）G. Don
多花胡枝子 *L. floribunda* Bunge
山豆花 *L. tomentosa*（Thunb.）Sieb.
宜昌杭子梢 *Campylotropis ichangensis* Schindl.
羽叶长柄山蚂蝗 *Podocarpium oldhamii*（Oliv.）Yang et Huang
长柄山蚂蝗 *P. podocarpum*（DC.）Yang et Huang
宽卵叶长柄山蚂蝗 *P. podocarpum*（DC.）Yang et Huang var. *fallax*（Schindl.）Yang et Huang
尖叶长柄山蚂蝗 *P. podocarpum*（DC.）Yang et Huang var. *oxyphyllum*（DC.）Yang et Huang
野葛 *Pueraria lobata*（Willd）Ohwi
渐尖叶鹿藿 *Rhynchosia acuminatifolia* Makino
鹿藿 *Rh. volubilis* Lour.
无萼野蚕豆 *Vicia edentata* Tang et Wang
野豌豆 *V. sepium* L.

牯岭野豌豆 *V. kulingiana* Bail.

广布野豌豆 *V. cracca* L.

歪头菜 *V. unijuga* A. Br.

大巢菜(救荒野豌豆) *V. sativa* L.

小巢菜 *V. hirsuta* (L.) S. F. Gray

野豇豆 *Vigna vexillata* (L.) Benth.

兵豆 *Lens culinaris* Medic.

紫藤 *Wisteria sinensis* Sweet

紫穗槐 *Amorpha fruticosa* L.

刺槐 *Robinia pseudoacacia* L.(栽培,逸为野生)

53. 酢浆草科

酢浆草 *Oxalis corniculata* L.

珠芽酢浆草 *O. bulbillifera* X. S. Shen et H. Sun

山酢浆草 *O. griffithii* Edgew et Hook. f.

54. 牻牛儿苗科

尼泊尔老鹳草 *Geranium nepalense* Sweet

老鹳草 *G. wilfordii* Maxim.

野老鹳草 *G. carolinianum* L.

牻牛儿苗 *Erodium stephanianum* Willd.

天竺葵 *Pelargonium hortorum* Bailey(栽培)

55. 大戟科

铁苋菜 *Acalypha australis* L.

山麻杆 *Alchornea davidii* Franch.

乳浆大戟 *Euphorbia esula* L.

大戟 *E. pekinensis* Rupr.

钩腺大戟 *E. sieboldiana* Morr. et Decne.

地锦草 *E. humifusa* Willd.

斑地锦 *E. supina* Rafin.

泽漆 *E. helioscopia* L.

续随子 *E. lathyris* L.

算盘子 *Glochidion puberum* (L.) Hutch.

湖北算盘子 *G. wilsonii* Hutch.

白背叶 *Mallotus apelta* (Lour.) Muell.-Arg.

野桐 *M. tenuifolius* Pax.

青灰叶下珠 *Phyllanthus glaucus* Wall.

蜜柑草 *Ph. matsumurae* Hayata

叶下珠 *Ph. urinaria* L.

乌桕 *Sapium seiferum* (L.) Roxb.

白乳木 *S. japonicum* (Sieb. et Zucc.) Pax et Hoffm.

一叶萩 *Securinega suffruticosa* (Pall.) Rehd.

地构叶 *Speranskia tuberculata* (Bunge) Baill.

56. 交让木科

交让木 *Daphniphyllum macropodum* Miq.

57. 芸香科

臭辣吴茱萸 *Evodia fargesii* Dide

吴茱萸 *E. rutaecarpa* (Juss.) Benth.

日本常山 *Orixa japonica* Thunb.

枳 *Poncirus trifoliata* (L.) Raf. (栽培,逸为野生)

柑橘 *Citrus reticulate* Blanco(栽培)

竹叶椒 *Zanthoxylum armatum* DC.

朵椒 *Z. molle* Rehd.

野花椒 *Z. simulans* Hance

黄檗 *Phellodendron amurense* Rupr.

黄皮树 *Ph. chinensis* Schneid.

石椒草(松风草)*Boenninghausenia albiflora* (Hook.) Reichb. ex Meisn

58. 苦木科

臭椿 *Ailanthus altissima* (Mill.) Swingle

苦木 *Picrasma quassioides* (D. Don) Benn.

59. 楝科

楝树 *Melia azedarach* L.

川楝 *M. toosendan* Sieb. et Zucc.

香椿 *Toona sinensis* (A. Juss.) Roem. (栽培,逸为野生)

红椿 *T. ciliata* Roem.

60. 远志科

瓜子金 *Polygala japonica* Houtt.

黄花远志 *P. arillata* Buch.-Ham.

61. 漆树科

黄连木 *Pistacia chinensis* Bunge

盐肤木 *Rhus chinensis* Mill.

青麸杨 *Rh. potaninii* Maxim.

三叶漆 *Toxicodendron radicans* (L.) O. Kuntze subsp. *hispidum* (Engl.) Gillis

野漆树 *T. succedaneum* (L.) O. Kuntze

木蜡树 *T. sylvestris* Sieb. et Zucc.

漆树 *T. vernicifluum* (Stokes) F. A. Barkl. (栽培)

62. 槭树科

阔叶槭 *Acer amplum* Rehd.

安徽槭 *A. anhweiense* Fang et Fang f.

青榨槭 *A. davidii* Franch.

茶条槭 *A. ginnala* Maxim.

葛罗槭 *A. grosseri* Pax.

建始槭 *A. henryi* Pax.

长柄槭 *A. longipes* Franch. ex Rehd.

地锦槭 *A. mono* Maxim.
毛果槭 *A. nikoense* Maxim.
鸡爪槭 *A. palmatum* Thunb.
元宝槭 *A. truncatum* Bunge
天目槭 *A. sinopurpurascens* Cheng
临安槭 *A. linganensis* Fang et P. L. Chiu

63. 无患子科

无患子 *Sapindus mukorossi* Gaertn.(栽培)
栾树 *Koelreuteria paniculata* Laxm.(栽培)

64. 七叶树科

七叶树 *Aesculus chinensis* Bunge(栽培)

65. 清风藤科

珂楠树 *Meliosma beaniana* Wils. et Rehd.
垂枝泡花树 *M. flexuosa* Pamp.
小花泡花树 *M. parviflora* Lecomte
多花泡花树 *M. myriantha* Sieb. et Zucc.
异色泡花树 *M. myriantha* Sieb. et Zucc. var. *discolor* Dunn
羽叶泡花树 *M. oldhamii* Maxim.
暖木 *M. veitchiorum* Hemsl.
清风藤 *Sabia japonica* Maxim.
毛枝清风藤 *S. swinhoei* Hemsl. ex Forb. et Hemsl.

66. 凤仙花科

牯岭凤仙花 *Impatiens davidii* Franch.
睫毛凤仙花 *I. blepharosepala* Pritz. ex Diels.
水金凤 *I. noli-tangere* L.
凤仙花 *I. balsamina* L.(栽培)
华凤仙 *I. chinensis* L.
浙皖凤仙花 *I. neglecta* Y. L. Xu et Y. L. Chen

67. 冬青科

枸骨冬青 *Ilex cornuta* Lindl. et Paxt.
猫儿刺 *I. pernyi* Franch.
厚叶冬青 *I. elmerrilliana* C. Y. Hu
中型冬青 *I. intermedia* Loes. ex Diels
方氏冬青 *I. intermedia* Loes. ex Diels var. *fangii* (Rehd.) S. Y. Hu
大叶冬青(苦酊茶) *I. latifolia* Thunb.
大果冬青 *I. macrocarpa* Oliv.
大柄冬青 *I. macropoda* Miq.
具柄冬青 *I. pedunculosa* Miq.
冬青 *I. purpurea* Hassk.
铁冬青 *I. rotunda* Thunb.
华中冬青 *I. centrochinensis* S. Y. Hu

大别山冬青 *I. dabieshanensis* K. Yao et M. P. Deng

68. 卫矛科

苦皮藤 *Celastrus angulatus* Maxim.

哥兰叶 *C. gemmatus* Loes.

南蛇藤 *C. orbiculatus* Thunb.

短梗南蛇藤 *C. rosthornianus* Loes.

显柱南蛇藤 *C. stylosus* Wall.

卫矛 *Euonymus alatus* (Thunb.) Sieb.

白杜 *E. bungeanus* Maxim.

肉花卫矛 *E. carnosus* Hemsl.

大花卫矛 *E. grandiflorus* Wall.

百齿卫矛 *E. centidens* Levl.

扶芳藤 *E. fortunei* (Turcz.) Hand.-Mazz.

西南卫矛 *E. hamiltonianus* Wall.

冬青卫矛 *E. japonicus* L.

胶东卫矛 *E. kiautschovicus* Loes.

大翅卫矛 *E. macropterus* Rupr.

垂丝卫矛 *E. oxyphyllus* Miq.

69. 省沽油科

野鸦椿 *Euscaphis japonica* (Thunb.) Dippel

省沽油 *Staphylea bumalda* DC.

膀胱果 *S. holocarpa* Hemsl.

70. 黄杨科

黄杨 *Buxus sinica* (Rehd. et Wils.) Cheng ex M. Cheng (栽培)

小叶黄杨 *B. sinica* (Rehd. et Wils.) Cheng ex M. Cheng var. *parvifolia* M. Cheng

顶花板凳果 *Pachysandra terminalis* Sieb. et Zucc.

71. 鼠李科

多花勾儿茶 *Berchemia floribunda* (Wall.) Brongn.

牯岭勾儿茶 *B. kulingensis* Schneid.

腋毛勾儿茶 *B. barbigera* C. Y. Wu ex Y. L. Chen

小勾儿茶 *Berchemiella wilsonii* (Schneid.) Nakai

毛柄小勾儿茶 *B. wilsonii* (Schneid.) Nakai var. *pubipetiolata* H. Qian

北枳椇 *Hovenia dulcis* Thunb.

南枳椇(拐枣) *H. acerba* Lindl.

马甲子 *Paliurus ramosissimus* (Loue.) Poir.

硬毛马甲子 *Paliurus hisutus* Hemsl.

猫乳 *Rhamnella franguloides* (Maxim.) Weberb.

长叶鼠李 *Rhamnus crenata* Sieb. et Zucc.

圆叶鼠李 *Rh. globosa* Bunge

皱叶鼠李 *Rh. rugulosa* Hemsl.

冻绿 *Rh. utilis* Decne.

山鼠李 *Rh. wilsonii* Schneid.

柔毛鼠李 *Rh. wilsonii* Schneid. var. *pilosa* Rehd.

雀梅藤 *Sageretia thea*（Osbeck）Johnst.

枣 *Ziziphus jujuba* Mill.

72. 葡萄科

蛇葡萄 *Ampelopsis sinica*（Miq.）W. T. Wang

掌裂蛇葡萄 *A. aconitifolia* Bunge var. *glabra* Diels. et Gilg

三裂叶蛇葡萄 *A. delavayana*（Franch.）Planch.

葎叶蛇葡萄 *A. humulifolia* Bunge

白蔹 *A. japonica*（Thunb.）Makino

崖爬藤 *Tetrastigma obtectum*（Wall.）Planch.

乌蔹莓 *Cayratia japonica*（Thunb.）Gagn.

异叶爬山虎 *Parthenocissus hererophylla*（Bl.）Merr.

爬山虎 *P. tricuspidata*（Sieb. et Zucc.）Pl.

俞藤 *Yua thomsonii*（Laws.）C. L. Li［异名：粉叶爬山虎 Parthenocissus thomsonii（Laws.）Planch.］

刺葡萄 *Vitis davidii*（Roman.）Foev.

金寨山葡萄 *V. jinzhaiensis* X. S. Shen

葛藟 *V. flexuosa* Thunb.

小葛藟 *V. flexuosa* Thunb. var. *parvifolia*（Roxb.）Gagn.

毛葡萄 *V. quinquangularis* Rehd.

网脉葡萄 *V. wilsonae* Veitch

桑叶葡萄 *V. ficifolia* Bunge

腺枝葡萄 *V. adenoclada* Hand.-Mazz.

华东葡萄 *V. pseudoreticulata* W. T. Wang

73. 椴树科

光果田麻 *Corchoropsis psilocarpa* Harms et Loes.

田麻 *C. tomentosa* Mak.

扁担杆 *Grewia biloba* G. Don

小叶扁担杆 *G. biloba* G. Don var. *parviflora* Hand.-Mazz.

糯米椴 *Tilia henryana* Szyszyl.

秃糯米椴 *T. henryana* Szyszyl. var. *subglabra* V. Engl.

华东椴 *T. japonica* Simonk.

南京椴 *T. miqueliana* Maxim.

粉椴 *T. oliveri* Szyszyl.

小刺蒴麻 *Triumfetta annua* L.

74. 锦葵科

锦葵 *Malva sinensis* Cavan.

野葵 *M. verticillata* L.

木槿 *Hibiscus syriacus* L.（栽培）

野西瓜苗 *H. trionum* L.

红麻(洋麻)*H. cannabinus* L.(栽培)

苘麻 *Abutilon theophrasti* Medic.(逸生)

蜀葵 *Althaea rosea* (L.) Cavan.(栽培)

秋葵 *Abelmoschus esculentus* (L.) Moench (栽培)

黄蜀葵 *A. manihot* (L.) Medic.(栽培)

陆地棉 *Gossypium hirsutum* L.(栽培)

粗叶梵天花 *Urena lobata* L. var. *scabriuscula* (DC.) Walp.(逸生)

75. 瑞香科

芫花 *Daphne genkwa* Sieb. et Zucc.

毛瑞香 *D. odora* Thunb. var. *atrocaulis* Rehd.

金寨瑞香 *D. jinzhaiensis* D. C. Zhang et J. Z. Shao

结香 *Edgeworthia chrysantha* Lindl.

小黄构 *Wikstroemia micrantha* Hemsl.

毛荛花 *W. pilosa* Cheng

76. 胡颓子科

佘山胡颓子 *Elaeagnus argyi* Levl.

宜昌胡颓子 *E. henryi* Warburg

木半夏 *E. multiflora* Thunb.

胡颓子 *E. pungens* Thunb.

牛奶子 *E. umbellata* Thunb.

披针叶胡颓子 *E. lanceolata* Warb.

长梗胡颓子 *E. longipedunculata* N. Li et T. M. Wu

77. 大风子科

山桐子 *Idesia polycarpa* Maxim.

毛叶山桐子 *I. polycarpa* Maxim. var. *vestita* Diels

山拐枣 *Poliothyrsis sinensis* Oliv.

柞木 *Xylosma japonica* (Walp.) A. Gray

附:梧桐科

梧桐 *Firmiana simplex* (L.) W. F. Wight [异名 F. plantanifolia (L. f.) Mars.](栽培,或逸生)

78. 堇菜科

戟形堇菜 *Viola betonicifolia* Sm.

尼泊尔堇菜(箭叶堇菜) *V. betonicifolia* Sm. subsp. *nepalensis* (Ging.)W. Beck.

南山堇菜 *V. chaerophylloides* (Regel) W. Beck.

铺地堇菜 *V. diffusa* Ging.

裂叶堇菜 *V. dissecta* Ledeb.

紫花堇菜 *V. grypoceras* A. Gray

长萼堇菜 *V. inconspicua* Bl.

犁头草 *V. japonica* Langsd.

柔毛堇菜 *V. principis* H. de Boiss.

如意草 *V. verecunda* A. Gray

紫花地丁 *V. yedoensis* Makino

白花堇菜 *V. patrinii* DC. ex Ging.

心叶堇菜 *V. cordifolia* W. Beck.

深山堇菜 *V. selkirkii* Pursh

萱 *V. moupinensis* Franch.

79. 旌节花科

中国旌节花 *Stachyurus chinensis* Franch.

80. 秋海棠科

中华秋海棠 *Begonia sinensis* A. DC.

四季秋海棠 *B. semperflorens* Link. et Ott.（栽培）

81. 西番莲科

鸡蛋果 *Passiflora edulis* Sims（栽培）

82. 葫芦科

绞股蓝 *Cynostemma pentaphyllum*（Thunb.）Makino

纤花雪胆 *Hemsleya graciliflora*（Harms）Cogn.

马㼎儿 *Zehneria indica*（Lour.）Keraudren（异名 Melothria indica Lour.）

湖北裂瓜 *Schizopepon dioicus* Cogn.

南赤瓟 *Thladiantha nudiflora* Hemsl.

斑赤瓟 *Th. maculata* Cogn.

王瓜 *Trichosanthes cucumeroides*（Ser.）Maxim.

栝楼 *T. kirilowii* Maxim.

盒子草 *Actinostemma tenerum* Griff.

佛手瓜 *Sechium edule*（Jacq.）Swartz

木鳖子 *Momordica cochinensis*（Lour.）Spreng.

83. 千屈菜科

紫薇 *Lagerstroemia indica* L.（栽培，逸为野生）

节节菜 *Rotala indica*（Willd.）Koehne

千屈菜 *Lythrum salicaria* L.

水苋菜 *Ammannia baccifera* L.

多花水苋菜 *A. multiflora* Roxb.

附：沟繁缕科

三蕊沟繁缕 *Elatine triandra* Schk.

84. 柳叶菜科

高山露珠草 *Circaea alpina* L.

南方露珠草 *C. mollis* Sieb. et Zucc.

谷蓼 *C. erubescens* Franch. et Zucc.

光华柳叶菜 *Epilobium cephalostigma* Haussk.

长籽柳叶菜 *E. pyrricholphum* Franch. et Sav.

丁香蓼 *Ludwigia prostrata* Roxb.

待霄草 *Oenothera odorata* Jacq.（逸生）

月见草 *O. biennis L.*（逸生）

85. 菱科

菱 *Trapa bispinosa* Roxb.（栽培）

细果野菱 *T. maximowiezii* Korsh.

86. 石榴科

石榴 *Punica granatum* L.（栽培）

87. 野牡丹科

地念 *Melastoma dodecandrum* Lour.

金锦香 *Osbeckia chinensis* L. ex Walp.

88. 桃金娘科

赤楠 *Syzygium buxifolium* Hook. et Arn.

89. 小二仙草科

狐尾藻 *Myriophyllum verticillatum* L.

穗花狐尾藻 *M. spicatum* L.

90. 八角枫科

八角枫 *Alangium chinense*（Lour.）Harms.

华瓜木 *A. plantanifolium*（Sieb. et Zucc.）Harms.

91. 紫树科

紫树（蓝果树）*Nyssa sinensis* Oliv.

旱莲木（喜树）*Camptotheca acuminata* Decne

92. 山茱萸科

灯台树 *Cornus cortroversa* Hemsl.

梾木 *C. macrophylla*（Wall.）Sojak

毛梾 *C. walteri*（Wanger）Sojak

尖叶四照花 *Dendrobenthamia angustata*（Chun）Fang

四照花 *D. japonica*（DC.）Fang var. *chinensis*（Osborn）Fang

青荚叶 *Helwingia japonica*（Thunb.）F. G. Dietr.

山茱萸 *Macrocarpium officinale*（Sieb. et Zucc.）Nakai

93. 五加科

吴茱萸五加 *Acanthopanax evodiaefolius* Franch.

五加 *A. gracilistylus* W. W. Smith

糙叶五加 *A. henryi*（Oliv.）Harms

藤五加 *A. leucorrhizus*（Oliv.）Harms

匍匐五加 *A. scandens* Hoo

刚毛五加 *A. simonii* Schneid.

楤木 *Aralia chinensis* L.

黄毛楤木 *A. decaisneana* Hance

棘刺楤木 *A. echinocaulis* Hand.-Mazz.

安徽楤木 *A. subcapitata* Hoo

常春藤 *Hedera nepalensis* K. Koch var. *sinensis*（Tobl.）Rehd.

刺楸 *Kalopanax septemlobus*（Thunb.）Koidz.

秀丽假人参 *Panax pseudo-ginseng* Wall. var. *elegantior*（Burkill）Hoo et Tseng

大叶三七 *P. pseudo-ginseng* Wall. var. *japonicus* (C. A. Mey.) Hoo et Tseng
黄山五叶参 *Pentapanax henryi* Harms var. *hwangshanensis* Cheng
通脱木 *Tetrapanax papyriferus* (Hook.) K. Koch
树参 *Dendronpanax dentiger* (Haems) Merr.

94. 伞形科

重齿毛当归 *Angelica biserrata* (Shan et Yuan) Shan et Yuan
拐芹 *A. polymopha* Maxim.
当归 *A. sinensis* (Oliv.) Diels
柴胡 *Bupleurum chinensis* DC.
大叶柴胡 *B. longiradiatum* Turcz.
蛇床 *Cnidium monnieri* (L.) Cuss.
山芎 *Conioselinum chinense* (L.) B. S. P.
鸭儿芹 *Cryptotaenia japonica* Hassk.
短毛独活 *Heracleum moelledorffii* Hance.
椴叶独活 *H. tiliifolium* Wolff
天胡妥 *Hydrocotyle sibthorpioides* Lam.
积雪草 *Centella asiatica* (L.) Urban
藁本 *Ligusticum sinensis* Oliv.
尖叶藁本 *L. acuminatum* Franch.
黑水岩茴香 *L. ajanense* (Regel) K.-Pol.
中华水芹 *Oenanthe sinensis* Dunn
水芹 *O. javanica* (Bl.) DC.
香根芹 *Osmorhiza aristata* (Thunb.) Makino et Yabe
碎叶山芹 *Ostericum grosserratum* (Maxim.) Kitag.
山芹 *O. sieboldii* (Miq.) Nakai
牯岭东俄芹 *Tongoloa stewardii* Wolff
明党参 *Changium smyrnioides* Wolff
前胡 *Peucedanum decursivum* (Miq.) Maxim.
异叶茴芹 *Pimpinella diversifolia* DC.
直立茴芹 *P. smithii* Wolff
城口茴芹 *P. fargesii* H. Boiss.
鸡冠棱子芹 *Pleurospermum cristatum* Boiss.
东亚囊瓣芹 *Pternopetalum tanakae* (Franch. et Sav.) Hand.-Mazz.
变豆菜 *Sanicula chinensis* Bunge
直刺变豆菜 *S. orthacantha* S. Moore
天目变豆菜 *S. tienmuensis* Shan et Constance
泽芹 *Sium suave* Walt
旱芹 *Apium graveolens* L.
野胡萝卜 *Daucus carota* L.
小窃衣 *Torilis japonica* (Houtt.) DC.
窃衣 *T. scabra* (Thunb.) DC.

95. 山柳科

华东山柳 *Clethra barbinervis* Sieb. et Zucc.

96. 鹿蹄草科

喜冬草 *Chimaphila japonica* Miq.

毛花松下兰 *Hypopitys monotropa* Grantz var. *hirsuta* Roth

水晶兰 *Monotropa uniflora* L.

矮假水晶兰 *Cheilotheca humilis* (D. Don) H. Keng

普通鹿蹄草 *Pyrola decorata* H. Andres

鹿蹄草 *P. calliantha* H. Andres(异名 P. rotundifolia L. subsp. chinensis H. Andres)

97. 杜鹃花科

黄山杜鹃 *Rhododendron anwheiense* Wils.

云锦杜鹃 *Rh. fortunei* Lindl.

羊踯躅 *Rh. molle* G. Don

马银花 *Rh. ovatum* (Lindl.) Planch.

满山红 *Rh. mariesii* Hemsl. et Wils.

杜鹃(映山红) *Rh. simsii* Planch.

都支杜鹃 *Rh. shanii* Fang

小果南烛 *Lyonia ovalifolia* Drude var. *hebecarpa* (Franch. ex Forb. et Hemsl.) Chun

乌饭树 *Vaccinium bracteatum* Thunb.

米饭花 *V. sprengelii* (G. Don) Sieumer

灯笼花 *Enlianthus chinensis* Franch.

美丽马醉木 *Pieris formosa* (Wall.) D. Don

98. 紫金牛科

朱砂根 *Ardisia crenata* Sims.

紫金牛 *A. japonica* (Hornst.) Bl.

百两金 *A. crispa* (Thunb.) A. DC.

红凉伞 *A. crenata* Sims. f. *hortensis* (Migo) W. Z. Fang et K. Yao

99. 报春花科

点地梅 *Androsace umbellate* (Lour.) Merr.

泽珍珠菜 *Lysimachia candida* Lindl.

过路黄 *L. chriatinae* Hance

珍珠菜 *L. clethroides* Duby

临时救 *L. congestiflora* Hemsl.

点腺过路黄 *L. hemsleyana* Maxim.

黑腺珍珠菜 *L. heterogenea* Klatt

轮叶过路黄 *L. klattiana* Hance

疏节过路黄 *L. remota* Petitm

狼尾花 *L. barystachys* Bunge

星宿菜 *L. fortunei* Maxim.

贯叶排草 *L. perfoliata* Hand.-Mazz.

100. 柿树科

柿 *Diospyros kaki* Thunb.

野柿 *D. kaki* Thunb. f. var. *sylvestris* Makino
君迁子 *D. lotus* L.
油柿 *D. oleifera* Cheng

101. 野茉莉科(安息香科)

小叶白辛树 *Pterostyrax corymbosa* Sieb. et Zucc.
赛山梅 *Styrax confusus* Hemsl.
野茉莉 *S. japonicus* Sieb. et Zucc.
玉铃花 *S. obassius* Sieb. et Zucc.
白花龙 *S. faberi* Perk.
芬芳安息香 *S. odoratissimus* Champ.
婺源安息香 *S. wuyuanensis* S. M. Hwang
赤杨叶 *Alniphyllum fortunei* (Hemsl.) Makino

102. 山矾科

华山矾 *Symplocos chinensis* (Lour.) Druce
白檀 *S. paniculata* (Thunb.) Miq.
山矾 *S. sumuntia* Buch.-Ham. ex Don
四川山矾 *S. setchuensis* Brand
老鼠矢 *S. stellaris* Brand

103. 木犀科

齿叶流苏树 *Chionanthus retusus* Lindl. et Paxt.
雪柳 *Fontanesia fortunei* Carr.(栽培,逸为野生)
金钟花 *Forsythia viridissima* Lindl.(栽培)
白蜡树 *Fraxinus chinensis* Roxb.
尖叶白蜡树 *F. chinensis* Roxb. var. *acuminata* Lingelsh.
苦枥木 *F. insularis* Hemsl. [异名 F. retusa Champ. ex Benth.; F. championii Little; F. insularis Hemsl. var. henryana (Oliv.) Z. Wei]
黄山白蜡树 *F. huangshanensis* S. S. Sun
尖萼白蜡树 *F. longicuspis* Sieb. et Zucc.
蜡子树 *Ligustrum acutissimum* Koehne
水蜡树 *L. obtusifolium* Sieb. et Zucc.
卵叶女贞 *L. ovalifolium* Hassk.
小蜡 *L. sinense* Lour.
紫丁香 *Syringa oblate* L.
女贞 *L. lucidum* Ait.
桂花 *Osmanthus fragrans* (Thunb.) Lour.

104. 马钱科

蓬莱葛 *Gardneria multiflora* Makino

105. 醉鱼草科

醉鱼草 *Buddleja lindleyana* Fort.
大叶醉鱼草 *B. davidii* Franch.

106. 龙胆科

笔龙胆 *Gentiana zollingeri* Fawcett.

条叶龙胆 *G. manshurica* Kitag.

龙胆 *G. scabra* Bunge

獐牙菜 *Swertia bimaculata* (Sieb. et Zucc.) Hook. f. et. Thoms. ex C. B. Clarke

江浙獐牙菜 *S. hickinii* Burkill

双蝴蝶 *Tripterospermum chinense* (Migo) H. Sm. [异名 T. affine (Wall.) H. Sm.]

107. 睡菜科

荇菜 *Nymohoides peltata* (Gmel.) O. Ktze.

金银莲花 *N. indica* (L.) O. Ktze.

108. 夹竹桃科

络石 *Trachelospermum jasminoides* (Lindl.) Lem.

石血 *T. jasminoides* (Lindl.) Lem. var. *heterophyllum* Tsiang

夹竹桃 *Nerium oleander* L.(栽培)

109. 萝藦科

浙江乳突果 *Adelostemma microcentrum* Tsiang

牛皮消 *Cynanchum auriculatum* Royle ex Wight

浙江蔓剪草 *C. chekiangense* M. Cheng ex Tsiang et P. T. Li.

竹灵消 *C. inamoenum* (Maxim.) Loes.

毛白前 *C. mooreanum* Hemsl.

隔山消 *C. wifordii* (Maxim.) Hemsl.

徐长卿 *C. paniculatum* (Bunge) Kitag.

鹅绒藤 *C. chinense* R. Br.

朱砂藤 *C. officinale* (Hemsl.) Tsiang et Zhang

秦岭藤 *Biondia henryi* (Warb. ex Schltr. et Diels.) Tsiang et P. T. Li

娃儿藤(七层楼) *Tylophora floribunda* Miq.

萝藦 *Metaplexis japonica* (Thunb.) Makino

110. 茜草科

水杨梅 *Adina rubella* Hance

薄叶假耳草 *Anotis hirsuta* (L. f.) Boerl.

香果树 *Emmenopterys henryi* Oliv.

猪殃殃 *Galium aparino* L. var. *tenerum* (Gren. et Godr.) Rchb.

六叶葎 *G. asperuloides* Edgew. var. *hoffmeisteri* (Klotzsch) Hand.-Mazz.

四叶葎 *G. bungei* Steud.

林猪殃殃 *G. paradoxum* Maxim.

小叶猪殃殃 *G. trifidum* L.

蓬子菜 *G. verum* L.

麦仁珠 *G. tricorne* Stokes

白花蛇舌草 *Hedyotis diffusa* Willd.

长梗白花蛇舌草 *H. diffusa* Willd. var. *longipes* Nakai

日本蛇根草 *Ophinorrhiza japonica* Bl.

鸡矢藤 *Paederia scandens* (Lour.) Merr.

毛鸡矢藤 *Paederia scandens* (Lour.) Merr. var. *tomentosa* (Bl.) Hand.-Mazz.

茜草 *Rubia cordifolia* L.

披针叶茜草 *R. lanceolata* Hayata

白马骨 *Serissa sorissoides*（DC.）Drucc

六月雪 *S. foetida*（L. f.）Comm.

虎刺 *Damnacanthus indicus* C. F. Gaertn.

栀子 *Gardenia jasminoides* Ellis

111. 旋花科

田旋花 *Convolvulus arvensis* L.

北鱼黄草 *Merremia sibirica*（Pers.）Hall. F.

篱天剑 *Calystegia sepium*（L.）R. Br.

打碗花 *C. hederacea* Wall.

藤长苗 *C. pellita*（Ledeb.）G. Don

菟丝子 *Cuscuta chinensis* Lam.

金灯笼 *C. japonica* Choisy

圆叶牵牛 *Pharbitis purpurea*（L.）Woight

飞蛾藤 *Porana racemosa* Roxb.

茑萝 *Quamoclit pennata*（Desr.）Bojer（栽培）

马蹄金 *Dichondra repens* Forst.（栽培）

蕹菜 *Ipomoea aquatic* Forsk（栽培）

112. 紫草科

柔弱斑种草 *Bothriospermum tenellum*（Hornem.）Fisch. et. Mey.

麦家翁 *Lithospermum arvense* L.

梓木草 *L. zollingeri* DC.

盾果草 *Thyrocarpus sampsonii* Hance

聚合草 *Symphytum officinale* L.

琉璃草 *Cynoglossum zeylanicum*（Vahl）Thunb. ex Lehm.

浙赣车前紫草 *Sinojohnstonia chekiangensis*（Migo）W. T. Wang

附地菜 *Trigonotis peduncularis*（Trev.）Benth. ex S. Moore et Baker

厚壳树 *Ehretia thyrsilora*（Sieb. et Zucc.）Nakai

113. 水马齿科

沼生水马齿 *Callitriche palustris* L.

114. 马鞭草科

华紫珠 *Callicarpa cathayana* H. T. Chang

白棠子树 *C. dichotoma*（Lour.）K. L. Koch

老鸦糊 *C. giraldii* Hesse ex Rehd.

毛老鸦糊 *C. giraldii* Hesse ex Rehd. var. *lyi*（Levl.）C. Y. Wu

日本紫珠 *C. japonica* Thunb.

窄叶紫珠 *C. japonica* Thunb. var. *angustata* Rehd.

兰香草 *Caryopteris incana*（Thunb.）Miq.

单花莸 *C. nepetaefolia*（Benth.）Maxim.

浙江大青 *Clerodendrum kaichianum* Hsu

海州常山 *C. trichotomum* Thunb.

臭牡丹 *C. bungei* Steud.

大青 *C. cyrtophyllum* Turcz.

豆腐柴 *Premna microphylla* Turcz.

马鞭草 *Verbena officinalis* L.

黄荆 *Vitex negundo* L.

牡荆 *V. negundo* L. var. *cannabifolia* (Sieb. et Zucc.) Hand.-Mazz.

115. 唇形科

多花筋骨草 *Ajuga multiflora* Bunge

金疮小草 *A. decumbens* Thunb.

紫背金盘 *A. nipponensis* Makino

水棘针 *Amethystea caerulea* L.

动蕊花 *Kinostemon ornatum* (Hemsl.) Kudo

藿香 *Agastache rugosa* (Fisch. et Meyer) O. Ktze.

风轮菜 *Clinopodium chinense* (Benth.) Kuntze

瘦风轮菜(剪刀草) *C. multicaule* (Maxim.) Kuntze [异名 Calamintha multicaulis Maxim.; Satureja *multicaulis* (Maxim.) Nakai]

灯笼草(断血流) *C. polycephalum* (Van.) C. Y. Wu et Hsuan ex Hsu

细风轮菜 *C. gracile* (Benth.) Matsum.

绵穗苏 *Comanthosphace ningpoensis* (Hemsl.) Hand.-Mazz.

绒毛绵穗苏 *C. ningpoensis* (Hemsl.) Hand.-Mazz. var. *stellipiloides* C. Y. Wu

紫花香薷 *Elsholtzia argyi* Levl.

岩生香薷 *E. saxatils* (Kom.) Nakai

海州香薷 *E. splendens* Nakai ex F. Mackawa

香薷 *E. ciliata* (Thunb.) Hyland.

活血丹 *Glechoma longituba* (Nakai) Kupr.

野芝麻 *Lamium barbatum* Sieb. et Zucc.

宝盖草 *L. amplexicaule* L.

益母草 *Leonurus artemisia* (Lour.) S. Y. Hu

假鬃尾草 *L. chaituroides* C. Y. Wu et H. W. Li

走茎华西龙头草 *Meehania fargesii* (Levl.) C. Y. Wu. var. *radicans* (Vaniot) C. Y. Wu

狭荨麻叶龙头草 *M. urticifolia* (Miq.) Makino var. *angustifolia* (Dunn) Hand.-Mazz.

野薄荷 *Mentha haplocalyx* Briq.

小花荠苧 *Mosla cavaleriei* Levl.

华荠苧 *M. chinensis* Maxim.

小鱼仙草 *M. dianthera* (Buch.-Ham.) Maxim.

长苞荠苧 *M. longibracteata* (C. Y. Wu) C. Y. Wu et H. W. Li

石荠苧 *M. scabra* (Thunb.) C. Y. Wu et H. W. Li

牛至 *Origanum vulgare* L.

紫苏 *Perilla frutescens* (L.) Britt.

野紫苏 *P. frutescens* (L.) Britt. var. *acuta* (Thunb.) Kudo

耳齿紫苏 *P. frutescens* (L.) Britt. var. *auriculato-dentata* C. Y. Wu et Hsuan ex H. W. Li

糙苏 *Phlomis umbrosa* Turcz.

南方糙苏 *Ph. umbrosa* Turcz. var. *australis* Hemsl.

夏至草 *Lagopsis supina*（Steph. ex Willd.）Ik.-Gal. ex Knorr.

欧夏枯草 *Prunella vulgaris* L.

白马鼠尾草 *Salvia baimaensis* S. W. Su et Z. A. Shen

大别山鼠尾草 *S. dabieshanensis* J. Q. He

黄山鼠尾草 *S. chienii* Stieb.

美丽鼠尾草 *S. meiliensis* S. W. Su

红根草 *S. prionitis* Hance

丹参 *S. miltiorrhiza* Bunge

皖鄂丹参(拟丹参)*S. paramiltiorrhiza* H. W. Li et X. L. Huang

浙皖丹参 *S. sinica* Migo

荔枝草 *S. plebeia* R. Br.

韩信草(耳挖草)*Scutellaria indica* L.

光紫黄芩 *S. laeteviolacea* Koidz.

京黄芩 *S. pekinensis* Maxim.

紫茎京黄芩 *S. pekinensis* Maxim. var. *purpureicaulis*（Migo）C. Y. Wu et H. W. Li

短促京黄芩 *S. pekinensis* Maxim. var. *transitra*（Makino）Hara ex Ohwi

假活血丹 *S. tuberifera* C. Y. Wu et C. Chen

安徽黄芩 *S. anhweiensis* C. Y. Wu

半枝莲 *S. barbata* D. Don

喜荫黄芩 *S. sciaphila* S. Moore

水苏 *Stachys japonica* Miq.

宝塔菜(蜗儿菜) *S. arrecta* L. H. Bailey

草石蚕 *S. sieboldi* Miq.

针筒菜 *S. oblongifolia* Benth.

硬毛地笋 *Lycopus lucidus* Turcz. var. *hirtus* Regel

庐山香科科 *Teucrium pernyi* Franch.

血见愁 *T. viscidum* Bl.

霍山香科科 *T. huoshanense* S. W. Su et J. Q. He

香薷状香简草 *Keiskea elsholtzioides* Merr.

香茶菜 *Rabdosia amethystoides*（Benth.）Hara

溪黄草 *R. serra*（Maxim.）Hara

毛萼香茶菜 *R. eriocalyx*（Dunn）Hara

大萼香茶菜 *R. macrocalyx*（Dunn）Hara

显脉香茶菜 *R. nervosa*（Hemsl.）C. Y. Wu et H. W. Li

116. 茄科

枸杞 *Lycium chinense* Mill.

江南散血丹 *Physaliastrum heterophyllum*（Hemsl.）Migo

酸浆 *Physalis alkekengi* L. var. *franchetii*（Mast.）Makino

苦职 *Ph. angulata* L.

野海茄 *Solanum japonense* Nakai

千年不烂心 *S. cathayanum* C. Y. Wu et S. C. Huang

白英 *S. lyratum* Thunb.

龙葵 *S. nigrum* L.

少花龙葵 *S. photeinocarpum* Nakam. et Odash.

海桐叶白英 *S. pittosporifolium* Hemsl.

假酸浆 *Nicandra physaloides* (L.) Gaertn

天仙子 *Hyoscyamus niger* L.(栽培,或逸生)

曼陀罗 *Datura stramonium* L.(栽培,或逸生)

117. 玄参科

石龙尾 *Limnophila sessiliflora* (Vahl.) Bl.

泥花草 *Lindernia antipoda* (L.) Alston

陌上菜 *L. procubens* (Krock.) Philcox

早落通泉草 *Mazus caducifer* Hance

通泉草 *M. japonicus* (Thunb.) Kuntze

匍茎通泉草 *M. miquelii* Makino

纤细通泉草 *M. gracilis* Hemsl.

毛果通泉草 *M. spicatus* Vant.

弹刀子菜 *M. stachydifolius* (Turcz.)Maxim.

山萝花 *Melampyrum roseum* Maxim.

尼泊尔沟酸浆 *Mimulus tenellus* Bunge var. *nepalensis* (Benth.) Tsoong

毛泡桐 *Paulownia tomentosa* (Thunb.) Steud.

白花泡桐 *P. fortunei* (Seem) Hemsl.

江南马先蒿 *Pedicularis henryi* Maxim.

返顾马先蒿 *P. resupinaia* L.

松蒿 *Phtheirospermum japonicum* (Thunb.) Kanitz

腹水草 *Veronicastrum stenostachyum* (Hemsl.) Yamazaki

玄参 *Scrophularia ningpoensis* Hemsl.

北玄参 *S. buergeriana* Miq.

鹿茸草 *Monochasma sheareri* Maxim. ex Franch. et Savat.

阴行草 *Siphonostegia chinensis* Benth.

腺毛阴行草 *S. iaeta* S. Moore

直立婆婆纳 *Veronica arvensis* L.

婆婆纳 *V. didyma* Tenore

水蔓青 *V. linariifolia* Pall. ex Link subsp. *dilatata* (Nakai et Kitag.) Hong

朝鲜婆婆纳 *V. rotunda* Nakai var. *coreana* (Nakai) Yamazaki

阿拉伯婆婆纳 *V. persica* Poir.

兔儿尾苗 *V. longifolia* L.

北水苦荬 *V. anagallis-aquatica* L.

118. 紫葳科

楸树 *Catalpa bungei* C. A. Mey.

梓树 *C. ovata* Don

凌霄 *Campsis grandiflora*（Thunb.）Loisel.

119. 爵床科

白接骨 *Asytasiella chinensis*（S. Moore）E. Hossain

九头狮子草 *Peristrophe japonica*（Thunb.）Bremek.

爵床 *Rostellularia procumbens*（L.）Nees

附:胡麻科

胡麻 *Sesamum indicum* DC.（栽培）

茶菱 *Trapella sinensis* Oliv.

120. 苦苣苔科

吊石苣苔 *Lysionotus pauciflorus* Maxim.

猫耳朵 *Boea hygrometrica*（Bge.）R. Br.

浙皖粗筒苣苔 *Briggsia chienii* Chun

长瓣马铃苣苔 *Oreocharis auricula*（S. Moore）Clarke

121. 列当科

中国野菰 *Aeginetia sinensis* G. Beck

野菰 *A. indica* Roxb.

黄筒花 *Phacellanthus tubulosus* Sieb. et Zucc.（异名 Ph. tubiflorus Sieb. et Zucc.）

122. 狸藻科

黄花狸藻 *Ultricularia aurea* Lour.

耳挖草 *U. bifida* L.

123. 透骨草科

透骨草 *Phryma leptostachya* L. subsp. *asiatica*（Hara）Kitamura

124. 车前草科

车前草 *Plantago asiatica* L.

平前草 *P. depressa* Willd.

125. 忍冬科

南方六道木 *Abelia dielsii*（Graebn.）Rehd.

须蕊忍冬 *Lonicera chrysantha* Turcz. subsp. *koehneana*（Rehd.）Hsu et H. J. Wang

北京忍冬 *L. elisae* Franch.

郁香忍冬 *L. fragrantissima* Lindl. et Paxon

倒卵叶忍冬 *L. hemsleyana*（O. Ktze.）Rehd.

忍冬 *L. japonica* Thunb.

光枝柳叶忍冬 *L. lanceolata* Wall. var. *glabra* Chien

金银忍冬 *L. maackii*（Rupr.）Maxim.

下江忍冬 *L. modesta* Rehd.

庐山忍冬 *L. modesta* Rehd. var. *lushanensis* Rehd.

袋花忍冬 *L. saccata* Rehd.

苦糖果 *L. standishii* Carr.

盘叶忍冬 *L. tragophylla* Hemsl.

接骨草 *Sambucus chinensis* Lindl.

接骨木 *S. williamsii* Hance

桦叶荚蒾 *Viburnum betulifolium* Batal.
荚蒾 *V. dilatatum* Thunb.
啮齿荚蒾 *V. erosum* Thunb.
衡山荚蒾 *V. hengshanicum* Tsiang ex Hsu
中国绣球荚蒾 *V. macrocephalum* Fort.
黑果荚蒾 *V. melanocarpum* Hsu
蝴蝶荚蒾 *V. plicatum* Thunb. f. *tomentosum* (Thunb.) Rehd.
天目琼花 *V. sargentii* Koehne var. *calvescens* Rehd.
陕西荚蒾 *V. schensianum* Maxim.
茶荚蒾 *V. setigerum* Hance
合轴荚蒾 *V. sympodiale* Graebn.
南方荚蒾 *V. fordiae* Hance
水马桑 *Weigela japonica* Thunb. var. *sinica* (Rehd.) Bailey

126. 败酱科

败酱 *Patrinia scabiosaefolia* Fisch.
异叶败酱 *P. heterophylla* Bunge
窄叶败酱 *P. heterophylla* Bunge subsp. *angustifolia* (Hemsl.) H. J. Wang
白花败酱 *P. villosa* Juss.
缬草 *Valeriana officinalis* L.
宽叶缬草 *V. officinalis* L. var. *latifolia* Miq.
柔垂缬草 *V. flaccidissima* Maxim.

127. 川续断科

续断 *Dipsacus japonica* Miq.
窄叶蓝盆花 *Scabiosa comosa* Fisch.

128. 桔梗科

杏叶沙参 *Adenophora hunanensis* Nannf.
华东杏叶沙参 *A. hunanensis* Nannf. subsp. *huadungensis* Hong
石沙参 *A. polyantha* Nakai
沙参 *A. stricta* Miq.
荠苨 *A. trachelioides* Maxim.
羊乳 *Codonopsis lanceolata* (Sieb. et Zucc.) Trautv.
党参 *C. pilosula* (Franch.) Nannf.
半边莲 *Lobelia chinensis* Lour.
袋果草 *Peracarpa carnosa* Hook. f. et Thoms.
桔梗 *Platycodon grandiflorus* (Jacq.) A. DC.
蓝花参 *Wahlenbergia marginata* (Thunb.) A. DC.

129. 菊科

(1) 管状花亚科

华泽兰 *Eupatorium chinense* L.
泽兰 *E. japonicum* Thunb.
三裂叶泽兰 *E. japonicum* Thunb. var. *tripartitum* Makino

林泽兰 *E. lindleyanum* DC.
裂叶林泽兰 *E. lindleyanum* DC. var. *trifoliatum*（Schreb.）Beauv.
佩兰 *E. fortunei* Turcz.
和尚菜 *Adenocaulon himalaicum* Edgew.
下田菊 *Adenostemma lavenia*（L.）Kuntze
蟛蜞菊 *Wedelia chinensis*（Obs.）Merr.
牛膝菊 *Galinsoga parviflora* Cav.
醴肠 *Eclipta prostrata* L.
豨签 *Siegesbeckia orientalis* L.
腺梗豨签 *S. pubescens* Makino
无腺梗豨签 *S. pubescens* Makino f. *eglandulosa* Ling et Huang
黄花蒿 *Artemisia annua* L.
野艾蒿 *A. lavandulaefolia* DC.（异名 A. umbrosa Turcz.）
奇蒿 *A. anomala* S. Moore
青蒿 *A. apiacea* Hance
茵陈蒿 *A. capillaris* Thunb.
阴地蒿 *A. sylvatica* Maxim.
艾蒿 *A. argyi* Levl. et Vant.（异名 A. vulgaris L. var. incana Maxim.）
南艾蒿 *A. verlotorum* Lamotte
白莲蒿 *A. sacrorum* Ledeb.
白苞蒿 *A. lactiflora* Wall.
牡蒿 *A. japonica* Thunb.
南牡蒿 *A. eriopoda* Bunge
魁蒿 *A. princeps* Pamp.
蒌蒿 *A. selengensis* Turcz. ex Bess.
猪毛蒿 *A. scoparia* Waldst et Kit.
宽叶山蒿 *A. stolonifera*（Maxim.）Kom.
红足蒿 *A. rubripes* Nakai
蒙古蒿 *A. mongolica* Fisch.
矮蒿 *A. lancea* Van.（异名 A. feddei Levl. et Vant.）
暗绿蒿 *A. atrovirens* Hand.-Mazz.
中南蒿 *A. simulans* Pamp.
南毛蒿 *A. chingii* Pamp.
五月艾 *A. indica* Willd.
三脉叶紫菀 *Aster ageratoides* Turcz.
毛枝三脉叶紫菀 *A. ageratoides* Turcz. var. *lasiocladus*（Hayata.）Hand.-Mazz.
山白菊 *A. ageratoides* Turcz. var. *scaberus*（Miq.）Ling
钻叶紫菀 *A. subulatus* Michx
高茎紫菀 *A. procerus* Hemsl.
陀罗紫菀 *A. turbinatus* S. Moore
苍术 *Atractylodes lancea*（Thunb.）DC.
关苍术 *A. japonica* Koidz. ex Kitum.

白术 *A. macrocephala* Koidz.
鬼针草 *Bidens bipinnata* L.
三叶鬼针草 *B. pilosa* L.
狼把草 *B. tripartita* L.
小花鬼针草 *B. parviflora* Willd.
羽叶鬼针草 *B. maximovicziana* Oett.
天名精 *Carpesium abrotanoides* L.
烟管头草 *C. cernuum* L.
金挖耳 *C. divaricatum* Sieb. et Zucc.
石胡荽 *Centipeda minima*（L.）A. Br. et Ascher.
大蓟 *Cirsium japonicum* DC.
线叶蓟 *C. lineare*（Thunb.）Sch.-Bip.
湖北蓟 *C. hupehense* Pamp.
刺儿菜 *C. setosum*（Willd.）MB.
牛口刺 *C. shansiense* Petrak
菊芋 *Helianthus tuberosus* L.（栽培，逸为野生）
野菊 *Dendranthema indicum*（L.）Des Moul.
甘菊 *D. lavandulaefolium*（Fisch.）Ling et Shih
毛华菊 *D. vestitum*（Hemsl.）Ling ex Shih
东风菜 *Doellingeria scaber*（Thunb.）Nees.
一年蓬 *Erigeron annus* L.
鼠麴草 *Gnaphalium affine* D. Don
秋鼠麴草 *G. hypoleucum* DC.
细叶鼠麴草 *G. japonicum* Thunb.
宽叶鼠麴草 *G. adnatum*（Wall. ex DC.）Kitum.
薄雪火绒草 *Leontopodium japonicum* Miq.
香青 *Anaphalis sinica* Hance
翅茎香青 *A. sinica* Hance f. *pterocaula*（Franch. et Sav.）Ling
车前叶香青 *A. aureopunctata* Lingelsh. et Borza. var. *plantaginifolia* Chen
珠光香青 *A. margaritacea*（L.）Benth. et Hook. f.
泥湖菜 *Hemistepta lyrata* Bunge
南漳斑鸠菊 *Vernonia nantcianensis*（Pamp.）Hand.-Mazz.
心叶帚菊 *Pertya cordifolia* Mattf.
苍耳 *Xanthium sibiricum* Patrin.
麻花头 *Serratula coronata* L.
华麻花头 *S. chinensis* S. Moore
女菀 *Turczaninowia fastigiata*（Fisch.）DC.
白酒草 *Conyza japonica*（Thunb.）Less.
野塘蒿 *C. bonariensis*（L.）Cronq.
小飞蓬 *C. canadensis*（L.）Cronq.
狗哇花 *Heteropappus hispidus*（Thunb.）Less.
旋覆花 *Inula japonica* Thunb.

线叶旋覆花 *I. lineariifolia* Turcz.

土木香 *I. helenium* L.

马兰 *Kalimeris indica*（L.）Sch.-Bip.

多型马兰 *Kalimeris indica*（L.）Sch.-Bip. var. *polymorpha*（L.）Kitam.

毡毛马兰 *K. shimadae*（Kitam.）Kitam.

全缘叶马兰 *K. integrifolia* Turcz. et DC.

大丁草 *Leibnitzia anandria*（L.）Nakai

蜂斗菜 *Petasites japonicus*（Sieb. et Zucc.）F. Schmidt

狭苞橐吾 *Ligularia sinica* Kitag.

窄头橐吾 *L. stenocephala*（Maxim.）Matsum et Koidz.

橐吾 *L. sibirica*（L.）Cass.

齿叶橐吾 *L. dentata*（A. Gary）Hara

蹄叶橐吾 *L. fischeri*（Ledeb.）Turcz.

大吴风草 *Farfugium japonicum*（L.）Kitam.

庐山风毛菊 *Saussurea bullockii* Dunn

风毛菊 *S. japonica*（Thunb.）DC.

草地风毛菊 *S. amara*（L.）DC.

心叶风毛菊 *S. cordifolia* Hemsl.

三角叶风毛菊 *S. deltoidea*（DC.）C. B. Clarke.

款冬 *Tussilago farfara* L.

狗舌草 *Senecio kirilowii* Turcz.

林荫千里光 *S. nemorensis* L.

蒲儿根 *S. oldhamianus* Maxim.

千里光 *S. scandens* Buch.-Ham.

额河千里光 *S. argunensis* Turcz.

杏香兔儿风 *Ainsliaea fragrans* Champ.

铁灯兔儿风 *A. macroclinidioides* Hayata

兔儿伞 *Syneilesis aconitifolia*（Bunge）Maxim.

三七草 *Gynura segetum*（Lour.）Merr.

野茼蒿(革命草) *G. crepidioides* Benth.

一点红 *Emilia sonchifolia*（L.）DC.

一枝黄花 *Solidago decurrens* Lour.

牛蒡 *Arctium lappa* L.

山牛蒡 *Synurus deltoides*（Ait.）Nakai

美丽艾纳香 *Blumea formosana* Kitam.

兔儿风花蟹甲草 *Cacalia ainsliaeflora*（Franch.）Hand.-Mazz.

黄山蟹甲草 *C. bulbifera* Maxim.

矢镞叶蟹甲草 *C. rubescens* (S. Moore) Matsuda

蝙蝠草 *C. rubescens* (S. Moore) Matsuda

(2) 舌状花亚科(具乳汁)

毛连菜 *Picris hieracioides* L. subsp. *japonica* Krylv.

山柳菊 *Hieracium umbellatum* L.

苦苣菜 *Sonchus oleraceus* L.

苣荬菜 *S. brachyotus* DC.

续断菊 *S. asper*（L.）Hill

笔管草 *Scorzonera albicaulis* Bunge

鸦葱 *S. argunensis* Tuecz.

苦荬菜 *Ixeris denticulata*（Houtt.）Stebb.

变色中华苦荬菜 *I. chinensis*（Thunb.）Nakai subsp. *versicolor*（Fisch.）Kitam.

齿缘苦荬菜 *I. dentata*（Thunb.）NaKai

抱茎苦荬菜 *I. sonchifolia*（Bunge）Hance

多头苦荬菜 *I. polycepala* Cass.

禾叶苦荬菜 *I. gracilis*（DC.）Stebb.

山苦荬 *I. chinensis*（Thunb.）NaKai

剪刀股 *I. debilis* A. Gray

乳苣 *Mulgedium tataricum*（L.）DC.

台湾翅果菊 *Pterocypsela formosana*（Maxim.）Shih

翅果菊 *P. indica*（L.）Shih

高大翅果菊 *P. elata*（Hemsl.）Shih

毛脉翅果菊 *P. raddeana* Maxim.

多裂翅果菊 *P. laciniata*（Houtt.）Shih

假福王草 *Paraprenanthes sororia*（Miq.）Shih

稻槎菜 *Lapsana apogonoides* Maxim.

矮小稻槎菜 *L. humilis*（Thunb.）Makino

蒲公英 *Taraxacum mongolicum* Hand.-Mazz.

黄鹌菜 *Youngia japonica*（L.）DC.

大叶福王草 *Prenanthes macrophylla* Franch.

福王草(盘果菊)*P. tatarinowii* Maxim.

130. 泽泻科

矮慈姑 *Sagittaria pygmaea* Miq.

野慈姑 *S. trifolia* L.

窄叶泽泻 *Alisma canaliculatum* A. Br. et Bouche

131. 眼子菜科

眼子菜 *Potamogeton distinctus* A. Bennett

菹草 *P. crispus* L.

132. 水鳖科

水鳖 *Hydrocharis dubia*（Bl.）Backer

黑藻 *Hydrilla verticillata*（L. f.）Royle

苦草 *Vallisneria spiralis* L.

安徽苦草 *V. anhuiensis* X. S. Shen

长梗苦草 *V. longipedunculata* X. S. Shen

133. 百合科

老鸦瓣 *Amana edulis*（Miq.）Honda［异名 Tulipa edulis（Miq.）Baker］

皖郁金香 *A. anhuiensis*（X. S. Shen）D. Y. Tan *et al*.（异名 Tulipa anhuiensis X. S. Shen）

粉条儿菜 *Aletris spicata*（Thunb.）Franch.

野蒜 *Allium macrostemon* Bunge

多叶韭 *A. plurifoliatum* Rendl.

茖葱 *A. victorialis* L.

天门冬 *Asparagus cochinensis*（Lour.）Merr.

羊齿天门冬 *A. filicinus* Ham. ex D. Don

荞麦叶大百合 *Cardiocrinum cathayanum*（Wils.）Stearn

宝铎草 *Disporum sessile* D. Don

浙贝母 *Fritillaria thunbergii* Miq.

湖北贝母 *F. hupehensis* Hsiao et K. C. Hsia

安徽贝母 *F. anhuiensis* S. C. Chen et S. F. Yin

黄花菜 *Hemerocallis citrina* Baroni

北黄花菜 *H. lilioasphodelus* L. emend. Hylander

萱草 *H. fulva* L.

紫萼 *Hosta ventricosa*（Salisb.）Stearn

百合 *Lilium brownii* F. E. Brown ex Miellez var. *viridulum* Baker

条叶百合 *L. callosum* Sieb. et Zucc.

卷丹 *L. lancifolium* Thunb.

阔叶土麦冬 *Liriope platyphylla* Wang et Tang

土麦冬 *L. spicata*（Thunb.）Lour.

禾叶土麦冬 *L. graminifolia*（L.）Baker

沿阶草 *Ophiopogon bodinieri* Levl.

麦冬 *O. japonicus*（Thunb.）Ker-Gawl.

白穗花 *Speirantha gardenii*（Hook.）Baill.

延龄草 *Trillium tschonoskii* Maxim.

华重楼(七叶一枝花) *Paris polyphylla* Smith var. *chinensis*（Franch.）Hara

宽叶重楼 *P. polyphylla* Smith var. *latifolia* Wang et Chang

狭叶重楼 *P. polyphylla* Smith var. *stenophylla* Franch.

北重楼 *P. verticillata* M.-Bieb.

多花黄精 *Polygonatum cyrtonema* Hua

玉竹 *P. odoratum*（Mill.）Druce

黄精 *P. sibiricum* Delar. ex Redoute.

湖北黄精 *P. zanlanscianense* Pamp.

管花鹿药 *Smilacina henryi*（Baker）Wang et Tang

鹿药 *S. japonica* A. Gray

菝葜 *Smilax china* L.

小果菝葜 *S. davidiana* A. DC.

黑果菝葜 *S. glauco-china* Warb.

托柄菝葜 *S. discotis* Warb.

牛尾菜 *S. riparia* A. DC.

白背牛尾菜 *S. nipponica* Miq.

短梗菝葜 *S. scobinicaulis* C. H. Wright

华东菝葜 *S. sieboldii* Miq.

土茯苓 *S. glabra* Roxb.

尖叶菝葜 *S. arisanensis* Hay.

鞘柄菝葜 *S. stans* Maxim.

肖菝葜 *Heterosmilax japonica* Kunth

绵枣儿 *Scilla scilloides*（Lindl.）Druce

油点草 *Tricyrtis macropoda* Miq.

开口箭 *Tupistra chinensis* Bak.

藜芦 *Veratrum nigrum* L.

黑紫藜芦 *V. japonicum*（Baker）Loes.

毛叶藜芦 *V. grandiflorum*（Maxim.）Loes. f.（异名 V. puberulum Loes. f.）

134. 百部科

直立百部 *Stemona sessilifolia*（Miq.）Franch. et Sav.

135. 龙舌兰科

丝兰 *Yucca smalliana* Fern.（栽培）

136. 石蒜科

中国石蒜 *Lycoris chinensis* Traub.

石蒜 *L. radiata*（L'Herit.）Herb.

忽地笑 *L. aurea*（L'Herit.）Herb.

葱莲 *Zephyranthes grandiflora* Lindl.

137. 薯蓣科

粉背薯蓣 *Dioscorea collettii* Hook. f. var. *hypoglauca*（Palibin）Pei et Ting

日本薯蓣 *D. japonica* Thunb.

穿龙薯蓣 *D. nipponica* Makino

薯蓣 *D. opposita* Thunb.

盾叶薯蓣 *D. zingiberensis* C. H. Wright

黄独 *D. bulbifera* L.

山萆薢 *D. tokoro* Makino

138. 雨久花科

凤眼莲（水葫芦）*Eichhornia crassipes*（Mart）Solms（栽培，逸为野生）

鸭舌草 *Monochoria vaginalis*（Burm. f.）Presl. ex Kunth

窄叶鸭舌草 *M. vaginalis*（Burm. f.）Presl. ex Kunth var. *plantaginea*（Roxb.）Solms-Laub.

139. 鸢尾科

射干 *Belamcanda chinensis*（L.）DC.

马蔺 *Iris lacteal* Pall. var. *chinensis*（Fisch.）Koidz.

140. 灯心草科

灯心草 *Juncus effusus* L.

野灯心草 *J. setchuensis* Buchen.

小灯心草 *J. bufonius* L.

星花灯心草 *J. diastrophanthus* Buch.

羽毛地杨梅 *Luzula plumosa* E. Mey.

多花地杨梅 *L. multiflora*（Retz.）Lej.

141. 鸭跖草科

鸭跖草 *Commelina communis* L.

饭包草 *C. benghalensis* L.

杜若 *Pollia japonica* Thunb.

裸花水竹叶 *Murdannia nudiflora*（L.）Brenan

水竹叶 *M. triquetra*（Wall.）Bruckn.

竹叶子 *Streptolirion volubile* Edgew.

142. 谷精草科

谷精草 *Eriocaulon buergerianum* Koern

143. 禾本科

(1) 禾亚科

京羽茅(京芒草) *Achnatherum pekinense*（Hance）Ohwi

看麦娘 *Alopecurus aequalis* Sobol.

日本看麦娘 *A. japonicus* Steud.

剪股颖 *Agrostis matsumurae* Hack.

小花剪股颖 *A. micrantha* Steud.

黄毛草 *Aristida cumingiana* Trin. et Rupr.

荩草 *Arthraxon hispidus*（Thunb.）Makino

茅叶荩草 *A. prionodes*（Steud.）Dandy

野古草 *Arundinella hirta*（Thunb.）Tanaka

刺芒野古草 *A. setosa* Trin.

大别山野古草 *A. kengiana* N. X. Zhao

野燕麦 *Avena fatua* L.

茵草 *Beckmannia syzigachne*（Steud.）Femald

白羊草 *Bothriochloa ischaemum*（L.）Keng

日本短颖草 *Brachyelytrum erectum*（Schreb.）Beauv. subsp. *japonicum*（Hack.）Koyama et Kawano

雀麦 *Bromus japonicus* Thunb.

疏花雀麦 *B. remotiflorus*（Steud.）Ohwi

毛臂形草 *Brachiaria villosa*（Lam.）Camus

拂子茅 *Calamagrostis epigejos*（L.）Roth

密花拂子茅 *C. epigejos*（L.）Roth var. *densiflora* Griseb.

细柄草 *Capillipedium parviflorum*（R. Br.）Stapf

山涧草 *Chikusichloa aquatica* Koidz.

薏苡 *Coix lacryma-jobi* L.(逸生)

橘草(香茅) *Cymbopogon goeringii*(Steud.)Camus

狗芽根 *Cynodon dactylon*（L.）Pars

野青茅 *Deyeuxia arundinacea*(L.)Beauv.

纤毛野青茅 *D. arundinacea*（L.）Beauv. var. *ciliata*（Honda）P. C. Kuo et S. L. Lu［异名

Calamagrostis arundinacea（L.）Roth var. ciliata Honda]

疏花野青茅 *D. arundinacea*（L.）Beauv. var. *laxiflora*（Rendle）P. C. Kuo et S. L. Lu [异名 D. sylvatica（Schrad.）Kunth var. laxiflora Rendle]

长舌野青茅 *D. arundinacea*（L.）Beauv. var. *ligulata*（Rendle）P. C. Kuo et S. L. Lu [异名 D. sylvatica（Schrad.）Kunth var. ligulata Rendle]

马唐 *Digitaria sanguinalis*（L.）Scop.

紫马唐 *D. violascens* Link

升马唐 *D. ciliaris*（Retz.）Koel.

双稃草 *Diplachne fusca*（L.）Beauv.

油芒 *Eccoilopus cotulifer*（Thunb.）Camus [异名 Spodiopogon cotulifera（Thunb.）Hack]

芒稗 *Echinochloa colonum*（L.）Link

稗 *E. crusgalli*（L.）Beauv.

水田稗 *E. oryzoides*（Ard.）Flritsch.

大画眉草 *Eragrostis cilianensis*（Thunb.）Makino

知风草 *E. ferruginea*（Thunb.）Beauv.

乱草 *E. japonicus*（Thunb.）Trin.

画眉草 *E. pilosa*（L.）Beauv.

无毛画眉草 *E. pilosa*（L.）Beauv. var. *imberbia* Franch.

小画眉草 *E. minor* Host

假俭草 *Eremochloa ophiuroides*（Munro）Hack.

野黍 *Eriochloa villosa*（Thunb.）Kunth

金茅 *Eularia speciosa*（Debeaux）Kuntze

羊茅 *Festuca ovina* L.

甜茅 *Glyceria acutiflora* Torr. subsp. *japonica*（Steud.）Koyama et Kawano

假鼠妇草 *G. leptolepis* Ohwi

牛鞭草 *Hemarchria altissima*（Poir.）Stapf et C. E. Hubb.

白茅 *Imperata cylindrica*（L.）Beauv. var. *major*（Nees）C. E. Hubb.

具芒鸭嘴草 *Ischaemum aristatum* L.

假稻 *Leersia japonica*（Makino ex Honda）Honda

秕壳草 *L. sayanuka* Ohwi(异名 Leersia oryzoides（L.）Swartz var. japonica Hack)

淡竹叶 *Lophatherum gracile* Brongn.

千金子 *Leptochloa chinensis*（L.）Nees

虮子草 *L. panicea*（Retz.）Ohwi

牛筋草 *Leusine indica*（L.）Gaertn

穇子 *L. coracana*（L.）Gaertn（栽培）

臭草 *Melica scabrosa* Trin.

广序臭草 *M. onoei* Franch. et Sav.

柔枝莠竹 *Microstegium vimineum*（Trin.）A. Camus

竹叶茅 *M. nudum*（Trin.）A. Camus

粟草 *Milium effusum* L.

五节芒 *Miscanthus floridulus*（Labill.）Warb.

芒 *M. sinensis* Anderss.

紫芒 *M. sinensis* Anderss. var. *purpurascens* (Anderss.) Matsum

乱子草 *Muhlenbergia hugelii* Trin.

多枝乱子草 *M. ramose* (Hack.) Makino [异名 M. frondosa (Poir.) Fernald subsp. ramosa (Hack.) T. Koyama et Kawano]

河王八 *Narenga porphyrocoma* (Hance) Bor

球米草 *Oplismenus undulatifolius* (Arduino) Roem et Schult.

大叶直芒草 *Orthoraphium grandifolium* (Keng) Keng ex P. C. Kuo

糠稷 *Panicum bisulcatum* Thunb.

雀稗 *Paspalum thunbergii* Kunth ex Steud.

双穗雀稗 *P. distichum* L.

狼尾草 *Pennisetum alopecuroides* (L.) Spreng.

显子草 *Phaenosperma globosa* Munro ex Benth.

鬼蜡烛(梯牧草)*Phleum paniculatum* Huds.

棒头草 *Polypogon fugax* Nees ex Steud.

虉草 *Phalaris arundinacea* L.

白顶早熟禾 *Poa acroleuca* Steud.

早熟禾 *P. annua* L.

草地早熟禾 *P. pratensis* L.

双节早熟禾 *P. binodis* Keng

华东早熟禾 *P. fabri* Rendl.

细弱早熟禾 *P. nemoralis* L. var. *tenella* Reichb.

瘦瘠伪针茅 *Pseudoraphis spinescens* (R. Br.) Vick. var. *depauperata* (Nees) Bor

鹅观草 *Roegneria kamoji* Ohwi

东瀛鹅观草 *R. mayebaranea* (Honda) Ohwi

纤毛鹅观草 *R. ciliaris* (Trin.) Nevski

甘蔗 *Saccharum officinarum* L.(栽培)

斑茅 *S. arundinaceum* Retz.

甜根子草 *S. spontaneum* L.

囊颖草 *Sacciolepis indica* (L.) A. Chase

裂稃草 *Schizachyrium brevifolium* (Swartz) Nees

大狗尾草 *Setaria faberi* Herrm.

金色狗尾草 *S. glauca* (L.) Beauv.

狗尾草 *S. viridis* (L.) Beauv.

粟(小米)*S. italica* (L.) Beauv.

大油芒 *Spodiopogon sibiricus* Trin.

鼠尾粟 *Sporobolus fertilis* (Steud.) W. D. Clayt.

紫穗鼠尾粟 *S. fertilis* (Steud.) W. D. Clayt. var. *purpurea-suffusus* (Ohwi) Keng f. et X. S. Shen

黄背草 *Themeda japonica* (Willd.) Tanaka

湖北三毛草 *Trisetum henryi* Rendl.

三毛草 *T. bifidum* (Thunb.) Ohwi

鼠茅 *Vulpia myuros* (L.) C. C. Gmel.(栽培)

菰 *Zizania latifolia*（Griseb.）Turcz. ex Stapf

中华结缕草 *Zoysia sinica* Hance

结缕草 *Z. japonica* Steud.

(2) 竹亚科

短穗竹 *Brachystachyum densiflorum*（Rendle）Keng

孝顺竹 *Bambusa glaucescens*（Willd.）Sieb. et Munro

阔叶箬竹 *Indocalamus latifolus*（Keng）Mc Clure

箬竹 *I. longiauritus* Hand.-Mazz.

苦竹 *Pleioblastus amarus*（Keng）Keng f.

黄古竹 *Phyllostachys angusta* Mc Clure（栽培）

美竹 *Ph. decora* Mc Clure（栽培）

淡竹 *Ph. glauca* Mc Clure

水竹 *Ph. heteroclada* Oliv.（栽培）

毛竹 *Ph. pubescens* Mazel ex H. de Lehaie（栽培）

黄皮刚竹 *Ph. sulphurea*（Carr.）A. et C. Riv.

刚竹 *Ph. viridis*（Young）Mc Clure（栽培）

灰竹 *Ph. nuda* Mc Clure

华箬竹 *Sasamorpha sinica*（Keng）Koidz.

鄂西玉山竹 *Yushania confusa*（Mc Clure）Wang et Ye

144. 棕榈科

棕榈 *Trachycarpus fortunei*（Hook. f.）H. Wendl.（栽培,大别山南坡为野生）

145. 天南星科

石菖蒲 *Acorus tatarinowii* Schott

云台天南星 *Arisaema du-bois-reymondiae* Engl.

一把伞天南星 *A. erubescens*（Wall.）Schott

天南星 *A. heterophyllum* Bl.

花南星 *A. lobatum* Engl.

灯台莲 *A. sikokianum* Franch. et Sav. var. *serratum*（Makino）Hand.-Mazz.

滴水珠 *Pinellia cordata* N. E. Brown

虎掌 *P. pedatisecta* Schott

半夏 *P. ternate*（Thunb.）Breit.

鹞落坪半夏 *P. yaoluopingensis* X. H. Guo et X. L. Lin

大漂(水浮莲)*Pistia stratiotes* L.(栽培)

独角莲 *Typhonium giganteum* Engl.

野芋 *Colocasia antiquorum* Schott

146. 香蒲科

水蜡烛 *Typha angustifolia* L.

长苞香蒲 *T. angustata* Bory et Chaud

147. 浮萍科

浮萍 *Lemna minor* L.

紫萍 *Spirodela polyrhiza*（L.）Schleid.

148. 黑三棱科

黑三棱 *Sparganium stoloniferum* Buch.-Ham.

149. 莎草科

龙须草 *Baeothryon subcapitatum*（Thwaites）Koyama

荆三棱 *Bolboschoenus yagara*（Ohwi）A. E. Kozh.（异名 Scirpus yagara Ohwi）

丝叶球柱草 *Bulbostylis densa*（Wall.）Hand.-Mazz.

发秆薹草 *Carex capillacea* Boott.

矮秆薹草 *C. minuticulmis* S. W. Su et S. M. Xu

截喙薹草 *C. truncatirostris* S. W. Su et S. M. Xu

仲氏薹草 *C. chungii* C. P. Wang

安徽薹草 *C. anhuiensis* S. W. Su et S. M. Xu

宣城薹草 *C. xuanchengensis* S. W. Su et S. M. Xu

太湖薹草 *C. taihuensis* S. W. Su et S. M. Xu

白马薹草 *C. baimaensis* S. W. Su

类嵩薹草 *C. kobresiformis* S. W. Su

三阳薹草 *C. duvaliana* Franch. et Savat.

横纹薹草 *C. rugata* Ohwi

多枝薹草 *C. tosaensis* Akiyama

中华薹草 *C. chinensis* Retz.

毛缘宽叶薹草 *C. ciliato-marginata* Nakai

日本薹草 *C. japonica* Thunb.

披针叶薹草 *C. lanceolata* Boott.

舌叶薹草 *C. ligulata* Nees ex Wight

宽叶薹草 *C. siderosticta* Hance

大理薹草 *C. taliensis* Franch.

细梗薹草 *C. teinogyna* Boott.

大别山薹草 *C. dabieensis* S. W. Su

舒城薹草 *C. shuchengensis* S. W. Su et Q. Zhang

突喙薹草(岳西薹草) *C. yuexiensis* S. W. Su et S. M. Xu

匿鳞薹草 *C. aphanolepis* Franch. et Savat.

美丽薹草 *C. sadoensis* Franch.

鹞落薹草 *C. otaruensis* Franch.

根足薹草 *C. hakkodensis* Franch.

穹窿薹草 *C. gibba* Wahl.

细梗薹草 *C. teinogyna* Boott.

陌上菅 *C. thunbergii* Steud.

垂穗薹草 *C. brachyanthera* Ohwi

阿穆尔莎草 *Cyperus amuricus* Maxim.

异型莎草 *C. difformis* L.

毛轴莎草 *C. pilosus* Vahl

香附子 *C. rotundus* L.

褐穗莎草 *C. fuscus* L.

扁穗莎草 *C. compressus* L.

龙师草 *Eleocharis tetraquetra* Nees ex Wight

羽毛荸荠 *E. wichurai* Bock.

牛毛毡 *E. yokoscensis*（Franch. et Sav.）Tang et Wang

两歧飘拂草 *Fimbristylis dichotoma*（L.）Vahl

矮飘拂草 *F. fimbristyloides*（F. Muell.）Druce

畦畔飘拂草 *F. squarrosa* Vahl.

宜昌飘拂草 *F. henryi* C. B. Clarke

水虱草 *F. miliacea*（L.）Vahl

水蜈蚣 *Kyllinga brevifolia* Rotth.

光鳞水蜈蚣 *K. brevifolia* Rotth. var. *leiolepis*（Fr. et Sa.）Hara

砖子苗 *Mariscus sumatrensis*（Retz.）Ray.

球穗扁莎草 *Pycreus globosus*（All.）Reichb.

中华刺子莞 *Rhynchospora chinensis* Nees et Mey.

刺子莞 *Rh. rubra*（Lour.）Makino

萤蔺 *Schoenoplectus juncoides*（Roxb.）Palla（异名 Scirpus juncoides Roxb.）

水毛花 *S. mucronatus*（L.）Pallas subsp. *robustus*（Miq.）Koyama

华东藨草 *Scirpus karuizawensis* Makino

庐山藨草 *S. lushanensis* Ohwi

矮藨草 *S. pumilus* Vahl

猪毛草 *S. wallichii* Nees

150. 芭蕉科

芭蕉 *Musa basjoo* Sieb.（栽培，或逸生）

151. 姜科

蘘荷 *Zingiber mioga*（Thunb.）Rosc.

姜 *Z. officinale* Rosc.（栽培）

山姜 *Alpinia japonica*（Thunb.）Miq.

152. 美人蕉科

美人蕉 *Canna indica* L.（栽培）

蕉芋 *C. edulis* Ker-Gawl.（栽培）

153. 兰科

细葶无柱兰 *Amitostigma gracile*（Bl.）Schltr.

白芨 *Bletilla striata*（Thunb.）Rchb. f.

金兰 *Cephalanthera falcata*（Thunb.）Bl.

独花兰 *Changnienia amoena* Chien

杜鹃兰 *Cremastra appendiculata*（D. Don）Makino

蕙兰 *Cymbidium faberi* Rolfe

春兰 *C. goeringii*（Rchb. f.）Rchb. f.

寒兰 *C. kanran* Makino

扇脉杓兰 *Cypripedium japonicum* Thunb.

山珊瑚兰 *Galeola faberi* Rolfe

毛萼山珊瑚兰 *G. lindleyana*（Hook. f. et Thoms.）Rchb. f.

血红肉果兰(红果山珊瑚) *Cyrtosia septentrionalis*（Rchb. f.）Garay

石斛 *Dendrobium nobile* Lindl.

霍山石斛 *D. huoshanensis* C. Z. Tang et S. J. Cheng

天麻 *Gastrodia elata* Bl.

小斑叶兰 *Goodyera repens*（L.）R. Br.

大斑叶兰 *G. schlechtendaliana* Rchb. f.

大花斑叶兰 *G. biflora*（Lindl.）Hook. f.

十字兰 *Habenaria sagittifera* Rchb. f.

角盘兰 *Herminium monorchis*（L.）R. Br.

羊耳蒜 *Liparis japonica*（Miq.）Maxim.

大唇羊耳蒜 *L. dunnii* Rolfe

沼兰 *Malaxis monophyllos*（L.）Sw.

密花舌唇兰 *Platanthera holglottis* Maxim.

小舌唇兰 *P. minor*（Miq.）Rchb. f.

独蒜兰 *Pleione bulbocodioides*（Franch.）Rolfe

绶草 *Spiranthes sinensis*（Pers.）Ames

唇带兰 *Tainia dunnii* Rolfe

小花蜻蜓兰 *Tulotis ussuriensis*（Reg. et Macck）Hara

附录二　大别山常见脊椎动物名录

Ⅰ　鱼　　纲

1．鲤形目 Cypriniformes

（1）鲤科 Cyprinidae

① 鳙（胖头鱼，花鲢）*Aristichthys nobilis*

② 鲢（鲢子，白鲢）*Hypophthalmichthys molitrix*

③ 青鱼 *Mylopharyngodon piceus*

④ 草鱼 *Ctenopharyngodon idellus*

⑤ 鲫 *Carassius auratus*

⑥ 鲤 *Cyprinus carpio*

⑦ 马口鱼（石板鱼）*Opsariichthys bidens*

⑧ 赤眼鳟（红眼马浪）*Squaliobarbus curriculus*

⑨ 鳡鱼（黄箭鱼）*Elopichthys bambusa*

⑩ 餐鲦鱼（鲹子，青鲹）*Hemiculter leucisculus*

⑪ 贝氏鲹 *Hemiculter bleekeri bleekeri*

⑫ 红鳍鲌（红稍鱼）*Culter erythropterus*

⑬ 翘嘴红鲌（翘嘴腰子）*Erythroculter ilishaeformis*

⑭ 长春鳊（鳊花鱼）*Parabramis pekinensis*

⑮ 中华细鲫（颃童子）*Aphyocypris chinensis*

⑯ 须鱊（土甸子）*Acheilognathus barbatus*

⑰ 似鮈（沙锥）*Pseudogobio vaillanti vaillanti*

（2）鳅科 Cobitidae

⑱ 泥鳅 *Misgurnus anguillicaudatus*

2．鲇形目 Siluriformes

（3）鲇科 Siluridae

⑲ 鲇（鲶鱼胡子）*Silurus asotus*

（4）鲿科 Bagridae

⑳ 黄颡鱼（黄丫鱼）*Pelteobagrus fulvidraco*

3．合鳃目 Symbranchiformes

（5）合鳃科 Symbranchidae

㉑ 黄鳝 *Monopterus albus*

4. 鲈形目 Perciformes

(6) 鮨科 Serranidae

㉒ 鳜(鲑鱼,鲫花鱼)*Siniperca chuatsi*

(7) 鰕虎鱼科 Gobiidae

㉓ 子陵栉鰕虎鱼 *Ctenogobius giurinus*

(8) 鳢科 Channidae

㉔ 乌鳢(乌鱼,黑鱼)*Channa argus*

Ⅱ 两 栖 纲

1. 有尾目 Caudata

(1) 小鲵科 Hynobiidae

① 商城肥鲵 *Pachyhynobius shangchengensis*

(2) 隐鳃鲵科 Cryptobranchidae

② 大鲵 *Andrias davidianus*

(3) 蝾螈科 Salamandridae

③ 东方蝾螈 *Cynops orientalis*

2. 无尾目 Salientia

(4) 蟾蜍科 Bufonidae

④ 中华蟾蜍 *Bufo gargarizans*

(5) 蛙科 Ranidae

⑤ 虎纹蛙 *Rana tigrina rugulosa*

⑥ 黑斑侧褶蛙 *Pelophylax nigromaculatus*

⑦ 金线侧褶蛙 *Pelophylax plancyi*

⑧ 斑腿泛树蛙 *Rhacophorus leucomystax*

Ⅲ 爬 行 纲

1. 鱼鳖目 Testudoformes

(1) 龟科 Testudinidae

① 平胸龟 *Platysternon megacephalum*

② 金头闭壳龟 *Cuora aurocapitata*

③ 黄喉拟水龟 *Mauremys mutica*

④ 乌龟 *Chinemys reevesii*

（2）鳖科 Trionychidae

⑤ 鳖 *Trionyx sinensis*（异名 Amyda sinensis）

2．蜥蜴目 Lacertiformes

（3）壁虎科 Gekkonidae

⑥ 多疣壁虎 *Gekko japonicus*

⑦ 铅山壁虎 *Gekko hokouensis*

（4）蜥蜴科 Lacertidae

⑧ 石龙子 *Eumeces chinensis*

⑨ 北草蜥 *Takydromus septentrionalis*

⑩ 蝘蜓 *Lygosoma indicufo*

⑪ 蓝尾石龙子 *Eumeces elegans*

3．蛇目 Serpentiformes

（5）蝰蛇科

⑫ 短尾蝮 *Gloydius brevicaudus*

（6）游蛇科

⑬ 赤链蛇 *Dinodon rufozonatum*

⑭ 翠青蛇 *Eurypholis major*

⑮ 乌梢蛇 *Zaocys dhumnadus*（异名 Natrix percarinata）

⑯ 王锦蛇 *Elaphe carinata*

⑰ 黑眉锦蛇 *Elaphe taeniura*

⑱ 玉斑锦蛇 *Elaphe mandarinus*

⑲ 紫灰锦蛇 *Elaphe porphyracea*

⑳ 红点锦蛇 *Elaphe rufodorsata*

㉑ 花尾斜鳞蛇 *Pseudoxenodon stejnegeri*

㉒ 虎斑颈槽蛇 *Rhabdophis tigrinus*

㉓ 华游蛇 *Sinonatrix percarinata*

㉔ 平鳞钝头蛇 *Pareas boulengeri*

㉕ 钝尾两头蛇 *Calamaria septentrionalis*

㉖ 锈链腹链蛇 *Amphiesma craspedogaster*

Ⅳ　鸟　　纲

1．䴙䴘目 Podicipediformes

（1）䴙䴘科 Podicipedidae

① 小䴙䴘 *Podiceps ruficollis poggei*

2．鹳形目 Ciconiformes

（2）鹭科 Ardeidae

② 池鹭 *Ardeola bacchus*

③ 白鹭 *Egretta garzetta garzetta*

④ 牛背鹭 *Bubulcus ibis*

⑤ 夜鹭 *Nycticorax nycticorax*

⑥ 绿鹭 *Butorides striatus*

3. 雁形目 Anseriformes

(3) 鸭科 Anatidae

⑦ 赤麻鸭 *Tadorna ferruginea*

4. 隼形目 Falconiformes

(4) 隼科 Falconidae

⑧ 小隼 *Microhierax melanoleucos*

⑨ 游隼 *Falco peregrinus*

⑩ 燕隼 *Falco subbuteo*

⑪ 红隼 *Falco tinnunculus*

(5) 鹰科 Accipitridae

⑫ 白尾鹞 *Accipiter cyaneus cyaneus*

⑬ 雀鹰 *Accipiter nisus nisosimilis*

⑭ 赤腹鹰 *Accipiter soloensis*

⑮ 松雀鹰 *Accipiter virgatus*

5. 鸡形目 Galliformes

(6) 雉科 Phasianidae

⑯ 白冠长尾雉 *Syrmaticus reevesii*

⑰ 雉鸡 *Phasianus colchicus*

⑱ 勺鸡 *Pucrasia macrolopha*

6. 鸽形目 Columbiformes

(7) 鸠鸽科 Columbidae

⑲ 山斑鸠 *Streptopelia orientalis*

⑳ 火斑鸠 *Streptopelia chinensis*

㉑ 珠颈斑鸠 *Oenopopelia tranquebarica humilis*

7. 鹃形目 Cuculiformes

(8) 杜鹃科 Cuculidae

㉒ 大杜鹃 *Cuculus canorus fallax*

㉓ 中杜鹃 *Cuculus saturatus*

㉔ 小杜鹃 *Cuculus poliocephalus poliocephalus*

㉕ 四声杜鹃 *Cuculus micropterus micropterus*

㉖ 噪鹃 *Eudynamys scolopacea*

㉗ 鹰鹃 *Cuculus sparverioides*

8. 鸮形目 Strigiformes

(9) 鸱鸮科 Strigidae

㉘ 草鸮 *Tyto capensis*

㉙ 长耳鸮 *Asio otus*

㉚ 短耳鸮 *Asio flammeus*

㉛ 斑头鸺鹠 *Glaucidium cuculoides*

9．夜鹰目 Caprimulgiformes

(10) 夜鹰科 Caprimtugidae

㉜ 普通夜鹰 *Caprimulgus indicus jotaka*

10．雨燕目 Apodiformes

(11) 雨燕科 Apodidae

㉝ 白腰雨燕 *Apus pacificus pacificus*

11．佛法僧目 Coraciiformes

(12) 戴胜科 Upupidae

㉞ 戴胜 *Upupa epops saturata*

(13) 翠鸟科 Alcedinidae

㉟ 蓝翡翠 *Hatcyon pileata*

㊱ 普通翠鸟 *Alcedo atthis bengalensis*

㊲ 冠鱼狗 *Megaceryle lugubris*

12．鴷形目 Piciformes

(14) 啄木鸟科 Picidae

㊳ 大斑啄木鸟 *Dendrocopos major*

㊴ 灰头绿啄木鸟 *Picus canus*

㊵ 棕腹啄木鸟 *Picoides hyperythrus*

㊶ 星头啄木鸟 *Dendrocopos canicapillus*

13．雀形目 Passeriformes

(15) 燕科 Hirundinidae

㊷ 家燕 *Hirundo rustica gutturalis*

㊸ 金腰燕 *Hirundo daurica japonica*

㊹ 毛脚燕 *Delichon urbica nigrimentalis*

(16) 鹡鸰科 Motacillidae

㊺ 山鹡鸰 *Dendronanthus indicus*

㊻ 黄鹡鸰 *Motacilla flava macronyx*

㊼ 白鹡鸰 *Motacilla alba baicalensis*

㊽ 灰鹡鸰 *Motacilla cinerea*

㊾ 树鹨 *Anthus hodgsoni*

(17) 百灵科 Alaudidae

㊿ 小云雀 *Alauda gulgula coelivox*

(18) 山雀科 Paridae

51 大山雀 *Parus major*

52 黄腹山雀 *Parus venustulus*

53 红头山雀 *Aegithalos concinnus*

(19) 雀科 Fringillidae

54 栗鹀 *Emberiza rutila*

55 黄胸鹀 *Emberiza aureola aureola*

56 三道眉草鹀 *Emberiza cioides*

(57) 小鹀 *Emberiza pusilla*

(20) 文鸟科 Ploceidae

(58) 麻雀 *Passer montanus saturatus*

(59) 山麻雀 *Passer rutilans rutilans*

(60) 白腰文鸟 *Lonchura striata*

(21) 黄鹂科 Oriolidae

(61) 黑枕黄鹂 *Oriolus chinensis diffusus*

(22) 卷尾科 Dicruridae

(62) 灰卷尾 *Dicrurus macrocercus cathoecus*

(63) 黑卷尾 *Dicrurus leucophaeus leucogenis*

(64) 发冠卷尾 *Dicrurus hottentottus brevirostris*

(23) 椋鸟科 Sturnidae

(65) 八哥 *Acridotheres cristatellus cristatellus*

(66) 灰椋鸟 *Sturnus cineraceus*

(67) 丝光椋鸟 *Sturnus sericeus*

(24) 鸦科 Corvidae

(68) 喜鹊 *Pica pica*

(69) 灰喜鹊 *Cyanopica cyana*

(70) 红嘴蓝鹊 *Urocissa erythrorhyncha*

(71) 松鸦 *Garrulus glandarius sinensis*

(72) 大嘴乌鸦 *Corvus macrorhynchus colonorum*

(73) 白颈鸦 *Corvus torquatus*

(74) 寒鸦 *Corvus monedula dauuricus*

(75) 秃鼻乌鸦 *Corvus frugilegus pastinator*

(25) 河乌科 Cinclidae

(76) 褐河乌 *Cinclus pallasii*

(26) 鹟科 Muscicapidae

(77) 乌鸫 *Turdus merula mandarinus*

(78) 红尾水鸲 *Rhyacornis fuliginosus fuliginosus*

(79) 北红尾鸲 *Phoenicurus auroreus*

(80) 紫啸鸫 *Myiophoneus caeruleus caeruleus*

(81) 寿带 *Terpsiphone paradise*(现今不常见)

(82) 强脚树莺 *Cettia fortipes*

(83) 短翅树莺 *Cettia diphone canturians*

(84) 画眉 *Garrulax canorus canorus*

(85) 棕噪鹛 *Garrulax poecilorhynchus berthemyi*

(86) 黑领噪鹛 *Garrulax pectoralis picticollis*

(87) 黑脸噪鹛 *Garrulax perspicillatus*

(88) 白颊噪鹛 *Garrulax sannio*

(89) 棕颈钩嘴鹛 *Pomatorhinus ruficollis styani*

(90) 棕头鸦雀 *Paradoxornis webbianus suffusus*

(91) 红嘴相思鸟 *Leiothrix lutea lutea*(现今不常见)

(92) 黄眉柳莺 *Phylloscopus inornatus inornatus*

(93) 冠纹柳莺 *Phylloscopus reguloides*

(94) 北灰鹟 *Muscicapa latirostris*

(27) 鹪鹩科 Troglodytidae

(95) 鹪鹩 *Troglodytes troglodytes idius*

(28) 䴓科 Sittidae

(96) 普通䴓 *Sitta europaea sinensis*

(29) 鹎科 Pycnonotidae

(97) 黑鹎 *Hypsipetes madagascariensis leucocephalus*

(98) 白头鹎 *Pycnonotus sinensis sinensis*

(99) 领雀嘴鹎 *Spizixos semitorques*

(100) 黄臀鹎 *Pycnonotus xanthorrhous*

(30) 伯劳科 Laniidae

(101) 棕背伯劳 *Lanius schach schach*

(102) 虎纹伯劳 *Lanius tigrinus*

(103) 牛头伯劳 *Lanius bucephalus*

(104) 红尾伯劳 *Lanius cristatus*

(31) 绣眼鸟科 Zosteropidae

(105) 暗绿绣眼鸟 *Zosterops japonica*

V　哺　乳　纲

1. 鳞甲目 Pholidota

(1) 穿山甲科 Manidae

① 穿山甲 *Manis pentadactyla aurita*

2. 食虫目 Insectivora

(2) 刺猬科 Erinaceidae

② 北方刺猬 *Erinaceus europaeus dealbatus*

3. 兔形目 Lagomorpha

(3) 兔科 Leporidae

③ 草兔 *Lepus capensis*

4. 啮齿目 Rodentia

(4) 鼠科 Muridae

④ 普通田鼠 *Microtus arvajis*

⑤ 褐家鼠 *Rattus norvegicus socer*

⑥ 黄胸鼠 *Rattus flavipectus*

⑦ 针毛鼠(山老鼠)*Rattus fulvescens huang*

⑧ 社鼠 *Rattus niviventer*

⑨ 大足鼠 *Rattus nitidus*

⑩ 小家鼠 *Mus musculus*

⑪ 黑线姬鼠 *Apodemus agrarius*

⑫ 中华姬鼠 *Apodemus draco*

(5) 松鼠科 Sciuridae

⑬ 岩松鼠 *Sciurotamias davidianus*

(6) 豪猪科 Hystricidae

⑭ 豪猪 *Hystrix hodgsoni*

5. 偶蹄目 Artiodactyla

(7) 猪科 Suidae

⑮ 野猪 *Sus scrofa*

(8) 鹿科 Cervidae

⑯ 安徽麝 *Moschus anhuiensis*

⑰ 小麂 *Muntiacus reevesi*

6. 食肉目 Carnlvora

(9) 犬科 Canidae

⑱ 貉 *Nectereutes procyonoide*

⑲ 豺 *Cuon alpinus*

(10) 猫科 Felidae

⑳ 豹猫 *Prionailurus bengalensis*

(11) 鼬科 Mustelidae

㉑ 鼬獾 *Melogale moschata ferreogrisea*

㉒ 黄鼬 *Mustela sibirica*

㉓ 狗獾 *Meles meles*

㉔ 猪獾 *Arctinyx collaris*

㉕ 水獭 *Lutra lutra chinensis*

(12) 灵猫科 Viverridae

㉖ 花面狸 *Paguma larvata*

7. 翼手目 Chiroptera

(13) 蝙蝠科 Vespertilionidae

㉗ 日本伏翼(东亚家蝠) *Pipistrellus abramus*

附录三　野外常见草本植物营养体鉴定参考照片*

（各科以恩格勒系统排列）

1. 桑科　葎草 *Humulus scandens*

2. 大麻科　大麻 *Cannabis sativa*（具纤维）

3. 荨麻科　山冷水花 *Pilea japonica*

透茎冷水花 *P. pumila*

粗齿冷水花 *P. sinofasciata*

花点草 *Nanocnide japonica*（汪文革摄）

* 附录三中的照片除特别说明外，均由作者拍摄。

华中艾麻 *Laportea bulbifera*

艾麻 *L*. *macrostachya*（祝巍摄）

悬铃叶苎麻 *Boehmeria platanifolia*（具纤维）

大叶苎麻 *B*. *longipica*（具纤维）（胡颖摄）

苎麻 *B*. *nivea*（具纤维）（胡颖摄）

细野麻 *B*. *gracilis*（具纤维）

小赤车 *Pellionia minima*（汪文革摄）

楼梯草 *Elatostema involucratum*

庐山楼梯草 *E. stewardii*（叶下部全缘）

糯米团 *Gonostegia hirta*

4.檀香科　百蕊草 *Thesium chinense*

5.蓼科　短毛金线草 *Antenoron neofiliforme*

金线草 *A. filiforme*（叶具八字形斑）（胡颖摄）

金荞麦 *Fagopyrum dibotrys*

酸模 *Rumex acetosa*（黄丽华摄）

羊蹄 *R. japonicus*（胡颖摄）

翅果酸模 *R*. *dentatus*

水蓼 *Polygonum hydropiper*

荭蓼 *P*. *orientale*（托叶鞘具绿色叶环）

黏蓼 *P*. *viscoferum*（茎红色具长细毛）

杠板归 *P*. *perfoliatum*（茎和叶柄具刺）

虎杖 *P*. *cuspidatum*

扁蓄 *P*. *aviculare*

戟叶蓼 *P*. *thunbergii*

箭叶蓼 *P. sagittatum*

刺蓼 *P. senticosum*（茎叶柄和脉具刺状毛）

黏毛蓼 *P. viscosum*（黄丽华摄）

6. 商陆科　商陆 *Phytolacca acinosa*

美洲商陆 *Ph. americana*

7. 紫茉莉科　紫茉莉 *Mirabilis jalapa*

8. 粟米草科　粟米草 *Mollugo stricta*（汪文革摄）

9. 马齿苋科 马齿苋 *Portulaca oleracea*

土人参 *Talinum paniculatum*

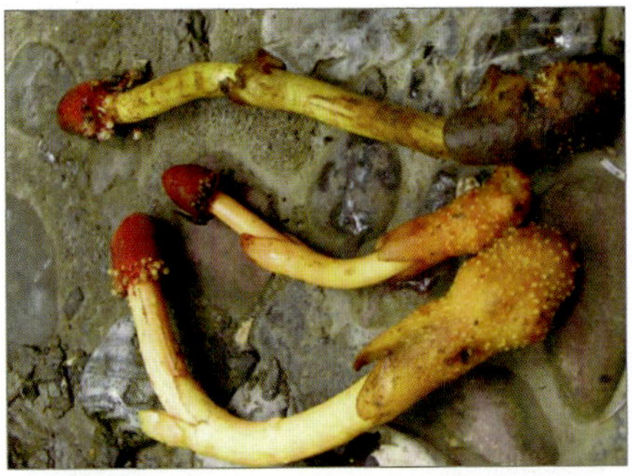

10.蛇菰科 蛇菰 *Balanophora japonica*(雌)

11.番杏科 露花 *Mesembryanthemum cordifolium*

12.落葵科 落葵 *Basella alba*(叶肉质)

13.石竹科 蚤缀 *Arenaria serpyllifolia*

瞿麦 *Dianthus superbus*

球序卷耳 *Cerastium glomeratum*

繁缕 *Stellaria media*(胡颖摄)

禾叶繁缕 *S. graminea*

湿地繁缕 *S. palustris*

鹅肠菜 *Myosoton aquaticum*

狗蔓筋 *Cucubalus baccifer*

孩儿参 *Pseudostellaria heterophylla*（汪文革摄）

女娄菜 *Melandrium apricum*

漆姑草 *Sagina japonica*

剪秋罗 *Lychnis senno*

剪夏罗 *L. coronata*

14. 藜科　　藜 *Chenopodium album*（汪文革摄）

小藜 *Ch. serotinum*

细穗藜 *Ch. gracilispicum*

土荆芥 *Ch. ambrosioides*（具浓气味）

15. 苋科　　皱果苋 *Amaranthus viridis*

牛膝 *Achyranthes bidentata*（节膨大）

青箱 *Celosia argentea*（叶肥嫩根红色）

空心莲子草 *Alternanthera philoxeroides*

莲子草 *A. sessilis*(茎具纵沟,节腋具毛)

16.毛茛科 茴茴蒜 *Ranunculus chinensis*

毛茛 *R. japonicus*

石龙芮 *Ranunculus sceleratus*

禺毛茛 *R. cantoniensis*

肉根毛茛 *R. polii*

小升麻 *Cinicifuga acerina*

天葵 *Semiaquilegia adoxoides*

獐耳细辛 *Hepatica nobilis* var. *asiatica*

大叶唐松草 *Thalictrum faberi*（汪文革摄）

华东唐松草 *Th. fortunei*

赣皖乌头 *Aconitum finetianum*

瓜叶乌头 *A. hemsleyanum*

川鄂乌头 *A. henryi*

花葶乌头 *A. scaposum*（胡颖摄）

短萼黄连 *Coptis chinensis*（var. *brevisepala*）

鹅掌草 *Anemone flaccida*（汪文革摄）

17.小檗科　淫羊藿 *Epimedium grandiflorum*

八角莲 *Dysosma. versipellis*

六角莲 *D. pleiantha*（黄丽华摄）

18.睡莲科　睡莲 *Nymphaea tetragona*

19.金鱼藻科　金鱼藻 *Ceratophyllum demersum*（傅舜宇摄）

20.三白草科　鱼腥草 *Houttuynia cordata*

三白草 *Saururus chinensis*（胡颖摄）

21.胡椒科　草胡椒 *Peperomia pellucida*（胡颖摄）

22.金粟兰科　草珊瑚 *Sarcandra glabra*

多穗金粟兰 *Chloranthus multistachys*

及己 *Ch. serratus*（汪文革摄）

23.马兜铃科　细辛 *Asarum sieboldii*

小叶马蹄香 *A. ichangense*（汪文革摄）

祁阳细辛 *A. magnificum*

马兜铃 *A ristolochia debilis*（汪文革摄）

绵毛马兜铃 *A. mollissima*

管花马兜铃 *A. tubiflora*（汪文革摄）

24. 芍药科　草芍药 *Paeonia obovata*（祝巍摄）

25. 藤黄科　元宝草 *Hypericum sampsoii*

赶山鞭 *H. attenuatum*（茎圆柱形）

地耳草 *H. japonicum*（茎具四棱）

26. 罂粟科　紫堇 *Corydalis edulis*

延胡索 *C. repens*（黄丽华摄）

博落迴 *Macleaya cordata*（具锈色汁液）

27. 十字花科 独行菜 *Lepidium apetalum*

荠菜 *Capsella bursa-pastoris*

球果蔊菜 *Rorippa globosa*

印度蔊菜 *R. indica*

无瓣蔊菜 *R. dubia*

臭荠 *Coronopus didymus*（胡颖摄）

遏蓝菜 *Thlaspi arvense*

碎米荠 *Cardamine hirsuta*

紫花碎米荠 C. *tangutorum*

华中碎米荠 C. *urbaniana*（叶轴具翅）

弯曲碎米荠 C. *flexuosa*

光头山碎米荠 C. *engleriana*（阴湿生）

云南山嵛菜 *Eutrema yunnanensis*

匍匐南芥 *Arabis flagellosa*

28. 景天科 费菜 *Sedum aizoon*（黄丽华摄）

垂盆草 *S. sarmentosum*

圆叶景天 *S. makinoi*（汪文革摄）

火焰草 *S. stellariifolium*

凹叶景天 *S. emarginatum*（汪文革摄）

轮叶八宝 *Hylotelephium verticillatum*

瓦松 *Orostachys fimbriatus*（汪文革摄）

29. 虎耳草科 黄水枝 *Tiarella polyphylla*

落新妇 *Astilbe chinensis*

虎耳草 *Saxifraga stolonifera*（叶色多变）

异叶金腰 *Chrysosplenium pseudofauriei*

白耳菜（诗人草）*Parnassia foliosa*

扯根菜 *Penthorum chinense*（茎红色）

30. 蔷薇科　　路边青 *Geum aleppicum*

龙芽草 *Agrimonia pilosa*

尼泊尔龙芽草 *Agrimonia pilosa* var. *nepalensis*

地榆 *Sanguisorba officinalis*

狭叶地榆 *S. o.* var. *longifolia*

蛇莓 *Duchesnea indica*

翻白草 *Potentilla discolor*（黄丽华摄）

蛇含萎陵菜 *P. kleiniana*

中华三叶萎陵菜 *P. freyniana* var. *sinica*

朝天萎陵菜 *P. supina*

31.豆科 救荒野豌豆 *Vicia sativa*

窄叶野豌豆 *V. angustifolia*

牯岭野豌豆 *V. kulingaana*（汪文革摄）

歪头菜 *V. unijuga*（汪文革摄）

鸡眼草 *Kummerowia striata*（汪文革摄）

南苜蓿 *Medicago polymorpha*

小苜蓿 *M. minima*

白花车轴草 *Trifolium repens*

长柄山蚂蝗 *Podocarpium podocarpum*

田皂角 *Aeschynomene indica*（叶夜间闭合）

野大豆 *Glycine soja*（缠绕藤本）

决明 *Cassia tora*（周静波摄）

32. 酢浆草科　酢浆草 *Oxalis corniculata*

33. 牻牛儿苗科　血见愁老鹳草 *Geranium henryi*

野老鹳草 *Geranium carolinianum*

尼泊尔老鹳草 *G. nepalense*

34. 大戟科　铁苋菜 *Acalypha australis*

续随子 *Euphorbia lathyris*（具乳汁）

泽漆 *E. helioscopia*（具乳汁）（胡颖摄）

斑地锦 *E. supina*（具乳汁）（胡颖摄）

地锦草 *E. humifusa*（具乳汁）（黄丽华摄）

乳浆大戟 *E. esula*（具乳汁）（黄丽华摄）

大戟 *E. pekinensis*（具乳汁）（祝巍摄）

叶下珠 *Phyllanthus urinaria*

蜜柑草 *Ph. matsumurae*

35.芸香科　松风草 *Boenninghausenia albiflora*

36.远志科　瓜子金 *Polygala japonica*

37.凤仙花科　凤仙花 *Impatiens* sp.

38.梧桐科　马松子 *Melochia corchorifolia*

39.葡萄科　乌蔹莓 *Cayratia japonica*

白蔹 *Ampelopsis japonica*

40.椴树科　田麻 *Corchoropsis* sp.（崔煜文摄）

41.锦葵科　苘麻 *Abutilon theophrasti*（具纤维）

野西瓜苗 *Hibiscus trionum*（黄丽华摄）

黄蜀葵 *Abelmoschus manihot*（周静波摄）

42. 堇菜科　紫花地丁 *Viola yedoensis*

蔓茎堇菜 *V. diffusa*

萱 *V. moupinensis*（周静波摄）

心叶堇菜 *V. cordifolia*

南山堇菜 *V. chaerophylloides*（汪文革摄）

箭叶堇菜 *V. betonicifolia* ssp. *nepalensis*

紫花堇菜 *V. grypoceras*

毛果堇菜 *V. collina*

43.秋海棠科　秋海棠 *Begonia evansiana*（汪文革摄）

44.葫芦科　南赤瓟 *Thladiantha nudiflora*

栝楼 *Trichosanthes kirilowii*

绞股蓝 *Gynostemma pentaphyllum*（汪文革摄）

45.千屈菜科　节节菜 *Rotala indica*

千屈菜 *Lythrum salicaria*（周静波摄）

水苋菜 *Ammannia bacifera*（茎四棱）（周静波摄）

46.小二仙草科 狐尾藻 *Myriophyllum* sp.

47.菱科 野菱 *Trapa maximowiezii*

菱 *T. bispinosa*（崔煜文摄）

48.柳叶菜科 待霄草 *Oenothera odorata*

月见草 *O. erythrosepala*（植株具毛）

柳叶菜 *Epilobium hirsutum*

丁香蓼 *Ludwigia prostrata*（茎具棱，紫红色）

露珠草 *Circaea quadrisulcata*

南方露珠草 *C. mollis*

49. 五加科 三七 *Panax pseudo-ginseng* var. *japonicus*

50. 伞形科 窃衣 *Torilis scabra*

细叶芹 *Apium leptophyllum*

香根芹 *Osmorhiza aristata*

天胡荽 *Hydrocotyle sibthorpioides*（叶 5～7 裂）

积雪草 *Centella asiatica*（叶肾形）

山芹 *Ostericum sieboldii*（汪文革摄）

大齿山芹 *O. grosseserratum*

野胡萝卜 *Daucus carota*

鸭儿芹 *Cryptotaenia japonica*

变豆菜 *Sanicula chinensis*

北柴胡 *Bupleurum chinense*

野芹（水芹）*Oenanthe javanica*

岩茴香 *Ligusticum tachiroei*（汪文革摄）

前胡 *Peucedanum decursivum*

短毛独活 *Heracleum moellendorfii*（汪文革摄）

锯边茴芹 *Pimpinella serra*（汪文革摄）

当归 *Angelica sinensis*

杭白芷 *A. dahurica* var. *formosana*

51.鹿蹄草科 鹿蹄草 *Pyrola calliantha*

水晶兰 *Monotropa uniflora*（腐生）

52.报春花科 点地梅 *Androsace umbellata*

珍珠菜 *Lysimachia clethroides*

狼尾花 *L*. *barystachys*（全株密被毛）

黑腺珍珠菜 *L*. *heterogenea*（茎具四棱翅）

小叶珍珠菜 *L*. *parvifolia*

泽珍珠菜 *L*. *canida*

贯叶排草 *L*. *perfoliata*（茎具四棱翅）

轮叶过路黄 *L*. *klattiana*

疏节过路黄 *L*. *remota*

过路黄 *L. chrisinae*

金爪儿 *L. grammica*

53.龙胆科 龙胆 *Gentiana scabra*

獐牙菜 *Swertia bimaculata*

双蝴蝶 *T. chinense*

细茎双蝴蝶 *T. filicaule*

54.睡菜科 荇菜 *Nymphoides peltata*

水盾草 *Cabomba caroliniana*（置量筒中）

55. 萝藦科 蔓剪草 *Cynanchum chekiangense*（具乳汁）

竹灵消 *C. inamoenum*（具乳汁）

56. 茜草科 茜草 *Rubia cordifolia*

日本蛇根草 *Ophiorrhiza japonica*（汪文革摄）

猪殃殃 *Galium aparine*

六叶葎 *G. asperuloides* var. *hoffmeisteri*

四叶葎 *G. bungei*

白花蛇舌草 *Hedyotis diffusa*

纤花耳草 *H. tenelliflora*

57. 旋花科 打碗花 *Calystegia hederacea*

藤长苗 *C. pellita*（密被毛）

马蹄金 *Dichondra repens*

田旋花 *Convolvulus arvensis*

紫牵牛 *Pharbitis purpurea*

牵牛 *Ph. nil*

58. 紫草科 附地菜 *Trigonotis pedumcularis*

麦家公 *Lithospermum arvense*

梓木草 *L. zollingeri*

聚合草 *Symphytum officinale*

浙赣车前紫草 *Sinojohnstonia chekiangensis*

琉璃草 *Cynoglossum zeylanicum*

细茎斑种草 *Bothriospermum tenellum*

59. 马鞭草科　马鞭草 *Verbena officinalis*

60. 唇形科　水棘针 *Amethystea caerulea*

香科科 *Teucrium* sp.

香薷 *Elsholtzia* sp.(具长叶柄)

紫苏 *Perilla frutescens*(具浓气味)(汪文革摄)

回回苏 *P. f.* var. *crispa*

薄荷 *Mentha haplocalyx*(具浓气味)

活血丹 *Glechoma longituba*

假活血丹 *Scutellaria tuberifera*(汪文革摄)

紫背金盘 *Ajuga nipponensis*(具白柔毛)

宝盖草 *Lamium amplexicaule*

野芝麻 *L. barbatum*

细风轮菜 *Clinopodium gracile*

断血流 *C. polycephalum*

风车草 *C. urticifolium*

风轮菜 *C. chinense*

京黄芩 *Scutellaria pekinensis*

韩信草 *S. indica*

缩茎韩信草 *S. indica* var. *subacaulis*

半枝莲 *S. barbata*(无柄或短柄)

益母草 *Leonurus japonicas*(幼苗期)

假鬃尾草 *L. chaituroides*

走茎龙头草 *Meehania urticifolia* var. *angustifolia*

动蕊花 *Kinostemon ornatum*

牛至 *Origanum vulgare*

夏枯草 *Prunella vulgaris*

水苏 *Stachys japonica*

针筒菜 *S. oblongifolia*（叶近无柄）

藿香 *Agastache rugosa*

疏柔毛罗勒 *Ocimum basilicum* var. *pilosum*

硬毛地笋 *Lycopus lucidus* var. *hirtus*

荔枝草 *Salvia plebeia*

丹参 *S. miltiorrhiza*

白马鼠尾草 *S. baimaensis*

浙皖丹参 *S. sinica*

美丽鼠尾草 *S. meiliensis*

大别山鼠尾草 *S. dabieshanensis*

绵穗苏 *Comanthosphace ningpoensis*

溪黄草 *Isodon serra*

大萼香茶菜 *I. macrocalyx*

61.茄科 野海茄 *Solanum japonense*

白英 *S. lyratum*（密被白毛）

龙葵 *S. nigrum*

江南散血丹 *Physaliastrum heterophyllum*

苦蘵(灯笼草)*Physalis angulata*

挂金灯 *Ph. alkekengi* var. *franchetii*

曼陀罗 *Datura* sp.

62.玄参科　婆婆纳 *Veronica didyma*

阿拉伯婆婆纳 *V. persica*(茎具2列毛)

北水苦荬 *V. anagalis-aquatica*

水蔓青 *V. linariifolia*

蚊母草 *V. peregrina*

玄参 *Scrophularia ningpoensis*

石龙尾 *Limnophila sessiliflora*

通泉草 *Mazus japonicus*

早落通泉草 *M. caducifer*（汪文革摄）

匍茎通泉草 *M. miquelii*

弹刀子菜 *M. stachydifolius*

陌上菜 *Lindernia procubens*

母草 *L. crustacea*（周静波摄）

山萝花 *Melampyrum roseum*

阴行草 *Siphonostegia chinensis*

松蒿 *Phtheirospermum japonicum*

63. 爵床科　九头狮子草 *Peristrophe japonica*

白接骨 *Asystasiella chinensis*

爵床 *Rostellularia procumbens*
（叶常具白斑）

64.胡麻科 茶菱 *Trapella sinensis*（浮水生）（傅舜宇摄）

65.苦苣苔科 吊石苣苔 *Lysionotus pauciflorus*

66.透骨草科 透骨草 *Phryma leptostachya* subsp. *asiatica*（汪文革摄）

67.车前草科 车前 *Plantago asiatica*

北美车前 *P*. *virginica*（具糙毛）

平车前 *P*. *depressa*

68.忍冬科 接骨草 *Sambucus chinensis*

69.败酱科 败酱 *Patrinia scabiosaefolia*

异叶败酱 *P. heteropylla*

缬草 *Valeriana. officinalis*(具浓气味)

宽叶缬草 *V. officinalis* var. *latifolia*

70. 川续断科 日本川续断 *Dipsacus japonicus*

川续断 *D. asperoides*

71. 桔梗科 沙参 *Adenophora stricta*(具乳汁)

轮叶沙参 *A. tetraphylla*(具乳汁)

荠苨 *A. trachelioides*(具乳汁)

石沙参 *A. polyantha*（具乳汁）

桔梗 *Platycodon grandiflorus*（具乳汁）

牧根草 *Phyteuma japonicum*

羊乳 *Codonopsis lanceolata*（具乳汁）

半边莲 *Lobelia chinensis*（具乳汁）

袋果草 *Peracarpa carnosa*

72.菊科 管状花亚科 华泽兰 *Eupatorium chinense*

佩兰 *E. fortunei*

轮叶泽兰 *E. japonicum* var. *trioartitum*

金盏银盘 *Bidens biternata*（汪文革摄）

鬼针草 *B. pilosa*（偶具单叶）

婆婆针 *B. bipinnata*

大狼把草 *B. frondosa*（茎紫色小叶具柄）

狼把草 *B. tripartita*

粗毛牛膝菊 *Galinsoga ciliata*（被毛）

腺梗豨签 *Siegesbeckia pubescens*

毛梗豨莶 *S. glabrescens*

醴肠 *Eclipta prostrata*（被糙伏毛，多水汁）

豚草 *Ambrosia artemisiifolia*（全株被毛）

菊芋 *Helianthus tuberosus*

大丁草 *Leibnitzia anandria*

大吴风草 *Farfugium japonicum*

款冬 *Tussilago farfara*（汪文革摄）

兔儿伞 *Syneilesis aconitifolia*（汪文革摄）

马兰 *Kalimeris indica*

全缘叶马兰 *K. integrifolia*

三脉紫菀 *Aster ageratoides*

毛枝三脉紫菀 *A. a.* var. *lasiocladus*

钻叶紫菀 *A. subulatus*

紫菀 *A. tataricus*

一年蓬 *Erigeron annuus*

野塘蒿 *Conyza bonariensis*

小飞蓬 *C. canadensis*

革命草(野茼蒿)*Gynura crepidioides*

三七草 *G. segetum*

杏香兔儿风 *Ainsliaea fragrans*

铁灯兔儿风 *A. macroclinidioides*

苍术 *Atractylodes lancea*

白术 *A. macrocephala*

香青 *Anaphalis sinica*

翅茎香青 *A. sinica* f. *pterocaulon*

车前叶香青 *A. aureopunctata* var. *plantaginifolia*

薄雪火绒草 *Leontopodium japonicum*

鼠曲草 *Gnaphalium affine*

细叶鼠曲草 *G. japonicum*（叶背密被白毛）

秋鼠曲草 *G. hypoleucum*

白莲蒿 *Artemisia sacrorum*

南牡蒿 *A. eriopoda*（胡颖摄）

蒙古蒿 *A. mongolica*

荫地蒿 *A. sylvatica*

宽叶山蒿 *A. stolonifera*

猪毛蒿 *A. scoparia*

奇蒿 *A. anomala*

牡蒿 *A. japonica*

黄花蒿 *A. annua*（具浓气味）

南艾蒿 *A. verlotorum*（胡颖摄）

艾蒿 *A. argyi*（具浓气味）

红足蒿 *A. rubripes*（茎和叶柄紫红色）

茵陈蒿 *A. capillaris*（叶裂片如发丝银绿色）

蒌蒿 *A. selengensis*

刺儿菜 *Cirsium setosum*

牛口蓟 *C. shansiense*

蓟 *C. japonicum*

野蓟 *C. maackii*

东风菜 *Doellingeria scaber*（叶柄具窄翼）

心叶风毛菊 *Saussurea cordifolia*

一枝黄花 *Solidago decurrens*

加拿大一枝黄花 *S. canadensis*（具根状茎）

石胡荽 *Centipeda minima*

矢镞蟹甲草 *Cacalia ambigua*（汪文革摄）

天名精 *Carpesium abrotanoides*

金挖耳 *C. divaricatum*

烟管头草 *C. cernuum*

泥湖菜 *Hemistepta lyrata*

苍耳 *Xanthium sibiricum*

牛蒡 *Arctium lappa*

山牛蒡 *Synurus deltoids*(叶缘具刺)

旋覆花 *Inula japonica*

条叶旋覆花 *I. lineariifolia*(叶缘反卷)

野菊 *Dendranthema indicum*

甘菊 *D. lavandulifolium*

毛华菊 *D. vestitum*

千里光 *Senecio scandens*

林荫千里光 *S. nemorensis*

蒲儿根 *S. oldhamianus*

蹄叶橐吾 *Ligularia fischeri*

橐吾 *L. sibirica*（汪文革摄）

舌状花亚科（都具乳汁）　苦苣菜 *Sonchus oleraceus*

苣荬菜 *S. brachyotus*

续断菊 *Sonchus asper*

蒲公英 *Taraxacum mongolicum*(叶形多变)

齿缘苦荬菜 *Ixeris dentata*

抱茎苦荬菜 *I. sonchifolia*

禾叶苦荬菜 *I. gracilis*

毛连菜 *Picris hieracioides*(具硬毛,茎红色)

红果黄鹌菜 *Youngia erythrocarpa*

黄鹌菜 *Y. japonica*

稻槎菜 *Lapsana apogonoides*

毛脉翅果菊 *Pterocypsela raddeana*

高大翅果菊 *P. elata*

多裂翅果菊 *P. laciniata*

翅果菊 *P. indica*

台湾翅果菊 *P. formosana*

假福王草 *Paraprenanthes sororia*

73.泽泻科　矮慈姑 *Sagittaria pygmaea*

长瓣慈姑 *Sagittaria trifolia* f. *longiloba*

慈姑 *S. trifolia* var. *sinensis*（崔煜文摄）

窄叶泽泻 *Alisma canaliculatum*（汪文革摄）

74.水鳖科　水鳖 *Hydrocharis asiatica*

苦草 *Vallisneria spiralis*（崔煜文摄）

黑藻 *Hydrilla verticillata*（沉水生）

光滑水筛 *Blyxa laevissima*

75. 眼子菜科　　眼子菜 *Potamogeton distinctus*

菹草 *P. crispus*（沉水生）

76. 百合科　　老鸦瓣 *Amana edulis*

黄花菜 *Hemerocallis citrina*

小根蒜 *Allium macrostemon*（具浓气味）

肺筋草 *Aletris spicata*（须根根毛膨大）

湖北贝母 *Fritillaria hupehensis*

麦冬 *Ophiopogon japonicus*（叶缘粗糙）

间型沿阶草 *O. intermedius*

禾叶土麦冬 *Liriope graminifolia*

阔叶土麦冬 *L. platyphylla*

油点草 *Tricyrtis macropoda*

荞麦叶大百合 *Cardiocrinum catayanum*

药百合 *L. speciosum* var. *gloriosoides*

百合 *Liliun brownii* var. *viridulum*

卷丹 *L. lanceifolium*

条叶百合 *L. callosum*（汪文革摄）

玉竹 *Polygonatum odoratum*

黄精 *P. sibiricum*（叶 4～7 轮生）

白穗花 *Speirantha gardenii*（汪文革摄）

开口箭 *Tupistra chinensis*

毛叶藜芦 *Veratrum grandiflorum*

紫萼 *Hosta ventricosa*

牛尾菜 *Smilax riparia*

重楼(七叶一枝花) *Paris polyphylla*

绵枣儿 *Scilla scilloides*

77. 百部科 蔓生百部 *Stemona japonica*
(周翔宇摄)

直立百部 *S. sessilifolia*

78. 石蒜科 石蒜 *Lycoris radiate*

79. 薯蓣科 薯蓣 *Dioscorea opposita*

穿龙薯蓣 *D. nipponica*(汪文革摄)

细柄薯蓣 *D. tenuipes*

山萆薢 *D. tokoro*（叶腋无珠芽）（汪文革摄）

黄独 *D. bulbifera*（叶腋具珠芽）

80.雨久花科 鸭舌草 *Monochoria vaginalis*

少花鸭舌草 *M. v.* var. *plantaginea*

81.鸢尾科 射干 *Belamcanda chinensis*（叶鞘套合）

82.灯心草科 灯心草 *Juncus effuses*

地杨梅 *Luzula plumosa*（具长毛）

翅灯心草 *Juncus alatus*（茎扁平具翅）

83.鸭跖草科　水竹叶 *Murdannia triquetra*

鸭跖草 *Commelina communis*

饭包草 *C. benghalensis*

84.禾本科　芦苇 *Phragmites australis*

早熟禾 *Poa annua*

野燕麦 *Avena fatua*

虉草 *Phalaris arundinacea*

羊茅 *Festuca ovina*

求米草 *Oplismenus undulatifolius*（汪文革摄）

荩草 *Arthraxon hispidus*

狗牙根 *Cynodon dactylon*

大狗尾草 *Setaria faberii*（茎基紫色）

狗尾草 *S. viridis*

牛筋草 *Leusine indica*（茎基扁平）

柳叶箬 *Isachne* sp.

85. 天南星科 石菖蒲 *Acorus tatarinowii*

滴水珠 *Pinellia cordata*（汪文革摄）

虎掌 *P. pedatisecta*（汪文革摄）

半夏 *P. ternata*

鹞落坪半夏 *P. yaoluopingensis*

天南星 *Arisaema heterophyllum*（汪文革摄）

花叶天南星 *A. lobatum*（汪文革摄）

一把伞天南星 *A. erubescense*

云台天南星 *A. du-bois-reymondiae*

水浮莲 *Pistia stratiotes*

魔芋 *Amorphophallus sinensis*

86.浮萍科　浮萍 *Lemna minor*

87.香蒲科　香蒲 *Typha orientalis*

88.莎草科　宽叶苔草 *Carex siderosticata*

香附子 *Cyperus rotundus*(具褐色块茎)

透明鳞荸荠 *Eleocharis pellucida*

水虱草 *Fimbristylis miliacea*(叶剑状套合)

89. 美人蕉科 美人蕉 *Canna indica*

90. 姜科 姜 *Zingiber officinale*

蘘荷 *Zingiber mioga*（汪文革摄）

91. 兰科 蕙兰 *Cymbidium faberi*

扇脉杓兰 *Cypripedium japonicum*（汪文革摄）

石斛 *Dendrobium nobile*（汪文革摄）

斑叶兰 *Goodyera repens*

羊耳蒜 *Liparis japonica*（汪文革摄）

杜鹃兰 *Cremastra appendiculata*

小舌唇兰 *Platanthera minor*（汪文革摄）

绶草 *Spiranthes sinensis*（汪文革摄）

白芨 *Bletilla striata*（汪文革摄）

细葶无柱兰 *Amitostigma gracile*（汪文革摄）

角盘兰 *Herminium monorchis*

银兰 *Cephalanthera erecta*（汪文革摄）

十字兰 *Habenaria sagittifera*（汪文革摄）